Grundlagen der Organisation

Georg Schreyögg

Grundlagen der Organisation

Basiswissen für Studium und Praxis

 Springer Gabler

Georg Schreyögg
Freie Universität Berlin,
Deutschland

ISBN 978-3-8349-3148-1   ISBN 978-4-8349-6947-7 (eBook)
DOI 10.1007/978-4-8349-6947-7

Die Deutsche Nationalbibliothek verzeichnet diese Publikation in der Deutschen Nationalbibliografie;
detaillierte bibliografische Daten sind im Internet über http://dnb.d-nb.de abrufbar.

Springer Gabler
© Gabler Verlag | Springer Fachmedien Wiesbaden 2012

Lektorat: Ulrike Lörcher
Einbandentwurf: KünkelLopka GmbH, Heidelberg

Gedruckt auf säurefreiem und chlorfrei gebleichtem Papier

Springer Gabler ist eine Marke von Springer DE. Springer DE ist Teil der Fachverlagsgruppe Springer
Science+Business Media.
www.springer-gabler.de

Vorwort

Vorliegendes Lehrbuch will eine kurz gefasste Einführung in die Grundfragen des Themenfeldes Organisation bieten. Dabei ist es das besondere Anliegen nicht nur die formale Seite des Organisierens, sondern auch die verschiedenen informalen Prozesse zu beleuchten wie auch die Interaktion zwischen formaler und informaler Sphäre. Das Buch arbeitet die Organisationsthematik problemspezifisch aus der Sicht des Managements auf, d.h. Ausgangspunkt sind jeweils praktische Probleme des Organisierens in Verbindung mit theoretischen Lösungsansätzen, wie zum Beispiel: Förderung der Innovationsfähigkeit, Motivationsaufbau durch Strukturgestaltung, Überwindung von Wandelbarrieren usw. Ziel ist es, Leser zu befähigen, die Probleme des Organisierens und ihre Querverbindungen untereinander besser zu verstehen und sich die Grundlagen praktischer Organisationsarbeit anzueignen.

Das Buch fußt zu bestimmten Teilen auf meinem ausführlicheren Lehrbuch „Organisation", das im selben Verlag erschienen ist. Für ein vertieftes Studium der einschlägigen Themenstellungen sei darauf verwiesen.

Vom didaktischen Aufbau her ist das Buch direkt auf die Verwendung in Lehrveranstaltungen zugeschnitten, die einen Überblick zur Organisationstheorie zum Gegenstand haben. Als Grundlage wurde ein typisches vier Semesterwochenstunden umfassendes Modul genommen mit einer Mischung aus Stoffvermittlungs- und Übungselementen. Das Buch ist dementsprechend in 13 Kapitel gegliedert und deckt somit – neben Einführung und Abschluss – ein ganzes Semester ab. Der Aufbau ist aber flexibel gestaltet, so dass auch ganz andere Verwendungsformen möglich sind.

Bei der Erstellung des Buches habe ich von verschiedener Seite Unterstützung erfahren. Ich danke meinen Mitarbeitern, insbesondere Herrn Stefan Klaußner, sowie Frau Lorat-Nicolaysen. Dank gebührt auch dem Gabler-Verlag für die redaktionelle Unterstützung.

Georg Schreyögg   *Berlin-Dahlem, im September 2011*

Inhaltsverzeichnis

Teil 1
Formale Strukturgestaltung

1 Grundlagen des Organisierens

Ausgangspunkt für das Organisieren ist die Idee, durch die Schaffung einer Ordnung Leistungsvollzüge effizient gestalten zu können. Wie aber entsteht eine solche Ordnung? Was bedeutet es, dass ein Aufgabenvollzug „organisiert" ist?

Zentraler Anknüpfungspunkt ist das Arbeitsverhalten der Aufgabenträger. Ihr Verhalten zu ordnen heißt, es in bestimmte erwünschte Bahnen oder Zielrichtungen zu lenken. Eine solche Ausrichtung des Verhaltens soll im Endeffekt durch die Einführung von *Regelungen* ermöglicht werden: Regeln zur Aufgabenteilung, zur Informationsweitergabe, zur Kompetenzabgrenzung, Zeichnungsbefugnisse, Verfahrensrichtlinien zur Bearbeitung von Vorgängen usw. Die organisatorische Ordnung eines Betriebes ist deshalb zunächst einmal nichts anderes als ein Geflecht aus von der Geschäftsleitung autorisierten (= formalen) Regeln zur Sicherstellung effizienter Arbeitsabläufe. Bisweilen werden diese Regeln auch Routinen genannt.

Organisatorische Regeln sind deshalb immer auch Eingriffe in das Verhalten von Mitarbeitern; sie sollen sich in einer bestimmten Weise verhalten, einer Art und Weise wie sie es unter anderen Umständen möglicherweise nicht tun würden.

1.1   Formale Organisation

Formale Regeln sind ihrem Grunde nach Erwartungen an die Organisationsmitglieder. Sie stellen darauf ab, das Verhalten der Organisationsmitglieder/Aufgabenträger in vorher festgelegte Bahnen zu bringen oder an Zielen auszurichten. Organisatorische Regeln strukturieren Situationen vor und geben Anweisung, wie in bestimmten Situationen zu verfahren ist. Sie begrenzen das Handlungsrepertoire absichtsvoll, indem sie bestimmte Handlungen zur Erwartung machen, während sie andere für unerwünscht erklären. Das Ausmaß und die Dichte an Regelung können im konkreten Fall variiert und deshalb auch immer wieder ausgedehnt oder reduziert werden.

Formale Regeln beanspruchen Geltung und sie leiten dieses Recht aus der sog. *Direktionsbefugnis des Arbeitgebers* ab. Direktionsbefugnis des Arbeitgebers heißt, dass der Arbeitgeber und die von ihm beauftragten Personen die Arbeitspflichten des Arbeitnehmers nach Art, Zeit und Ort bestimmen können (vorausgesetzt, dass die Grundsätze der Billigkeit nach § 315 BGB gewahrt sind). Die Anerkennung der Direktionsbefugnis wird mit Zeichnung des Arbeitsvertrages sichergestellt – jedenfalls formell. Ob dies in der Realität auch immer so ist, wird zu diskutieren sein.

Was den *Charakter* der Regelungen anbetrifft, so hat Gutenberg (1983) hier eine richtungweisende Unterscheidung getroffen, nämlich in (1) *generelle* und (2) *fallweise* Regelungen.

Während die *generelle* Regel die Ordnung eines Aufgabenvollzugs auf Dauer festlegt, sind mit *fallweisen* Regelungen auf den Einzelvorgang bezogene individuelle Anordnungen, gewissermaßen Ad-hoc-Regelungen gemeint.

Die fallweisen Regelungen werden allerdings meist nicht zur Organisationsaufgabe im engeren Sinne gezählt, sondern als Aufgabe im Rahmen der Managementfunktion „Führung" angesehen. Kosiol (1976) spricht hier von „dispositiven Tätigkeiten" bzw. von „einmaligen Einzelverfügungen" und sieht sie als Gegenpol zur (strukturschaffenden) Organisationsaufgabe. Dazwischen stellt er die *Improvisation* als vorübergehend geltende Spontan-Regelung. Nur stabile Dauerregelungen, die das Verhalten erwartbar machen, wären in diesem Sinne Organisation. Neuerdings wird für die generelle Regelung sehr häufig der Begriff der *Routine* verwendet, der dann seinerseits wieder von der Ad-hoc-Problemlösung abgesetzt wird (Nelson/Winter 1982; Winter 2003). Wieder eine andere Gruppe bezeichnet Regelsysteme bzw. Routinen als *Institutionen*, so vor allem Autoren, die sich der Institutionenökonomik zurechnen (Richter/Furubotn 2010).

Die Unterscheidung zwischen einmaliger Einzelverfügung und dauerhafter Regelung verweist bereits darauf, dass beide als Alternativen anzusehen sind und dass es deshalb der Angabe von Bedingungen bedarf, wann der einen und wann der anderen Alternative der Vorrang gegeben werden soll. Auf die Frage, welche Voraussetzungen gegeben sein müssen, um einer generellen organisatorischen Regelung den Vorrang einzuräumen, schlägt Gutenberg (1983) vor, eine generelle Regelung nur dort einzusetzen, wo wir von einer *vorhersehbaren* und in gleicher Form *wiederkehrenden* Aufgabenstellung ausgehen können. Bei variablen Aufgabenstellungen wird dagegen die generelle Regel schnell kontraproduktiv.

Gutenberg hat diesen Gedanken zu einem grundlegenden Prinzip ausformuliert. Er charakterisiert die Einrichtung organisatorischer Regelungen in einem Betrieb als einen Substitutionsvorgang: Fallweise Regelungen werden durch generelle Regelungen ersetzt. Das Modell geht also in einer Art Gedankenexperiment davon aus, dass zu Beginn nur mit fallweisen Einzeldispositionen gearbeitet wird, die dann sukzessive durch generelle Regeln ersetzt werden. Die ökonomische Logik des Substitutionsvorganges wird schnell einsichtig: Eine generelle Regelung macht den Aufgabenträgern wohl durchdachte und dauerhafte Vorgaben für ihre Arbeit. Damit erübrigen sich zugleich persönliche, immer wieder neu ad hoc aus der Situation heraus entwickelte Anweisungen des Vorgesetzten. Mit anderen Worten: Die generelle Regelung tritt an die Stelle der fallweisen Anordnung des Vorgesetzten oder einer sonstigen, ad-hoc gefundenen Problemlösung. Man hat mit der generellen Regelung nicht nur die Möglichkeit, vorab und nicht in der Hektik des Tagesgeschäftes nach einer optimalen Lösung der Aufgabenzuteilung, des Arbeitsablaufes usw. zu suchen (Rationalisierungsaspekt), sondern auch die Anschlussfähigkeit von Tätigkeiten zu erhöhen, weil das Verhalten für andere (interne und externe) Handlungsträger besser vorhersehbar wird (Verknüpfungsaspekt). Daraus könnte man den Schluss ziehen, dass sich mit der Zahl genereller Regelungen proportional die Effizienz eines Betriebes erhöht, wie es ja auch lange Zeit von Organisationsspezialisten propagiert wurde.

Das Gutenbergsche „Substitutionsprinzip der Organisation" belehrt eines Besseren. Es stellt nämlich den beschriebenen Effizienzvorteil der generellen Regelung (Beseitigung der „Unterorganisation") den potenziellen Einsatzgrenzen gegenüber, indem es dazu auffordert, fallweise Regelungen nur solange durch generelle Regelungen zu ersetzen, bis schließlich der zusätzliche Nutzen („Grenzertrag") der letzten generellen Regelung gleich Null wird (vgl. Abbildung 1.1). Der Grund für diese Begrenzung ist, dass nicht alle betrieblichen Aufgaben beständig und vorhersehbar sind, wie es für eine generelle Regelung erforderlich ist. Viele Anforderungen kommen unerwartet in den Betrieb (neuer Kunde, neue Gesetze usw.) und brauchen rasch eine neue Lösung. Eine generelle Regelung würde hier eine Überorganisation nach sich ziehen, in dem Sinne, dass sie der neuen Aufgabe/Problemstellung nicht gerecht wird. Abweichende betriebliche Tatbestände würden – anders ausgedrückt – standardmäßig und damit nicht zielführend behandelt werden, d.h. die generelle Regelung zöge Fehler, Nachkorrekturen usw. nach sich. Der Betrieb würde fortwährend Gefahr laufen, das falsche Problem zu lösen, weil seine Problemlösungsverfahren auf eine andere Situation zugeschnitten sind.

Abbildung 1.1   Das Substitutionsprinzip der Organisation nach Gutenberg in schematischer Darstellung

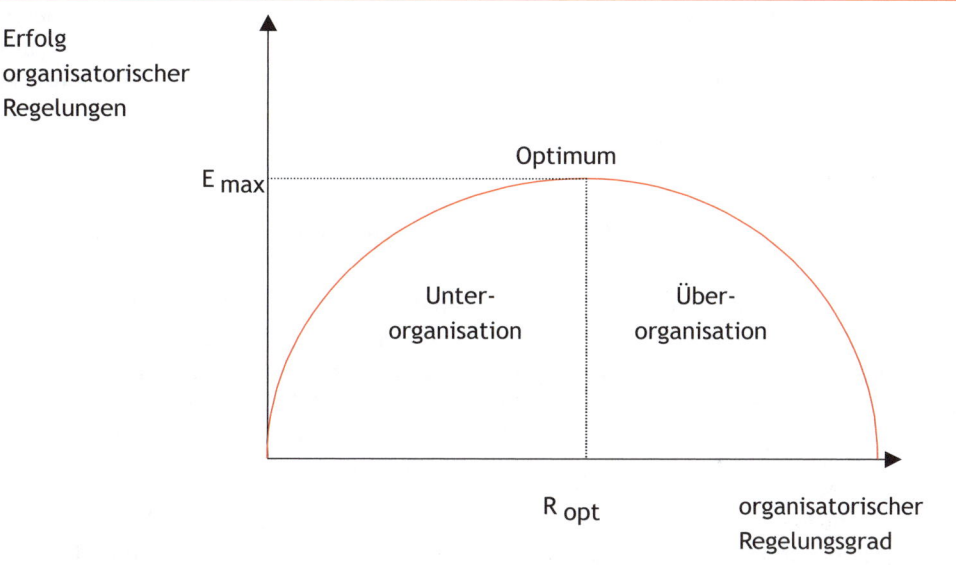

Mit anderen Worten: Die generelle Regelung setzt ein hinreichendes Maß an Kenntnis und Stabilität der zu organisierenden Tatbestände in der Zukunft voraus. Daraus leitet sich eine wichtige Maxime des Organisierens ab, nämlich keine Überorganisation herbeizuführen in dem Sinne, dass Tatbestände einer generellen Regelung unterworfen werden, die sich immer wieder ändern. Es ist eines der großen Verdienste von Gutenberg (1983), frühzeitig auf dieses Stabilitätsproblem aufmerksam gemacht zu haben, mit der Konsequenz, dass die generelle Regelung nicht mehr als Patentlösung anzusehen ist, sondern vielmehr mit der spontan zu bestimmenden Einzelfallregelung in einem kontinuierlichen Effizienzwettbewerb steht. Der Substitutionsprozess ist nach beiden Seiten offen, auch und gerade zur Seite der fallweisen Regelung bzw. zu Situationen mit einer hohen Aufgabenvariabilität hin. Konzeptleitend ist also die Vorstellung, dass es für jeden Betrieb ein – allerdings je spezifisches – *Optimum* an genereller Regelung gibt. Es finden sich somit Betriebe mit nur sehr geringer und solche mit hoher Substitutionsrate, wobei im Zeitablauf durch die Veränderung der Aufgabenstellung immer wieder eine neue Konstellation erforderlich werden kann.

Wenn umgangssprachlich von „Bürokratisierung" die Rede ist, so wird damit gewöhnlich der Tatbestand der Überorganisation angeprangert. Es wird also – mit anderen Worten – beklagt, dass der Bereich genereller Regeln soweit ausgedehnt wurde, dass durchaus unterschiedliche Vorgänge wie gleichartige behandelt werden. Kunden artikulieren ihren Unmut über diesen Zustand häufig durch den Vorwurf, man würde „wie eine Nummer" behandelt.

Insgesamt gesehen, macht der Verweis auf die unterschiedliche Variabilität betrieblicher Tatbestände auf einen sehr wichtigen Sachverhalt aufmerksam, nämlich, dass das formale Organisieren keine lineare Rationalisierungsaufgabe ist, sondern der Erfolg genereller Reglung an ganz konkrete Bedingungen gebunden ist. Die Variabilität der betrieblichen Tatbestände ist allerdings nur einer von vielen Faktoren, die den Rahmen für das Organisieren abstecken. Andere wichtige Faktoren sind: Komplexität, Schwierigkeitsgrad der Aufgabe, Motivation der Mitarbeiter, Größe des Betriebes usw., wie in den nachfolgenden Kapiteln noch deutlich werden wird.

1.2   Formale und informale Organisation

Organisatorische Regeln sind hier zunächst einmal als geplante und offiziell eingeführte Regeln beschrieben worden. Nicht alle Regeln, die in einer Firma Geltung haben, sind indessen auf diesem offiziellen geplanten Wege entstanden. Häufig entstehen Regeln *spontan* aus dem Handeln heraus und bewähren sich dann im täglichen Arbeitsvollzug; bisweilen sind es gerade diese Regeln, die das Verhalten besonders stark beeinflussen. Die evolutionäre Ökonomik verwendet dafür den Begriff der „Selbstdurchsetzung".

Nachdem nur ein Teil der Regeln, die das Handeln der Organisationsmitglieder faktisch bestimmen, einem autorisierten Prozess der Regelschöpfung, also der geplanten Organisationsgestaltung entstammt, wird dementsprechend zwischen offiziellen und inoffiziellen Regeln bzw. zwischen formalen und informalen (häufig auch: formeller und informeller Organisation) unterschieden.

Ihren Ausgangspunkt hat diese Unterscheidung in der Kleingruppenforschung, die herausstellte, dass in großen Betrieben, neben den offiziellen Regelungen, eine nicht unbeträchtliche Zahl von weiteren selbsterzeugten Regeln existiert, die eigene Kommunikationswege, Hierarchien und Sanktionssysteme definieren und von den Gruppen selbst (in Eigenregie) geschaffen werden. In der Fortfolge wurden formale Regelsysteme und informale Regelungen als konkurrierende Ordnungen begriffen; nicht selten wurden die informalen Regeln auch als illegitime Eingriffe in das Betriebsgeschehen und als Störfaktoren gesehen.

Zwischenzeitlich hat sich die Sichtweise erheblich verändert. Nicht selten wird jetzt die informale Organisation als Korrektiv oder als Komplementärsystem zur formalen Organisation angesehen. Zahlreiche Studien belegen, dass informale Faktoren oft ebenso wichtig für das Verhalten der Organisationsmitglieder und deren Leistungserfolg sind wie die formalen Faktoren. Die heute vielerorts geführte Diskussion um die *Unternehmenskultur*, auf die in Kapitel 10 noch näher einzugehen ist, hat die Bedeutung der Unterscheidung von formaler und informaler Organisation erneut unterstrichen. Mit der Unternehmenskultur wird auf die starke Einflusskraft nicht-formaler, aber doch regelhafter Organisationselemente verwiesen.

Der tiefere Grund für den Perspektivwechsel ist der, dass informale Regelungen in der Lage sind, die zwangsläufige Einseitigkeit der formalen Organisation zu kompensieren, indem sie andere als die offiziellen, gleichwohl aber für den Systemerfolg bedeutsame, Zwecke erfüllen (Luhmann 1995). Dazu gehört eine rasche unkomplizierte Verständigung ebenso wie die Erfüllung von Zugehörigkeitsbedürfnissen und der Wunsch nach kollegialer Vertrautheit. In gewissem Umfang kann so gesehen die informale Organisation die formale stabilisieren, indem sie ihre Schwächen kompensiert und sie flexibler macht als sie nach ihrem formalen Reglement eigentlich ist.

Nicht wenige Autoren fordern sogar die Unterscheidung zwischen formalen und informalen Regeln (Routinen bzw. Institutionen) ganz aufzugeben, von Interesse sei nur die tatsächliche verhaltenssteuernde Wirkung und nicht der Ursprung der Regelung (etwa Nelson/ Winter 1982). Diese Forderung greift nun allerdings viel zu kurz. Man blendete ja dann all die vielen Wechselbeziehungen zwischen formaler und informaler Organisation aus, die für das Wirkungsgeschehen innerhalb des Gesamtsystems von großer Bedeutung sind (Luhmann 1995). Viele informale Regelungen entstehen ja erst als Reaktion auf die Existenz unzureichender formaler Regelungen und unterlaufen diese. Ein genaueres Verständnis des Wirkungsgeschehens kommt ohne Berücksichtigung dieser Dialektik nicht aus. Eine aufgeklärte Organisationsgestaltung sollte deshalb immer versuchen, den Einfluss informaler Faktoren und die Wechselwirkungen zwischen formalen und informalen Elementen mit zu berücksichtigen.

1.3 Organisationsstruktur und Verhalten in Organisationen

Mit einer dauerhaften organisatorischen Regelung – auf welchem Wege auch immer entstanden – verbindet sich für gewöhnlich der Anspruch und die Annahme, dass die Organisationsmitglieder den darin zum Ausdruck gebrachten Erwartungen entsprechen. Um den *formalen* Regeln hinreichendes Gewicht zu verleihen, werden sie deshalb autorisiert, d.h. über das Autoritätssystem („Direktionsbefugnis") als Vorschriften deklariert. Dasselbe gilt in abgewandelter Form für *informale* Regelungen. Auch sie wirken letztlich wie verbindliche Erwartungen, ihre Einhaltung wird mit informellen Sanktionsmechanismen kontrolliert (soziale Distanz, Schimpfworte usw.). Nun ist es allerdings – wie bereits erwähnt – keineswegs so, dass in Organisationen immer alle Regeln befolgt würden. Mitglieder weichen aus verschiedenen Gründen von dem vorgegebenen Reglement ab (Ortmann 2002). Zum Teil gibt es so viele Regelungen, dass sie gar nicht alle erfüllbar sind, zum Teil sind die Regeln so widersprüchlich, dass sie gar nicht auf einmal erfüllbar sind, und bisweilen versuchen sich die Mitglieder den Regeln schlicht zu entziehen. Der häufigste und theoretisch bedeutsamste Punkt ist aber, dass Mitglieder immer wieder im Sinne einer effizienten Aufgabenerfüllung regelbestimmte Erwartungen verletzen, d.h. Regeln nach eigenem Ermessen (illegalerweise) außer Kraft setzen. Dies ist meist dann der Fall, wenn die Situation, die der Regel als Annahme unterliegt und für deren Bewältigung sie geschaffen wurde, nicht mit der vorgefundenen Lage übereinstimmt, ja mehr noch, dass eine Anwendung der Regel Schaden anrichten würde, sei es, dass z.B. eine Lieferung verzögert oder die Herausgabe eines wichtigen Dokumentes verweigert würde. In allen diesen Situationen kompensieren Organisationsmitglieder Mängel im Regelsystem durch einen Regelbruch nach eigenem Ermessen.

Insofern ist auch die standardisierte Reaktion, Regelabweichung durch Sanktionen zu bestrafen oder mit einer Sanktionsandrohung, die Regelabweichung unwahrscheinlich zu machen, durchaus problematisch. Sanktionen können immer auch die Leistungsfähigkeit von Organisationen bedrohen. Konnte die rein instrumentell ausgerichtete Organisationslehre wegen ihres engen Fokus auf die Schaffung formaler Regeln dieser Problematik nicht thematisieren, so rücken sie heute die breiter ausgerichteten Ansätze immer mehr in das Zentrum. Immer häufiger wird auch in der Praxis Mitdenken oder Eigeninitiative positiv akzentuiert, ja geradezu verlangt, man denke nur an die neuen Formen abteilungsübergreifender Zusammenarbeit oder die Gruppenarbeitsmodelle. An solchen Stellen kommt die Ergänzungsbedürftigkeit der Regelungslogik – ob nun formell oder informell – klar zum Ausdruck:

Auf der einen Seite stößt man an die *Grenzen der generellen Regelbarkeit*, wie sie oben bereits im Zusammenhang mit Gutenbergs Substitutionsprinzip kurz angerissen wurde, und auf der anderen Seite zeigt sich die Bedeutung, die eigenaktives, engagiertes Verhalten von Mitarbeitern *jenseits der Regelerfüllung* für den Leistungserfolg und die Bestandssicherung einer Organisation hat. Damit wird aber der Problembestand des Organisierens um eine wesentliche Dimension erweitert: Organisieren heißt danach also nicht mehr nur, das Verhalten der Mitarbeiter in vorgedachte Bahnen zu lenken, sondern Bedingungen zu schaffen, die Mitarbeiter ermutigen, ihre Potenziale bei der Lösung der organisatorischen Probleme zu entfalten.

Diese Doppelaufgabe lässt sich freilich nicht so reibungslos integrieren, wie es vielleicht auf den ersten Blick scheinen mag. Die Regelungslogik steht quer zur Eigeninitiative, die Regelung will keine andere Motivation als die der Regelerfüllung. Eine halbe Regelung gibt es nicht. Hier tut sich ein Widerspruch auf, der sich aber nicht endgültig lösen lässt, weil sich in ihm ganz grundsätzlich einander gegenläufige Funktionen widerspiegeln, die Systeme erfüllen müssen (Parsons 1951).

Übungsaufgaben

1. Welchen Sachverhalt beschreibt der Begriff „Routine"?

2. Weshalb erwartet man von einer organisatorischen Regelung einen Effizienzgewinn?

3. Was besagt das „Substitutionsprinzip der Organisation" von Gutenberg?

4. Inwiefern kann eine Einzelfalllösung effizient sein?

5. Weshalb kann man Organisationsstrukturen auch als Erwartungen verstehen?

6. Inwieweit sind formale Regelungen sanktionsbewehrt?

7. Worin unterscheidet sich eine „informale Organisation" von einer „formalen Organisation"?

8. Wie entstehen informale Regelungen?

9. Regelabweichung wird für gewöhnlich mit Sanktionen bedroht. Warum kann diese Bedrohung dysfunktional sein?

10. Kann ein Unternehmen beides organisieren: Regel und Abweichung?

Literatur

Gutenberg, E. (1983): Grundlagen der Betriebswirtschaftslehre, Band 1: Die Produktion, 24. Aufl., Berlin et al.

Kosiol, E. (1976): Organisation der Unternehmung, 2. Aufl., Wiesbaden.

Luhmann, N. (1995): Funktionen und Folgen formaler Organisation, 4. Aufl., Berlin.

Nelson, R. R./Winter, S. G. (1982): An evolutionary theory of economic change, Cambridge, Mass.

Ortmann, G. (2002): Regel und Ausnahme. Paradoxien sozialer Ordnung, Frankfurt a.M.

Parsons, T. (1951): The Social System, Glencoe, IL.

Richter, R / Furubotn, E. G. (2010): Neue Institutionenökonomik, 4. Aufl., Tübingen.

Winter, S. G. (2003): Understanding dynamic capabilities, in: Strategic Management Journal 24 (10), S. 991-995.

2 Organisatorische Differenzierung

2.1 Arbeitsteilung und Arbeitsvereinigung

Die betriebliche Organisation hat in der Arbeitsteilung ihren Ausgangspunkt. Mit der Industrialisierung setzte ein fundamentaler ökonomischer Wachstumsprozess ein. Das *Prinzip der Arbeitsteilung* wurde zum immer mehr bestimmenden Grundprinzip der wirtschaftlichen Tätigkeit und zum Motor der Produktivität. Für den einzelnen Betrieb bedeutete der industrielle Wachstumsprozess nicht nur eine Ausdehnung des Geschäftsvolumens, sondern auch mehr Personal, steigende Aufgabenvielfalt, komplexere Anforderungen – mit der Folge, dass die Überschaubarkeit des Geschäfts zum Problem geriet. Diese Zeit des Umbruchs ist die Geburtsstunde der betrieblichen Organisation und der Organisationslehre. Sie fokussiert nicht nur das Prinzip der Spezialisierung, sondern entwickelt auch Prinzipien, die der drohenden Unüberschaubarkeit durch konsequente Ausbildung von Integrationsregeln und durch Einrichtung vertikaler Berichtswege (Hierarchie) entgegenwirken sollen.

Jede Teilung von Aufgaben – und sei sie noch so produktiv – wirft unweigerlich in der Folge das Problem der Zusammenführung auf. Jede Organisation muss sich deshalb gleichermaßen diesem Folgeproblem widmen; es ist dafür zu sorgen, dass die ausdifferenzierten Teilaufgaben wieder effektiv zusammengeführt werden. Die organisatorische Aufgabe ist deshalb grundsätzlich eine Doppelaufgabe, nämlich:

- Arbeitsteilung und

- Arbeitsvereinigung.

In der Organisationsliteratur verwendet man häufig statt dieser beiden zwei andere, umfassendere Begriffe, nämlich Differenzierung und Integration. Die Differenzierungsaufgabe wird im Wesentlichen in diesem, die Integrationsaufgabe in Kapitel 3 behandelt.

Generell gilt es vorab zu sagen, dass die organisatorische Gestaltungsaufgabe in der Praxis nur in in seltenen Fällen im Entwurf eines vollständig neuen Strukturgefüges besteht; in aller Regel geht es darum, *Teil-Reorganisationsmaßnahmen* zu planen. „Organisieren" ist dementsprechend auch keine punktuelle Aufgabe, die jeweils nur alle 5 oder 10 Jahre anfällt, sondern ein *ständiger Prozess.* Immer wieder tauchen Problemstellungen auf, die einer organisatorischen Lösung bedürfen; immer wieder erweisen sich einmal gefundene Problemlösungen als revisionsbedürftig. In dem einen Fall ist der Leiter der Forschungs- und Entwicklungsabteilung völlig überlastet, im anderen Fall macht eine neue Fertigungstechnologie Reorganisationsmaßnahmen notwendig; dann ist es wieder die unzureichende Kommunikation zwischen der Produktentwicklung und der Werbung, die einen effektiven Leistungsprozess behindert, oder der Außendienst muss an die geänderte Kundenstruktur angepasst werden. Natürlich wird hin und wieder auch eine Revision der Gesamtorganisation notwendig, dann ist aber zumeist nur der Gesamtrahmen betroffen, nicht aber die organisatorische Einzelregelung. Die Vorstellung, dass in einer Unternehmung in einem Zuge alle Regeln neu bestimmt werden könnten, ist unrealistisch. Sie verkennt den komplexen Charakter großer Systeme.

2.2   Aufgaben- und Prozessanalyse

Ausgangspunkt einer jeden systematischen organisatorischen Gestaltung ist eine genaue Analyse der zu organisierenden Aufgabe. In der deutschen Organisationslehre hat Erich Kosiol 1976 hierfür die wohl bekannteste Systematik entwickelt, er nennt sie *Aufgabenanalyse* und sieht darin die Vorbereitungsarbeit für die darauf aufbauende *Aufgabensynthese*.

2.2.1   Aufgabenanalyse

Nach dieser Konzeption soll die Gesamtaufgabe anhand von fünf Dimensionen gedanklich in Elementarteile zerlegt werden:

1. nach den *Verrichtungen* (z.B. Sägen, Schweißen, Nieten),

2. nach den *Objekten* (z.B. Aufgaben an Tischen, Stühlen, Schränken),

3. nach der *Phase* (nach Planungs-, Realisierungs- und Kontrollaufgaben),

4. nach dem *Rang* (nach Entscheidungs- und Ausführungsaufgaben),

5. nach der *Zweckbeziehung* (nach unmittelbar oder mittelbar auf die Erfüllung der Hauptaufgabe gerichteten Teilaufgaben).

Die Aufgabenanalyse wird durchgeführt, um „Bauelemente" für die spätere Konstruktion des Strukturgefüges, die Aufgabensynthese, zu erhalten. Praktisch am bedeutsamsten erwiesen sich die ersten beiden Dimensionen: Die Verrichtungs- und die Objektanalyse. Mit „Verrichtung" wird die konkrete Aktivität bezeichnet, die für die Aufgabenerfüllung auszuführen ist. Verrichtungen kann man auf verschiedenen Konkretisierungsebenen unterscheiden, z.B. Fertigen oder – viel konkreter – Fräsen. Verrichtungen sind immer auf Objekte bezogen. Die Aufgabenanalyse soll daher in einem weiteren Schritt Bearbeitungsobjekte aufzeigen, und zwar wiederum hierarchisch gestaffelt, ausgehend von einem Oberobjekt (PKW) bis hinunter zu den Elementarobjekten (Gaspedal).

Die Kosiolsche Systematik (sowie zahlreiche, ihr eng folgende Systematiken, die in der Ausbildung von Organisatoren Verwendung finden) geht unausgesprochen von einer stabilen und analytisch vollständig durchdringbaren Aufgabenwelt aus. Man unterstellt eine raumzeitlich abstrahierte Standardsituation mit hoher Wiederholungshäufigkeit der Aufgaben, zumindest aber Vorhersehbarkeit der Aufgabenbedingungen. In jedem Falle wird von einer genauen Kenntnis aller notwendigen Schritte der Aufgabenerfüllung ausgegangen. Genau diese Situation ist jedoch häufig nicht gegeben: Die Marktnachfrage ändert sich, neue Produkte werden entwickelt, die Rohstoffqualität variiert – dies sind nur einige der vielen Fälle, in denen eine solche Analyse ihre Grenzen findet (vgl. dazu auch das Gutenbergsche Stichwort in Kapitel 1: „Variabilität der betrieblichen Tatbestände").

Neuere Ansätze der Aufgabenanalyse rücken deshalb auch andere Gesichtspunkte in den Vordergrund. Häufig genannte Kriterien der Aufgaben- und der Problemanalyse sind hierbei:

■ *Aufgabenvariabilität* (Unterschiedlichkeit der Bedingungen der Aufgabenerfüllung im Zeitablauf),

■ *Neuartigkeit* (Zahl der Ausnahmen, mit denen der Aufgabenträger konfrontiert ist),

■ *Aufgabeninterdependenz* (In welchem Maße ist die Aufgabenerfüllung von der Arbeit vor- und nachgelagerter Stellen abhängig?),

■ *Eindeutigkeit* (Analysierbarkeit der Aufgaben und das Ausmaß, in dem die Korrektheit einer Aufgabenerfüllung vorausbestimmt werden kann).

Diese Weiterentwicklungen sind wichtig, weil sie den dynamischen Charakter des Aufgabenvollzugs stärker berücksichtigen. Allerdings sind Regeln und Routinen schlussendlich immer statisch und damit im Widerspruch zu Veränderungen. Grundsätzlich gilt es aber auf einen Sachverhalt hinzuweisen: Jede Aufgabenanalyse steht vor einem Dilemma. Aufgaben sind keine Gegebenheiten, sie sind zum Zeitpunkt der Analyse schon geprägt. Die Aufgabenanalyse gerät deshalb allzu leicht in einen Zirkel. Eine Aufgabe lässt sich nämlich nicht abstrakt, sondern nur im Rahmen eines schon bestehenden Leistungsprozesses erfassen und analysieren. Dieser setzt jedoch ein Mindestmaß an Organisation schon voraus, d.h. die Aufgabe spiegelt zumindest teilweise schon das Ergebnis organisatorischer Gestaltung oder Vorentscheidungen darüber wider. Eine saubere Trennung von Aufgabe und ihrer anschließenden Organisation ist also nicht möglich.

2.2.2   Prozessanalyse

Der dynamische Aspekt wurde von der Organisationslehre lange Zeit in einer anderen als der oben gezeigten Form bearbeitet, nämlich durch die Trennung von *Struktur* und *Prozess*, und darauf aufbauend durch die Unterscheidung von *Aufbau- und Ablauforganisation*. Die Aufbauorganisation soll die Abteilungs- und Stellengliederung sowie die Hierarchie regeln, die Ablauforganisation soll dagegen die räumliche und zeitliche Rhythmisierung und Abstimmung der Arbeitsgänge zum Gegenstand haben (Kosiol 1976, S. 32).

So plausibel das Anliegen einer Trennung in Aufbau- und Ablauforganisation auch sein mag, sie hat sich nicht durchgesetzt; die Probleme, die mit dieser Trennung verbunden sind, erwiesen sich als zu groß. Die beiden Gestaltungsaufgaben greifen so tief ineinander, dass eine getrennte Optimierung gar nicht realisierbar ist. Struktur und Prozess, Aufbau und Ablauf, sind nicht ohne weiteres voneinander zu separieren. Die Schwierigkeit liegt darin, dass ein Prozess ohne Struktur gar nicht denkbar ist. Es gibt keinen Prozess schlechthin, Bewegung kann ohne Konstanten nicht gedacht werden (Luhmann 1973, S. 67). Gleiches gilt auch umgekehrt: Strukturen konstituieren sich letztlich immer aus Regeln, die aus Prozessen heraus geformt wurden. Ein Strukturaufbau kann ohne Kenntnis der Prozessabläufe nicht sinnvoll gestaltet werden.

Insofern leuchtet es auch ein, dass die neueren Ansätze zur Prozessorganisation (Davenport 1993; Hammer/Champy 1994) die Trennung von Aufbau- und Ablauforganisation ignorieren und von vorne herein von einem strukturierten Arbeitsfluss ausgehen. Konkret wird vorgeschlagen, die Analyse der Gesamtaufgabe mit Schwerpunkt auf *Prozessen* vorzuneh-men, d.h. es soll versucht werden, ganzheitliche Arbeitseinheiten oder Tätigkeitsfolgen mit möglichst klaren Anfangs- und Endpunkten zu identifizieren (vgl. Hammer/Champy 1994). Als typische Beispiele für derartige Prozesse und deren Anfangs- bzw. Endpunkte lassen sich etwa anführen:

- Auftragsabwicklung: Auftragseingang bis Zahlung (Debitorenbuchhaltung),

- Kundendienst: Anfrage bis Problemlösung,

- Produktentwicklung: Entwurfsidee bis Serienreife.

Ziel der Analyse nach Prozessen ist es vor allem, eine unnötige Zerteilung von Arbeitsab-läufen zu vermeiden und so die – stets kosten- und zeitaufwendigen – Abstimmungs- bzw. Integrationsbedarfe im Gesamtleistungsprozess gering zu halten. Diese Analyse findet heu-te in der Regel IT-gestützt statt (z.B. mit ARIS von SAP).

(Hammer/Champy 1994, S. 77f.) schlagen vor, die Prozesseinheiten noch einmal in sich nach dem Schwierigkeitsgrad zu gliedern. In der so genannten Triage sollen innerhalb der Pro-zesseinheiten einfache, mittlere und sehr schwierige Fälle bestimmt werden; gemeint ist da-mit eine Analyse nach der Variabilität und Neuartigkeit der jeweils zu bearbeitenden Fälle, um auf diese Weise die Routinisierung und Automatisierung von Prozessen vorzubereiten (vgl. auch Osterloh/Frost 2006). Für die nachfolgende Koordinationsgestaltung („Prozess-synthese") ist es wichtig festzulegen, welche Interdependenzen im Hinblick auf die gesetz-ten Ziele (Schnelligkeit in der Entwicklung, Qualität, Kundenorientierung, Flexibilität usw.) vorrangig sind.

2.3 Formen und Modelle der organisatorischen Arbeitsstrukturierung

In dem zweiten großen Schritt, der sog. Aufgabensynthese, werden aus den analytisch er-fassten Aufgaben nach bestimmten leitenden Prinzipien organisatorische Einheiten gebil-det. Zur Orientierung ist für diesen Zweck eine Reihe von Leitmodellen entwickelt worden, die nachfolgend im Überblick zusammengestellt sind. Die Kernaufgabe der Organisations-gestaltung lässt sich – wie bereits dargelegt – als ein Dualproblem beschreiben, nämlich als Problem der Arbeitsteilung (Differenzierung) einerseits und als Problem der Arbeitsver-einigung (Integration) andererseits. Wir beginnen mit der Differenzierung und stellen im nächsten Kapitel Formen der Integration dazu ins Verhältnis.

Ausgangsproblem jeder Differenzierung ist die Frage nach der günstigsten Teilung und Zu-weisung von Aufgabenvollzügen.

Die wohl bekannteste Form der organisatorischen Stellen- und Arbeitsteilung ist die Abtei-lungsbildung auf der Basis von *Verrichtungen* (vgl. Abbildung 2.1). Ihr Gestaltungsprinzip lautet: *Gleichartige* Verrichtungen werden nach dem Spezialisierungsprinzip zusammengefasst; dies gilt sowohl für die Stellenbildung (z.B. Lackierer) als auch für die Abteilungsbildung (z.B. Lackiererei). Die Vorteile einer verrichtungsorientierten Arbeitsteilung liegen in der Nutzung von

- Spezialisierungsvorteilen (Lern- und Übungseffekte);

- Größenvorteilen (gemeinsame Nutzung von Ressourcen durch homogene Handlungseinheiten);

- Synergieeffekten (zwischen ähnlichen Verrichtungen).

Abbildung 2.1   Verrichtungsorientierte Organisation

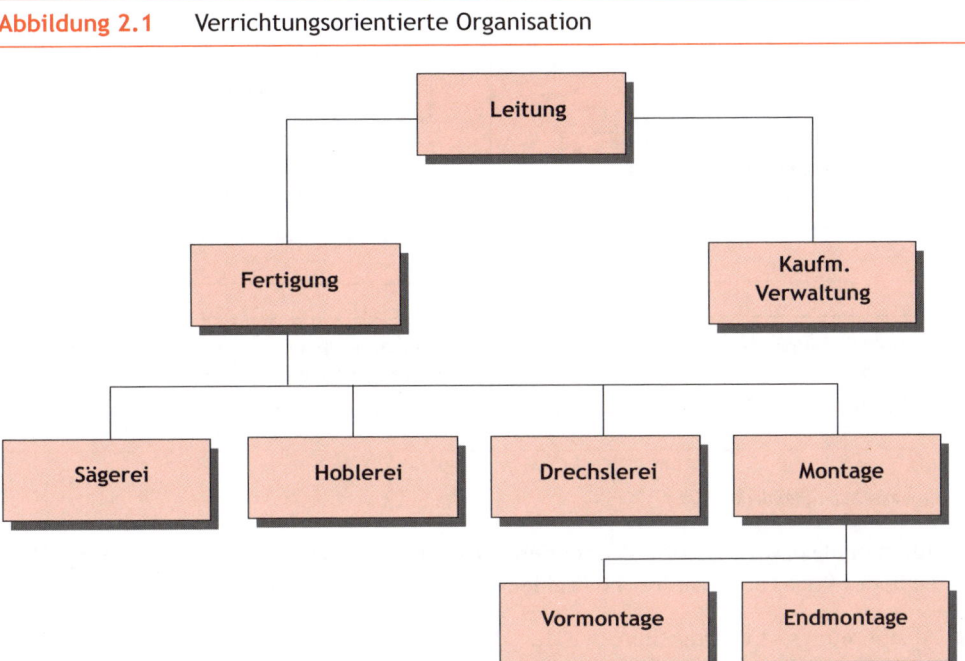

Von einer *funktionalen* Organisation spricht man dann, wenn die zweitoberste Hierarchieebene eines Stellengefüges (Unternehmung, Geschäftsbereich usw.) eine Spezialisierung nach Sachfunktionen (Verrichtungen) vorsieht. Die Kernsachfunktionen eines Industriebetriebes sind Einkauf, Forschung und Entwicklung (F & E), Produktion und Marketing. Daneben sind aber auch zahlreiche unterstützende Sachfunktionen wie Finanzierung oder Personal von großer Bedeutung. Die funktionale Organisation findet am häufigsten bei Unternehmen Verwendung, die nur ein Produkt herstellen (z.B. Berliner Wasserbetriebe) oder über ein relativ homogenes Produktprogramm verfügen (vgl. das Beispiel der Swiss International Air Lines in Abbildung 2.2).

Abbildung 2.2   Die Organisationsstruktur der Swiss International Air Lines

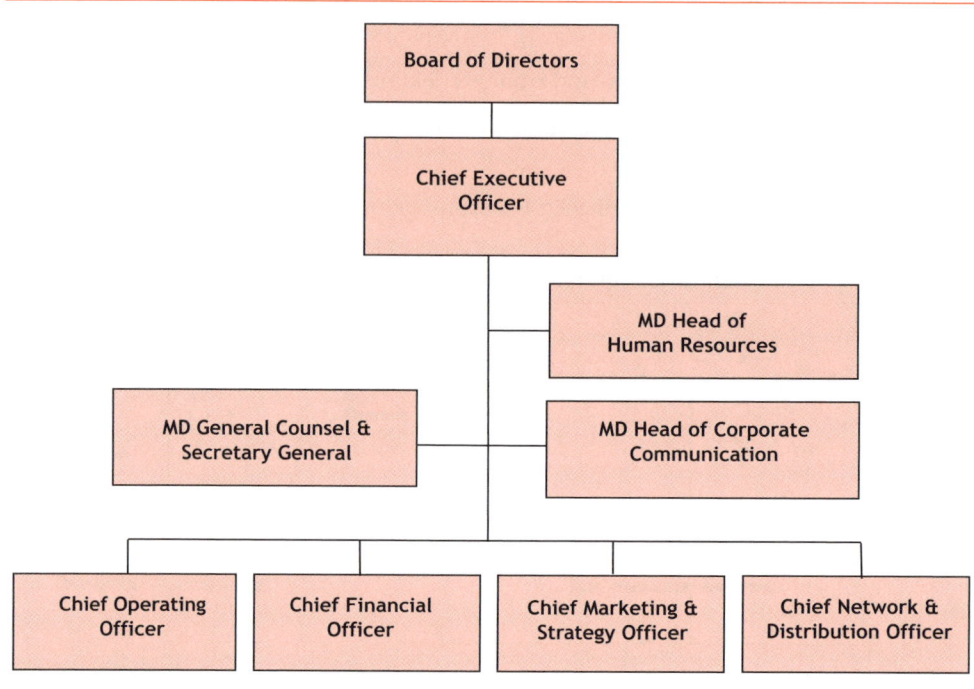

Quelle: swiss.com, Stand: 03/2009

Die funktionale bzw. verrichtungsorientierte Organisation weist neben den genannten Vorzügen in der Praxis auch zahlreiche Probleme auf. Als typische *Probleme* gelten:

■ Abstimmungsschwierigkeiten zwischen den Funktionsabteilungen mit jeweils spezialistischer Ausrichtung;

■ zeitraubende Schnittstellenkoordination und die daraus resultierende mangelnde Flexibilität;

■ geringe Zurechenbarkeit von Ergebnissen auf einzelne Akteure;

■ Überlastung der Spitze mit Koordinationsaufgaben.

Die Frage, ob die Organisation nach Verrichtungen gewählt werden soll, stellt sich auf jeder Hierarchiestufe neu. Eine funktionale Organisation zieht also keineswegs zwingend eine Verrichtungsorganisation auf den nachfolgenden Hierarchieebenen nach sich. Die nachgeordneten Abteilungen können auch nach Objekten gegliedert sein.

Die zweite grundsätzliche Möglichkeit bei der Stellen- und Abteilungsbildung ist die Orientierung an *Objekten*. Hier bilden Produkte (einschließlich Dienstleistungen), Kunden oder

Märkte/Regionen das gestaltbildende Kriterium für Arbeitsteilung und Spezialisierung (vgl. Abbildung 2.3).

Abbildung 2.3   Objektorientierte Abteilungsbildung

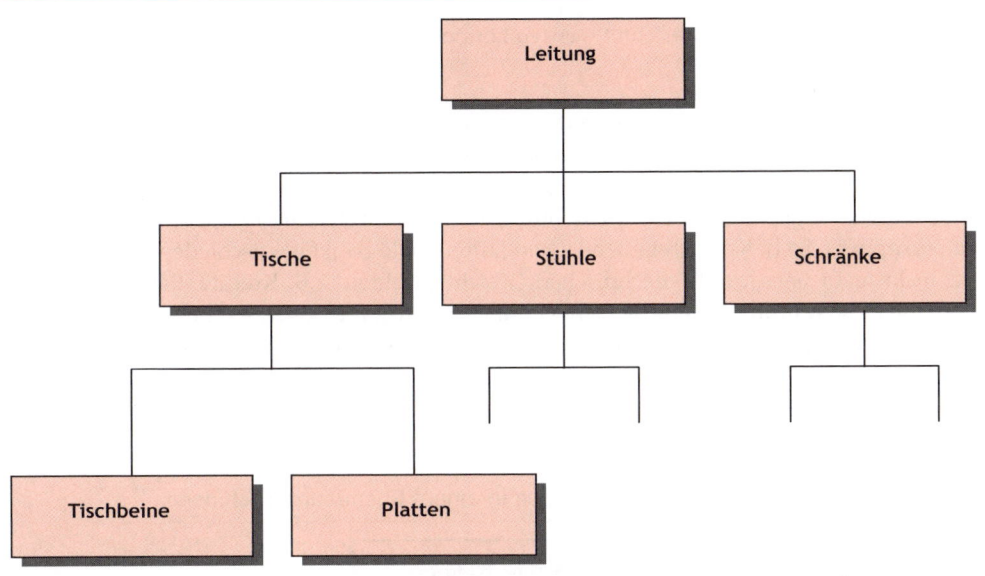

Bei dieser Organisationsform werden also nicht bestimmte *gleichartige* Verrichtungen wie Verkaufen oder Fakturieren zu Abteilungen gebündelt, sondern es werden, ausgehend von Objekten, *verschiedenartige* Verrichtungen zu Abteilungen zusammengefasst, nämlich jene, die für die Bearbeitung des betreffenden Objektes notwendig sind.

Wie schon gesagt, stellt sich die Alternative „Objekt- oder Verrichtungsorientierung" grundsätzlich auf jeder hierarchischen Ebene; keineswegs muss eines der beiden Prinzipien durchgehalten werden. Es ist vielmehr die Regel, beide Prinzipien zu mischen. Die Gliederung der *zweiten Hierarchieebene* ist jedoch eine besonders wichtige Organisationsentscheidung, sie bestimmt die Grundausrichtung des gesamten Systems.

Die Objektorientierung auf der zweitobersten Hierarchieebene eines Stellengefüges wird *divisionale Organisation, Spartenorganisation* oder *Geschäftsbereichsorganisation* genannt. Die Divisionen werden in der Mehrzahl der Fälle nach verschiedenen Produkten bzw. Produktgruppen gebildet. Das Divisionalisierungskonzept geht über die objektorientierte Organisation insofern hinaus, als die Divisionen gewöhnlich eine weitgehende Autonomie im Sinne eines *Profit Centers* erhalten, d.h. sie sollen quasi wie Unternehmen im Unternehmen geführt werden. Für die organisatorische Aufgabenzuweisung bedeutet das, dass eine Division (Geschäftsbereich) zumindest die zentralen Steuerungsparameter kontrollieren können muss. Ansonsten wäre eine Gewinnverantwortlichkeit nicht erreichbar. Historisch gesehen hat sich die divisionale Organisation in der Praxis als Antwort auf Probleme mit der Diversifikation (Geschäftsaktivitäten in verschiedenen Geschäftsfeldern mit unterschiedlichen Produkten) entwickelt. Für breit diversifizierte Unternehmen erwies sich die funktionale Organisation als zu schwerfällig und zu unübersichtlich. Man ging deshalb dazu über, spartenorientierte Strukturen zu entwickeln, die viel besser auf die verschiedenen Strategien eines diversifizierten Unternehmens und die daraus resultierenden unterschiedlichen Reaktionsanforderungen ausgerichtet werden können (vgl. dazu den historischen Aufriss von Chandler 1962).

Im Rahmen der divisionalen Organisation ist neben der Produktorientierung auch eine *regionale Gliederung* denkbar. Hier werden die Objekte nach dem Prinzip der lokalen Märkte zusammengefasst, etwa nach Bundesländern, Nationen oder Erdteilen. Eine dritte Divisionalisierungs-Möglichkeit ist die Ausrichtung auf zentrale *Abnehmergruppen* (oder auch Zuliefergruppen). So haben sich in den letzten Jahren viele Banken entschieden, ihre Aktivitäten nicht mehr nach produkttechnischen Gesichtspunkten (z.B. Kredite, Bausparverträge, Vermögensverwaltung), sondern nach Kunden (Privat- und Geschäftskunden) zu gliedern. Eine ähnliche Tendenz lässt sich bei Telekommunikationsunternehmen beobachten.

Abbildung 2.4 zeigt das Organigramm eines Chemieunternehmens mit einer mehrstufigen Divisionalisierung nach Produkten.

Abbildung 2.4   Divisionale Organisation in einem Chemieunternehmen

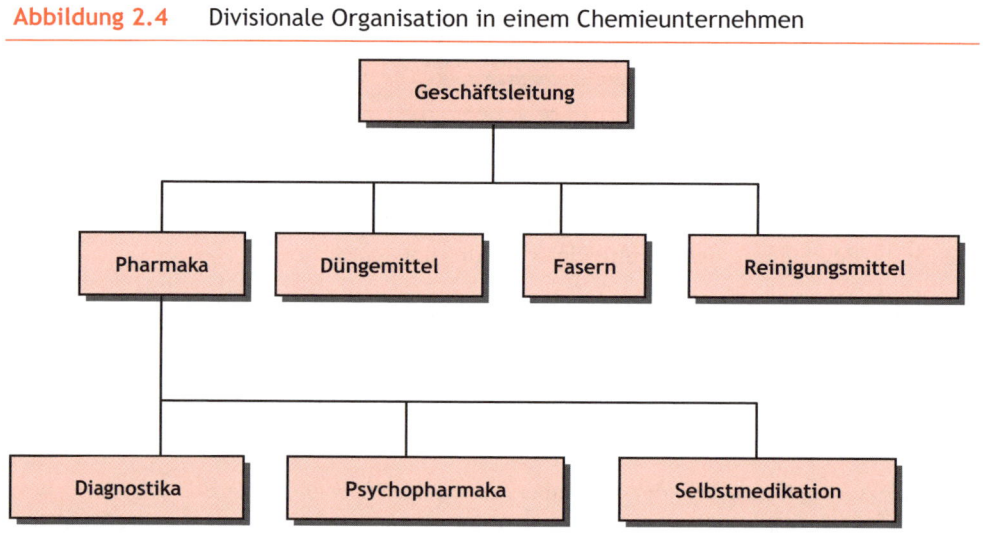

Normalerweise werden die Divisionen als organisatorische Einheiten geführt. Bisweilen gibt man einer rechtlichen Verselbstständigung der Sparten den Vorzug, juristisch entsteht dann ein *Konzern*. Des Öfteren beherbergen bei großen Konzernen auch die einzelnen Sparten eine ganze Reihe von (rechtlich selbstständigen) Tochter- bzw. Enkelgesellschaften, die Spartengesellschaft wäre dann als Teilkonzern anzusehen.

Wird die Konzernobergesellschaft als Führungsgesellschaft angelegt, dann spricht man von einer *Management-Holding*. Die Holding ist also eine reine Führungsgesellschaft, d.h. ihre Aufgabe ist ausschließlich die Ausübung der Konzernleitung, sie ist nicht mit der Produktion oder dem Vertrieb von Gütern beschäftigt; gleichwohl geht ihre Aufgabe über eine bloße Anteilsverwaltung (Finanz-Holding) hinaus. Die Divisionen werden nicht nur im Sinne einer Portfolio-Optimierung verwaltet, sondern durch die Holdinggesellschaft geführt – wobei sich der Steuerungsanspruch der Holding meist auf die strategische Führung des Konzerns beschränkt (Strategische Management-Holding). Abbildung 2.5 zeigt die RWE AG als geschäftsleitende Holdinggesellschaft.

Abbildung 2.5   Holdingstruktur der RWE AG

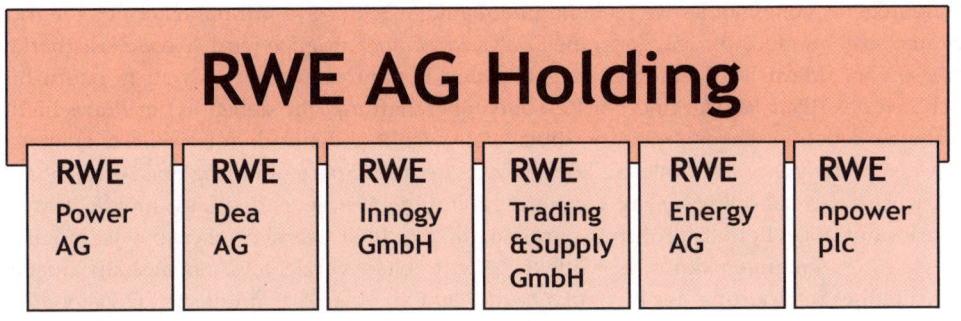

Quelle: www.rwe.com (Zugriff 03/2009)

Die Einrichtung einer Holding erfolgt häufig, um die Aktivitäten großer Konzerne marktgerecht zu bündeln und Flexibilität zu schaffen. Vorteilhaft ist dies vor allem auch dort, wo die Untergesellschaften nicht zu 100% im Konzernbesitz sind. Darüber hinaus erleichtert die Holdingstruktur den Zugang zum Kapitalmarkt für die Tochtergesellschaften und die Umstrukturierung des Konzerns mit dem damit verbundenen Kauf und Verkauf von Spartengesellschaften. In vielen Fällen sind jedoch die enormen Rechtsformkosten einer Holdingstruktur prohibitiv.

Gleichgültig, ob nun in Holdingform organisiert oder nicht, um über die Entwicklung der einzelnen Geschäfte auf dem Laufenden zu bleiben und gegebenenfalls steuernd eingreifen zu können, richtet die Geschäftsleitung in den divisionalisierten Unternehmen typischerweise ein ausgefeiltes internes Berichtswesen (Sparten- oder Konzerncontrolling) ein, die herkömmlichen Ergebnisrechnungen reichen dafür nicht aus. Bei international agierenden Unternehmen erfordert dies zusätzlich eine grenzübergreifende Vereinheitlichung der Erfolgsmaßstäbe. Von der Berichterstattung erwartet man, dass sie aktuell und steuerungsrelevant ist; man strebt für gewöhnlich einfache, übersichtliche aber dennoch wirksame Spartenberichtssysteme an, dies vor allem dort, wo viele Sparten (in manchen Fällen sind es mehr als 100) gebildet wurden. Das nach wie vor geläufigste Kontrollkonzept ist zweifellos der Return on Investment (ROI), basierend auf dem Kennzahlen-System, wie es von dem Divisionalisierungs-Pionierunternehmen DuPont de Nemours/USA in den 1920er Jahren entwickelt wurde. Der ROI ist eine Rentabilitätskennziffer, die das erwirtschaftete Ergebnis zu dem eingesetzten Kapital in Beziehung setzt. Das Steuerungskonzept basiert auf einem Soll/Ist-Vergleich; die Geschäftsleitung gibt eine Planrentabilität (ROI) für das in den Divisionen eingesetzte Kapital vor und prüft, inwieweit es der Divisionsleitung gelingt, dieses Rentabilitätsziel zu erreichen oder zu übertreffen. Ein steuernder Eingriff erfolgt nur, wenn eine negative Abweichung einer bestimmten Größenordnung überschritten wird. Der ROI dient zugleich als Beurteilungsgrundlage der Divisionsleitung und ist damit Kontroll- und Motivationsinstrument zugleich.

Gleichgültig, ob nun mit dem ROI oder anderen Kennziffern gesteuert, ob rechtlich verselbständigt oder als unselbständige organisatorische Einheit geführt, *Grundvoraussetzung* für den Einsatz der divisionalen Organisation ist die Teilbarkeit der geschäftlichen Aktivitäten in homogene, voneinander weitgehend unabhängige Sektoren – nur dann können die Aktivitäten so gebündelt werden, dass eine *Erfolgszurechnung* möglich wird. Diese Zerlegbarkeit gilt sowohl **intern** hinsichtlich einer getrennten Ressourcennutzung als auch **extern** hinsichtlich des *Absatzmarktes* und der Ressourcenbeschaffung. Ihr stehen in der *Praxis* häufig Unteilbarkeiten entgegen; wird die divisionale Struktur dennoch verwirklicht, entstehen unweigerlich Synergieverluste. So können z.B. die nach Spartenbildung noch erreichbaren Betriebsgrößen suboptimal sein; das geringvolumige Mengengerüst lässt möglicherweise mindestoptimale Betriebsgrößenersparnisse unerreichbar werden, ebenso wie mögliche Stückkostensenkungen durch Lerneffekte. Nicht selten verzichtet man deshalb auf eine vollständige Separierung der Ressourcen und geht zu einer Art simulierten Divisionalisierung über, indem man Ressourcen (z.B. große Fertigungsanlagen) zentral belässt und ihre Leistungen mit Hilfe komplizierter Ersatzkonstrukte (z.B. interne Verrechnungspreise) den Divisionen zuordnet.

Die divisionale Struktur hat darüber hinaus auch eine Reihe im Vergleich zur funktionalen Organisation handfester *Nachteile*. So geht mit einer Divisionalisierung immer eine Vervielfachung der Führungsstellen einher; dieser zusätzliche *Personalaufwand* muss ökonomisch gesehen immer kleiner als der durch die Einführung dieser Organisationsform erreichbare Nutzen sein.

Damit dürfte insgesamt klar geworden sein, dass es keine eindeutige Vorzugsregel für die eine oder andere Organisationsform gibt. Generelle Empfehlungen etwa dergestalt, dass die divisionale Organisation immer erfolgreicher als die funktionale Organisation sei, gehen völlig an der Sache vorbei. Der erfolgreiche Einsatz der Organisationsform hängt von vielen Randbedingungen ab. So gibt es beispielsweise für ein Einproduktunternehmen wenig Gründe, sich eine divisionale Struktur zu geben.

Stab-Linie-Prinzip: Eine Arbeitsteilung anderer Art orientiert sich am Entscheidungsprozess und untergliedert in Entscheidungsvorbereitung und Entscheidung. Die zugrunde liegende Idee ist, die entscheidungsvorbereitenden Tätigkeiten aus dem Aufgabenspektrum von Instanzen auszugliedern und zu eigenen Stellen zusammenzufassen; man nennt sie Stabsstellen oder Stäbe. Hauptziel ist es, bestimmten Instanzen Spezialisten als Berater zur Seite zu stellen, um neuere wissenschaftliche Erkenntnisse oder systematische Methoden der Problemlösung für die Verbesserung der Entscheidungen einsetzbar zu machen, ohne dabei die Instanz zusätzlich zu belasten. Durch die Teilung des Entscheidungsprozesses soll seine Problemlösungskapazität ausgedehnt werden, ohne an der Grundstruktur etwas zu verändern. Die systematische Entscheidungsvorbereitung obliegt den Spezialisten, also dem Stab; die Entscheidung selbst und damit die letzte Entscheidungsverantwortung verbleibt bei der Instanz. Es gilt das alte militärische Prinzip: „Stab ist Dienst und nicht Kommando" (Höhn 1961). Anders ausgedrückt stellen Stäbe also eine Art interne Beratung dar; sie werfen damit im Grundsatz auch fortlaufend die Frage nach „Make or buy" auf.

Die Beratungstätigkeit des Stabes kann unterschiedlich intensiv ausgelegt sein. Bisweilen werden Stäbe nur zur Sammlung von Informationen und zur Erprobung neuer Problemlösungsverfahren (z.B. Planungsmethoden) eingesetzt. Meist aber umfasst ihre Tätigkeit auch das Generieren und Selektieren von Alternativen, so dass die Instanz nur noch die Wahl unter den verschiedenen Alternativen trifft. Bei der sog. vollständigen Stabsarbeit bearbeitet der Stab das Problem bis zur Entscheidungsreife, die Instanz trifft dann nur noch eine Ja/Nein-Entscheidung. Dadurch, dass die Stabsstelle nur „mitdenkt", aber nicht anordnet, bleibt die Einheit der Leitungshierarchie – zumindest formal gesehen – uneingeschränkt in Kraft. Bisweilen ist die Stabsaufgabe so umfangreich, dass die Stäbe in sich hierarchisch gegliedert werden. In diesen Fällen haben die Leitungskräfte dann doch innerhalb der Stabseinheit Anweisungsbefugnis, das ändert aber am prinzipiellen Charakter des Stabs als Beratungseinheit nichts.

Stäbe werden in der Praxis für vielfältige Aufgaben eingesetzt; typische Stabsaufgaben sind: Strategische Planung, Public Relations, Rechtsabteilung oder volkswirtschaftliche Abteilung in Banken. Daneben werden Stäbe aber auch zur quantitativen Entlastung von Vorgesetzten in Assistenzfunktion eingesetzt.

In der Praxis finden sich häufig erweiterte Formen von Stabsstellen, vor allem in Form von Dienstleistungsabteilungen, wie z.B. der Personalbereich, das Controlling, das Rechnungswesen oder die Organisationsabteilung. Dies sind organisatorische Einheiten, die nicht für die Entscheidungsvorbereitung einer Instanz vorgesehen sind, sondern eine Dienstleistung für alle Abteilungen eines Unternehmens oder einen Geschäftsbereich anbieten.

Solche Dienstleistungsabteilungen verfügen häufig über eine „funktionale Autorität", d.h. sie haben eng umschriebene Weisungsbefugnisse (und nicht generelle Weisungsbefugnisse wie die klassischen Instanzen). So hat das Zentralressort „Controlling" in der Regel Richtlinienkompetenz, d.h. es kann Weisungen geben, in welcher Form Informationen für das Controlling zu sammeln und aufzubereiten sind; ferner steht ihm auch das Recht zu, die Abgabe dieser Informationen (z.B. Quartalsberichte) einzufordern.

In Spartenorganisationen finden sich darüber hinaus – wie oben bereits dargelegt – ausgegliederte und zentralisierte Abteilungen, die den potenziellen Nachteilen einer divisionalen Organisation entgegenwirken sollen. Sie werden *Zentralressorts* genannt. Dabei kann die Trennungslinie zur Stabslösung nicht immer eindeutig gezogen werden, weil sich in der Praxis eine Reihe von Mischformen entwickelt hat (zu den verschiedenen Ausprägungen von Zentralbereichen in der Praxis vgl. Frese/Werder 1993). In Abbildung 2.6 kann man alle drei Typen finden: Klassische Stäbe, Dienstleistungsabteilungen und Zentralressorts.

Abbildung 2.6   Organisationsstruktur der Bayer AG

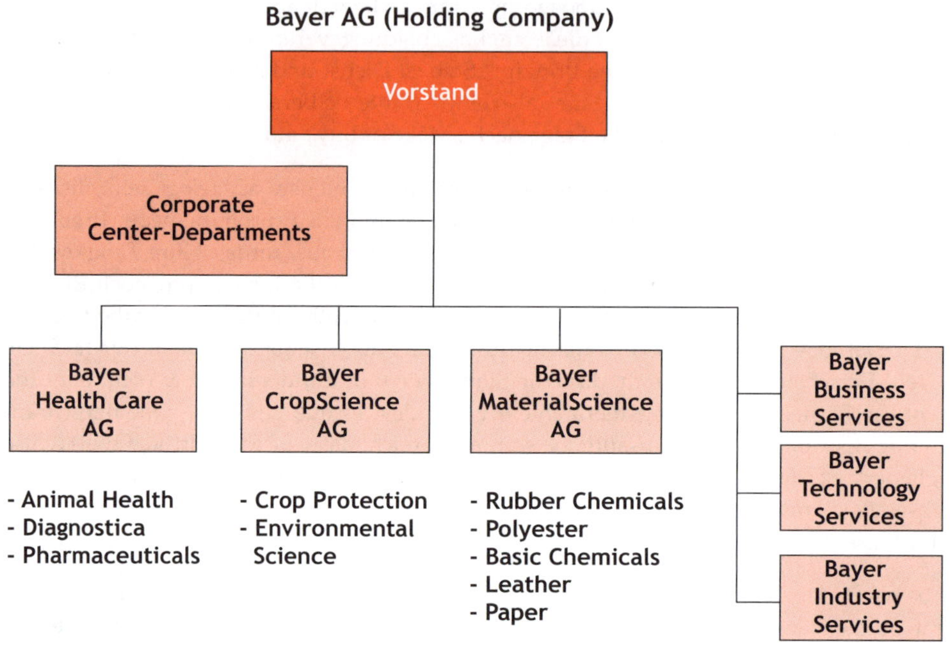

Bayer AG (Holding Company)

Vorstand

Corporate
Center-Departments

Bayer Health Care AG	Bayer CropScience AG	Bayer MaterialScience AG	Bayer Business Services

Bayer Technology Services

Bayer Industry Services

- Animal Health
- Diagnostica
- Pharmaceuticals

- Crop Protection
- Environmental Science

- Rubber Chemicals
- Polyester
- Basic Chemicals
- Leather
- Paper

Quelle: Bayer AG (Zugriff www.bayer.de am 10.06.2008)

Übungsaufgaben

1. Wozu benötigt man eine Aufgabenanalyse?

2. Können Prozesse strukturlos sein?

3. Wann spricht man von einer „funktionalen Organisation"? Wo findet man sie am häufigsten vor?

4. Was versteht man unter einer Organisation nach „Objekten"?

5. Welche Vorzüge bietet eine divisionale Organisation?

6. Inwiefern können Betriebsgrößenersparnisse („economies of scale") bei der Entscheidung ausschlaggebend sein, ob ein Betrieb die funktionale oder die divisionale Struktur wählen soll?

7. Diskutieren Sie die Aussage: „Die Holdingstruktur ist zu teuer!"

8. Inwiefern sind Stäbe eine Form der organisatorischen Arbeitsteilung?

9. Welche Vorteile bringt die „funktionale Autorität"?

10. In welchem Verhältnis stehen Zentralressorts zu Divisionen?

Literaturempfehlungen

Kogut, B. /Parkinson, D.: Adoption of the multidivisional structure: Analyzing history from the start, in: Industial and corporate change 7(1998), S. 249-273.

Eine aufschlussreiche empirische Studie über die Motive der Adoption der Spartenorganisation.

Irle, M.: Macht und Entscheidungen in Organisationen: Studie gegen das Linie-Stab-Prinzip, Darmstadt, 1971.

Die Klassikerstudie, die vor allem die Dynamik der Stab-Linie-Beziehung ausleuchtet.

v. Werder, A.: Führungsorganisation: Grundlagen der Corporate Governance, Spitzen- und Leitungsorganisation, 2. Aufl., Wiesbaden, 2008.

Informiert umfassend über die Organisation der Spitze großer Unternehmen.

Frost, J./Morner, M.: Konzernmanagement: Strategien für Mehrwert, Wiesbaden, 2009.

Zeigt u.a. die verschiedenen Formen der Konzernorganisation.

Literatur

Chandler, A. D. (1962): Strategy and structure: Chapters in the history of the American industrial enterprise, Cambridge – London.

Davenport, T. H. (1993): Process innovation. Reengineering work through information technology, Boston, Mass.

Frese, E./Werder, A. v. (1993): Zentralbereiche. Organisatorische Formen und Effizienzbeurteilung, in: Frese, E./Werder, A. v./Maly, W. (Hrsg.): Zentralbereiche. Theoretische Grundlagen und praktische Erfahrungen., Stuttgart, S. 1-50.

Hammer, M./Champy, J. (1994): Business reengineering (Übers. a. d. Engl.), Frankfurt a. M./ New York.

Höhn, R. (1961): Die Führung mit Stäben in der Wirtschaft, Bad Harzburg.

Kosiol, E. (1976): Organisation der Unternehmung, 2. Aufl., Wiesbaden.

Luhmann, N. (1973): Zweckbegriff und Systemrationalität, Frankfurt a. M.

Osterloh, M./Frost,J.(2006): Prozessmanagement als Kernkompetenz, 3.Aufl., Wiesbaden.

3 Organisatorische Integration

3.1   Schnittstellen als organisatorisches Problem

Arbeitsteilung, gleichgültig welcher Art, erzeugt nicht nur Komplexität, sondern vor allem auch *Schnittstellen*. Die Bildung von spezialisierten Stellen und Abteilungen bedeutet immer zugleich auch Unterbrechungen des Leistungsflusses. Die Aufgabenteile werden von verschiedenen Personen, an verschiedenen Orten, zu unterschiedlichen Zeiten erledigt, und dies wirft zwangsläufig das Problem auf, alle diese separat erledigten Teile wieder zusammenzuführen, so dass am Ende eine geschlossene Leistungseinheit entstehen kann. Man nennt dies das Integrationsproblem. Es ist leicht einzusehen, dass das Verhältnis von Differenzierung und Integration umso spannungsreicher gerät, je weiter und tiefer die Arbeitsteilung gewählt wird. In Anbetracht der heute weit vorangetriebenen Spezialisierung verwundert es nicht weiter, dass das vorrangige Organisationsthema in den Großunternehmen nicht mehr so sehr die Arbeitsteilung, sondern die Integration ist. Dieses Problem der Zusammenführung der verschiedenen Aufgabenteile darf dabei nicht nur als ein mechanisches Problem des Zusammenfügens verstreut liegender Elemente, sondern muss auch ganz wesentlich als ein Problem der auseinander driftenden *Orientierungen* und Überzeugungen der Stelleninhaber gesehen werden.

Die Orientierungsunterschiede erklären sich im Grunde daraus, dass jede organisatorisch separierte Einheit ihre speziellen Ziele vor Augen hat und sich vor allem mit diesen Teilzielen identifiziert: Die Vertriebsabteilung konzentriert sich auf die Umsatzziele, die Forschung & Entwicklung auf die anstehenden Projekte, die Finanzabteilung auf den Kapitalmarkt usw. Diese Separierung von Zielen und Orientierungen, so notwendig sie auch erscheinen mag, ist doch immer Ergebnis einer *künstlichen Trennung*; tatsächlich besteht ja ein sehr viel engerer sachlicher Zusammenhang zwischen allen betrieblichen Aufgaben, als dies von den Spezialisten gewöhnlich wahrgenommen wird.

In den täglichen Arbeitsvollzügen tauchen diese arbeitsteilungsbedingten „Abbrüche" häufig als Konflikte auf. So z.B., wenn die Vertriebsbeauftragte dem Kunden eine Sonderausrüstung zusagt, die dem Kostensenkungsprogramm des Produktionsleiters zuwiderläuft. Letzterer mag sich als Ziel gesetzt haben, die Produktstandardisierung zu forcieren, um die Kosten in Schach zu halten. Aus der Sicht der Forschung & Entwicklungs-Abteilung stellt sich die Zusage möglicherweise ebenfalls als problematisch heraus, weil sie, jedenfalls teilweise, Besonderheiten der neuen Modellbaureihe vorwegnimmt. Für die Vertriebsbeauftragte sind die Einwände nur schwer verstehbar, denn sie hatte schwer zu kämpfen, um den Auftrag überhaupt zu erhalten. Der Kunde hatte fortwährend auf attraktive Konkurrenzangebote verwiesen. Der entstehende Konflikt bedarf einer Regelung und das heißt auch, in der hier gewählten Redeweise, es bedarf integrativer Aktivitäten.

Als weiteres Konfliktfeld bringt die Differenzierung eine *Kommunikationsverdünnung* mit sich. Mit wachsender Spezialisierung stellt sich zunehmend die Tendenz ein, nur noch innerhalb des eigenen überschaubaren Bereiches Informationen auszutauschen. Die Abteilungen kapseln sich zunehmend nach „außen" (gemeint sind Abteilungen mit anderen Aufgaben) ab und differenzieren sich nach innen. Es werden neue Abteilungen gegründet, spezialisierte Unterabteilungen, wie z.B. Debitoren-, Kreditoren-, Lagerbuchhaltung oder

Spezialabteilungen wie Operations Research, Marktforschung und Personalentwicklung. Mit dieser *Binnendifferenzierung* geht eine weitere Einengung des Blickwinkels und Aktionsfeldes einher, mit der Folge, dass Spezialsprachen und Methoden entwickelt werden, die den Informationsaustausch immer schwieriger machen und zu einer Verdünnung der Kommunikation führen. Nicht selten bestehen mehr Kontakte zu den entsprechenden Spezialisten in anderen Organisationen als zu den Mitgliedern anderer Abteilungen der eigenen Organisation. Die Kommunikationsverdünnung führt zu Konflikten, Stereotypisierungen, Grabenkämpfen usw. Diesen zentrifugalen Kräften, die sich quasi automatisch einstellen, muss organisatorisch entgegengewirkt werden.

Grundsätzlich ist die Bewältigung des Integrationsproblems auf zwei Ebenen zu leisten: der *vertikalen* und der *horizontalen* Verknüpfung. Darüber hinaus kann aber auch eine *laterale* Verknüpfung notwendig werden. Die Darstellung beginnt mit der vertikalen Integration.

3.2   Abstimmung durch Hierarchie

Das klassische vertikale Integrationsinstrument ist die *Hierarchie*. Sie schafft in einem System abgestufter Zuständigkeit institutionelle Vorsorge für die Sicherstellung der Integration. Es besteht ein fest geordnetes *System von Über- und Unterordnung*, das für jede auftauchende Abstimmungsschwierigkeit – sei es innerhalb einer Abteilung oder zwischen Abteilungen – eine eindeutig geregelte Lösungsprozedur vorsieht: Der jeweils untergeordnete Mitarbeiter bzw. die untergeordnete Abteilung reicht das Abstimmungsproblem nach „oben" weiter, und zwar solange, bis eine Instanz (Leitungsebene) gefunden ist, die die zu koordinierenden Mitarbeiter oder Bereiche gemeinsam umspannt, und die die Kompetenz hat, die Abstimmungsfragen durch Anweisung zu lösen. Nachdem Hierarchien pyramidenförmig aufgebaut sind, gibt es in jedem Falle eine Instanz, die für die Abstimmung zuständig ist; in letzter Konsequenz ist dies die oberste Instanz.

Mit diesem System der aufsteigenden Regelungskompetenz verbindet sich auch die Anforderung, dass mit steigender Höhe auch die fachliche Breite zunimmt, so dass die vorgetragenen Abstimmungsschwierigkeiten verstanden und sachgerecht gelöst werden können. Mit zunehmender Differenzierung und Spezialisierung der Aufgaben wird es jedoch für die höheren Positionen einer mehrstufigen Hierarchie immer schwieriger, dass sie alle wesentlichen Anforderungen, die an die untergeordneten Stellen gerichtet sind, mit abdecken können. Dass dieser Forderung in der Praxis z.T. kaum mehr entsprochen wird, ist Gegenstand des sarkastischen *Peter-Prinzips*, wonach das Eignungsprofil mit aufsteigender Hierarchieebene in immer geringerem Maße dem Anforderungsprofil entspricht (Prinzip der zunehmenden Inkompetenz).

Die Integration durch Hierarchie hat, was die Art der Abstimmungsregelung anbetrifft, ein Doppelgesicht. Einerseits trifft sie in Form der *generellen Regelung* Vorsorge für die Zuständigkeit bei Abstimmungsproblemen, andererseits vertraut sie auf die persönliche Anweisung durch den Vorgesetzten als Regelungsmodus, also auf die fallweise Regelung. Die Funktionsweise dieser Form der Abstimmung sei an einem einfachen Beispiel aufgezeigt:

Arbeiter A hat seinen Arbeitsgang an einem Werkstück X beendet; der Vorgesetzte fordert Arbeiter B auf, nunmehr mit seiner Bearbeitung des Werkstückes X zu beginnen. Oder: In der Produktentwicklung ist ein neuer Prototyp erstellt; der Geschäftsführer weist den Werkzeugbau an, mit der Konstruktion der Werkzeuge zu beginnen.

Nachdem sich Abstimmungsprobleme in vielen Fällen als *Konflikt* äußern, wird die Einrichtung von Instanzen auch als Instrument zur Konfliktlösung und zur Konfliktbegrenzung betrachtet. Mit der Einrichtung eines Instanzenzuges wird festgelegt, wer endgültig über Streitfragen entscheidet.

Um ein lückenloses Zuständigkeitssystem für Abstimmungsprobleme zu gewährleisten, muss eine Hierarchie konsistent aufgebaut sein. Maßgeblicher Garant hierfür ist das sog. *Einlinienprinzip*, dem das *Prinzip der Einheit der Auftragserteilung* zugrunde liegt. Dieses besagt, dass ein Mitarbeiter nur einen direkt weisungsbefugten Vorgesetzten haben soll (vgl. die schematische Darstellung in Abbildung 3.1).

Diesem Strukturtyp steht als Gegentyp das *Mehrliniensystem* gegenüber, mit dem allerdings das hierarchische System durchbrochen wird. Dieses baut auf dem Spezialisierungsprinzip auf und verteilt die Führungsaufgabe auf mehrere spezialisierte Instanzen mit der Folge, dass eine Stelle mehreren weisungsbefugten Instanzen untersteht, d.h. Mitarbeiter berichten mehreren Vorgesetzten.

Abbildung 3.1   Strukturtyp „Einlinienorganisation"

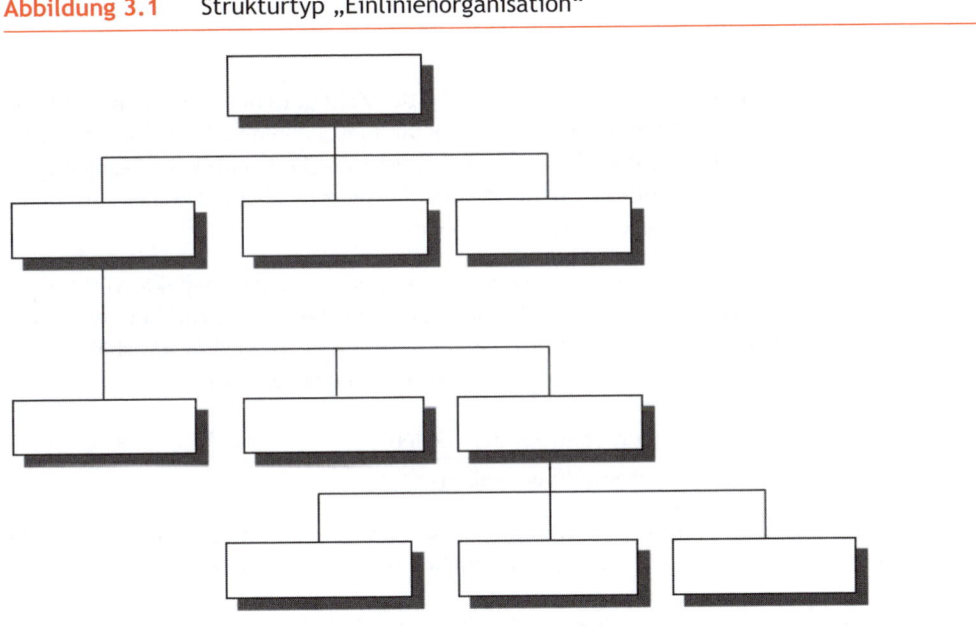

Eine Art Zwischenlösung stellt die bereits erwähnte Stab-Linienorganisation dar. Sie will die Vorzüge der Spezialisierung, wie sie die Mehrlinienorganisation verspricht, nutzen, ohne dabei das ordnungsstiftende Einlinienprinzip aufgeben zu müssen. Dort werden ja bestimmten Instanzen *Spezialisten als Berater* zur Seite gestellt, ohne dabei an der Entscheidungsverantwortung der „Linie" zu rütteln.

Neben dem Strukturtyp ist beim Aufbau einer Hierarchie über die zweckmäßige *Anzahl der Leitungsebenen* zu entscheiden. Ausgangspunkt der Überlegungen ist die Entscheidung über die Größe der Kontrollspanne. Unter *Kontrollspanne* versteht man die Zahl der Mitarbeiter, die einer Instanz direkt unterstellt sind. Die Organisationslehre war lange Zeit bemüht, die optimale Kontrollspanne zu bestimmen. Man ging von einer starken Anleitungs- und Kontrollbedürftigkeit der Mitarbeiter aus und empfahl daher, die Kontrollspanne verhältnismäßig klein zu halten (vgl. zusammenfassend van Fleet/Bedeian 1977). Die als optimal betrachteten Spannen schwankten zwischen 3 und 10. Heute sieht man in der Dimensionierung der Kontrollspanne ein sehr viel komplexeres Problem, zu dessen Lösung nicht nur die Kontrollbedürftigkeit, sondern auch Faktoren wie die Art der Aufgabe, die Führungsphilosophie (zentral oder dezentral) oder die Technologie berücksichtigt werden, was teilweise zu Spannen von bis zu 80 Mitarbeitern führt. Bezogen auf den Hierarchieaufbau ist die Dimensionierung der Kontrollspanne logisch mit der Gliederungstiefe der Stellenhierarchie (Leitungstiefe) verknüpft; ausgehend von einer gegebenen Beschäftigtenzahl gilt die Beziehung: Je kleiner die Kontrollspanne, umso mehr Ebenen weist die Hierarchie auf und umgekehrt. Zur Messung der Hierarchiekonfiguration wird der *Konfigurations-Index* verwendet; dies ist eine Kennzahl, die einen Hierarchie-Vergleich zwischen Organisationen unabhängig von ihrer Größe ermöglicht:

$$S = \sqrt[L]{N}$$

Der Konfigurations-Index (S) ergibt sich danach aus der Zahl der Hierarchieebenen (L) und der Zahl der Beschäftigten (N). Eine Firma mit 4 Hierarchieebenen und 10.000 Beschäftigten hat danach einen S-Index von 10, eine Firma mit 3 Hierarchieebenen und 160 Beschäftigten einen S-Index von 5,4 (abgerundet), d.h. der Aufbau letzterer ist also trotz einer geringeren absoluten Zahl von Hierarchieebenen relativ „steiler".

Mit der Zahl der Hierarchieebenen ist aber noch eine Reihe weiterer Aspekte verbunden, so z.B. die *„Leitungsintensität"*. Auch ihr gilt seit langem eine besondere Aufmerksamkeit in der Organisationstheorie (Blau 1970). Mit *„Leitungsintensität"* (Li) wird das Verhältnis von leitenden und unterstützenden zu direkt produktiven Stellen bezeichnet:

$$Li = \frac{\text{Summe der leitenden u. unterstützenden Stellen}}{\text{Summe der direkt produktiven Stellen}}$$

Eine hohe Leitungsintensität (der berühmte „Wasserkopf") wird immer wieder für große Unternehmen vermutet, ohne freilich auf eine stichhaltige Evidenz verweisen zu können.

Es sei ausdrücklich darauf hingewiesen, dass die Schaffung betrieblicher Hierarchien nicht nur unter dem hier ins Zentrum gerückten Gesichtspunkt der Integration betrachtet werden sollte, sie hat darüber hinaus eine Reihe weiterer Funktionen und Folgen. So ist die Hierarchie auch Anreizinstrument. Mit der Hierarchie werden Karrieren und Karrierewege festgelegt; der Ehrgeiz wird auf den hierarchischen Aufstieg gelenkt. Berufserfolg wird mit der Höhe der hierarchischen Position gemessen. Statussymbole machen den eingenommenen Rang nach innen und außen sichtbar. Das Entlohnungssystem ist – von einigen Ausnahmen abgesehen – ebenfalls an den Instanzenzug gekoppelt.

Ferner ist die Hierarchie zu wesentlichen Teilen auch Autoritätsinstrument, mit dem die Erfüllung der Unternehmensziele und -maßnahmen sichergestellt werden soll. Das hierarchische Befehlssystem verlangt Gehorsam. Die generelle Einwilligung in die bürokratisch-hierarchische Herrschaft sieht sich jedoch einer zunehmenden Erosion ausgesetzt. Die gesellschaftliche Entwicklung weist in eine andere Richtung und drängt auf eine Abflachung der Hierarchien und kooperative Formen der Arbeitsgestaltung. Mitbestimmungsrechte der Arbeitnehmer zielen auf eine Begrenzung der Anordnungsbefugnisse und auf eine Einengung der hierarchischen Machtpositionen ab. Infolge davon wird die Akzeptanz der hierarchischen Koordination zunehmend geringer. Gesellschaftlicher Wertewandel und geänderte Vorstellungen über die Art betrieblicher Zusammenarbeit haben den Respekt vor bloßer hierarchischer Autorität deutlich abgeschwächt.

Probleme der hierarchischen Integration: Das Instrument der hierarchischen Integration hat sich im Laufe der Zeit als *unzureichend* und in seinen *Nebenwirkungen* als *problematisch* erwiesen. Eine Abstimmung der Aktivitäten auf diesem Wege führt sehr leicht zu einer Überlastung der Instanzen. Es ist im Prinzip unmöglich, dass die einzelne Instanz alle in ihrem Zuständigkeitsbereich anfallenden Abstimmungsprobleme löst. Die Instanzen verfügen – wie erwähnt – häufig nicht über alle notwendigen Informationen, die für eine sachgerechte Lösung des anstehenden Abstimmungsproblems notwendig wären. Um die erforderlichen Informationen (z.B. über voraussichtliche Konsequenzen der Entscheidungsalternativen) zu gewinnen, müssen zumeist erst umständliche Rückfragen angestellt oder Berichte angefordert werden. Sofern dies aus Zeitgründen nicht ohnehin unterbleibt (und also auf der Basis unzureichender Information entschieden wird), binden diese Rückfrageprozesse Energien, die unter Umständen anderweitig dringend gebraucht würden. Die oben bereits erwähnte Hierarchieabflachung ist u.a. eine Reaktion auf diese Probleme. Daneben spielen hier insbesondere Hierarchiekosten eine zentrale Rolle.

Darüber hinaus bedeutet die hierarchische Lösung des Arbeitsvereinigungsproblems, dass letztlich jede Abstimmung *fallweise* entschieden wird – wenn auch in einem generell bestimmten Kompetenzbereich. Dies wirft nicht nur ein Licht auf die tendenzielle Ineffizienz, sondern auch auf die *Störanfälligkeit* dieses Mechanismus. In Anbetracht der vielfältigen Probleme der hierarchischen Koordination ist es nicht verwunderlich, dass Organisationslehre und Praxis gleichermaßen schon frühzeitig nach zusätzlichen oder alternativen Mitteln zur Bewerkstelligung organisatorischer Integration gesucht haben.

3.3   Abstimmung durch Programme

Das in größeren Organisationen wohl am häufigsten zusätzlich zur Hierarchie verwendete Integrationsinstrument ist das Programm. Programme sind verbindlich festgelegte Verfahrensrichtlinien, also generelle Regeln im eingangs definierten Sinne, die die Arbeitsvereinigung und dabei auftretende Konflikte zum Gegenstand haben. Cyert und March (1963) sprechen in diesem Zusammenhang von Standard Operating Procedures – SOP. Programme können Anweisungen von Vorgesetzten (= fallweise Regelungen) ersetzen oder aber zumindest ihre Zahl erheblich reduzieren. Programme nehmen allfällige Abstimmungsprobleme vorweg und versuchen, diese gewissermaßen im Voraus schon zu lösen. Damit ist freilich auch schon gesagt, dass ein Programm nur dort entwickelt werden kann, wo die Abstimmungsproblematik antizipierbar ist und häufig auftritt.

Die Funktionsweise einer programmierten Integration sei an folgenden Beispielen kurz illustriert:

Die Sachbearbeiterinnen einer privaten Krankenversicherungsgesellschaft prüfen die eingereichten Ansprüche (Rechnungen von Ärzten, Optikern, Sanitärhäusern usw.) anhand genau festgelegter Kriterien auf Rechtmäßigkeit. Sind die Kriterien erfüllt, werden die Rechnungen zur Zahlung angewiesen. Die Sachbearbeiterinnen erteilen nun Mitarbeitern der Kasse Weisung, die Auszahlung abzuwickeln.

Die Sachbearbeiterin verknüpft also die Arbeit verschiedener Abteilungen auf der Basis eines generell geregelten Integrationsprogramms; die Anweisung eines Vorgesetzten ist dazu nicht notwendig (außer derjenigen der allgemeinen Programmeinführung!).

Entsprechend den Entscheidungsanforderungen unterscheidet man grundsätzlich zwischen (Luhmann 1995):

■ Konditional- (Routine)programmen

und

■ Zweckprogrammen.

Konditionalprogramme. Die Programmierung von *Routineentscheidungen* baut auf dem wiederholten Auftreten gleicher oder ähnlicher Ausgangssituationen auf, denen festgelegte Reaktionen folgen sollen. Zugrunde liegt also folgendes Muster: Immer wenn A eintritt, dann ist die Information B zu geben und die Handlung C zu ergreifen:

Immer wenn A dann B ^ C.

Der Zeitpunkt des Eintritts von A muss nicht im Voraus bekannt sein, das Handlungsprogramm liegt sozusagen auf Abruf bereit.

Im praktischen Handeln ist allerdings die Realisation der gewünschten Wirkungen immer von einer Vielzahl weiterer Bedingungen abhängig (in oben genanntem Krankenkassen-Beispiel müssen die Rezepturen bekannt, die Kasse zahlungsfähig, die Methoden zur Bestimmung der Rechtmäßigkeit zuverlässig sein usw.). Zwar lässt sich der Komplexionsgrad durch die Verkettung von Programmen erheblich steigern, die Bedingungen sind jedoch niemals vollständig erfassbar, somit ist die Wirksamkeit eines Programms immer auch nur eine bedingte.

Der Entlastungseffekt von Routineprogrammen für die Hierarchie ist offenkundig. Der Einsatz solcher Programme ist jedoch beschränkt. Er setzt nicht nur die Vorhersehbarkeit der Ereignisse voraus, sondern auch eine spezifische Problemstruktur. Das Problem muss voll durchdringbar und seine Lösung bekannt sein. Der Vorteil der Routineprogrammierung ist zugleich ihr Nachteil; die Vorhersehbarkeit der Reaktionen verdankt sich der *starren* Koppelung von auslösendem Signal und ausgelöster Reaktion. An dieser starren Koppelung muss festgehalten werden, um die Vorteile des Konditionalprogramms nutzen zu können. Sie ist aber nicht immer zweckmäßig, weil es viele Fälle gibt, die nach einer anderen als der programmierten Lösung verlangen. Nicht immer ist die beste Lösung im Vorhinein bekannt.

Zweckprogramme. Wesentlich geringere Voraussetzungen als das Routineprogramm muss das Zweckprogramm treffen. *Zweckprogramme* legen in ihrer einfachsten Form einen Zweck oder ein Ziel fest, d.h. es wird ein bestimmter erwünschter Zustand für verbindlich erklärt. Dem Aufgabenträger obliegt es dann, hierzu geeignete Mittel aufzufinden. Das Zweckprogramm lässt offen, welche Maßnahmen zu ergreifen sind. Dadurch ergibt sich für den Handelnden ein viel größerer Spielraum als beim Konditionalprogramm, der allerdings durch die Zweckformulierung bzw. ihren Präzisionsgrad in seinem Umfang erheblich variiert werden kann. Zweckprogramme werden häufig mit zusätzlichen Bestimmungen angereichert, um die Klasse der Mittel einzuschränken, so z.B. um Negativbestimmungen derart, dass bestimmte Nebenwirkungen (z.B. Umweltverschmutzung, Unfallgefährdung, Korruption) nicht eintreten dürfen.

Im Unterschied zum Routineprogramm ist beim Zweckprogramm der *Zeitpunkt* bedeutsam, die Wirkungsvorstellung verknüpft sich prinzipiell mit einem Zeitindex. Der Zweckerreichungspfad ist aber nicht vorgezeichnet, die Steuerungsfunktion wird nur von den Zwecken getragen.

Einen umfassenden Fall von Zweckprogrammierung stellt das bekannte *„Management by Objectives"* (Odiorne 1980) dar, in dem die Integration der arbeitsteiligen Leistungsprozesse nahezu ausschließlich durch Zweckprogramme geleistet werden soll. Die exakte zeitliche Fixierung der Zwecke und ihre umfassende Abstimmung untereinander spielen dort dementsprechend die herausragende Rolle. In den letzten Jahren wurde dem Management by Objectives in der Variante der *Balanced Scorecard* erneut ein hohes Maß an Aufmerksamkeit zuteil (Kaplan/Norton 1997; Jossé 2005). Die Idee ist, die Erfüllung der Managementaufgaben durch Vorgabe von Zielen vorzustrukturieren und diese untereinander abzustimmen.

Die Vorstellung, man könnte den *gesamten* betrieblichen Abstimmungsprozess als ein System integrierter Zweckprogramme darstellen, wie es von dem Management by Objectives und dem Balanced Scorecard-Programm propagiert wird, hat sich indessen als nur schwer durchführbar erwiesen. Dies aus mehreren Gründen: Zum einen ist die Mittelwahl keineswegs so unabhängig, wie es das Konzept suggeriert. Es bestehen zwischen den einzelnen Mittelwahlen vielfältige Interdependenzen (etwa hinsichtlich knapper Ressourcen oder zeitlicher Überschneidungen), so dass eine fortlaufende Abstimmung nötig wird (und nicht bloß eine Einmalabstimmung durch die Zielplanung). Zum anderen ist, um ein kohärentes System von Zweckprogrammen aufbauen zu können, soviel Wissen über die Zukunft erforderlich, wie es nirgendwo verfügbar ist und auch nicht verfügbar gemacht werden kann. Als

Folge davon droht ein ständig inaktuelles Zielsystem. Die Ziele müssten fortlaufend aktualisiert werden, und damit auch das gesamte System von Zweckprogrammen. Nachdem dies weder realistisch noch von den Kosten her akzeptabel ist, drohen solche Systeme ständig eine Fehlsteuerung im Integrationsgeschehen zu verursachen. Zweckprogramme sind für einige Teilbereiche sinnvoll, niemals jedoch für den gesamten Handlungsbereich. Insgesamt liegt das Problem einer Abstimmung durch *Programme* ganz offenkundig darin, dass sie der Organisation einen sehr *statischen* Rahmen geben und damit eine zu geringe Reagibilität bei veränderlichen Situationen bewirken.

3.4   Organisatorische Selbstabstimmung

Die Unzulänglichkeiten der zwei genannten Abstimmungsmechanismen, aber auch die überall zu beobachtende, immer weiter fortschreitende Differenzierung der Aufgabenvollzüge haben die *interne Unsicherheit* ansteigen lassen und Veranlassung zur Entwicklung neuer Integrationsformen gegeben. Die Tendenz geht dabei eindeutig hin zu einer horizontalen Abstimmung. Häufig finden sich die praktizierten horizontalen Abstimmungsmuster nicht in Stellenbeschreibungen und Organigrammen. Sie passen nicht in die traditionelle hierarchische Ordnungswelt und stammen deshalb häufig aus dem Bereich der informellen Organisation. Horizontale Verknüpfungen sind ihrem Wesen nach eine Form der *Selbstabstimmung,* d.h. es findet eine direkte Abstimmung der Aktivitäten zwischen den betreffenden Aufgabenträgern statt. Die Initiative zur Abstimmung geht von den Aufgabenträgern selbst aus, sie stellen die notwendigen Verknüpfungen her (vgl. Kasten 1). Dabei hat man vor allem solche Verknüpfungsprobleme im Auge, die zeitlich und/oder sachlich nicht vorhersehbar sind.

Kasten 1: Horizontale Integration

„Erfolgreiche Produkte haben immer einen Champion", sagte er, … nämlich einen Produkt-Manager, der sich weit über die Grenzen seiner Vorschriften hinausgewagt hat. Er arbeitet persönlich eng mit der F & E-Abteilung zusammen (die meisten seiner weniger erfolgreichen Kollegen haben nur sehr formale Kontakte zu den Forschern). Dadurch sichert er sich mehr Zeit und Aufmerksamkeit der F & E-Leute als ihm „zusteht"; und weil er so weit von seinem offiziellen Tätigkeitsfeld abschweift, kommt er auch mit Pilotprojekten in der Fertigung in hautnahen Kontakt. Seinem nie ermüdenden Einsatz verdankt er es, dass er mehr ausprobiert und schneller lernt, dass andere Funktionen ihm mehr Zeit und Aufmerksamkeit schenken – und dass er schließlich Erfolg hat. Das ist keine Hexerei. Ich kann an jedem beliebigen Nachmittag fünf F & E-Leute zusammenbringen, die dann 75 bis 100 einleuchtende neue Produktideen hervorbringen. Worauf es aber ankommt, sind die Tests und der praktische Fortschritt. Dazu braucht es keine Genies. Man muss nur am Ball bleiben."

Quelle: Peters, T./Waterman, R.H. (1984). Auf der Suche nach Spitzenleistungen, 6. Aufl., Landsberg am Lech, S. 243.

Organisatorische Selbstabstimmung als Instrument der Arbeitsvereinigung ist von einem unverbindlichen Informationsaustausch zu trennen. Dort, wo sie als organisatorisches Instrument eingesetzt wird, stellt sie auf die Schaffung verbindlicher, autorisierter Problemlösungen ab. Deshalb sollte auch sehr genau zwischen institutionalisierten Formen und der fallweisen spontanen Form der Selbstabstimmung unterschieden werden. An organisierten Formen wird unterschieden:

(1) Ausschüsse

Häufig werden problembezogene Arbeitsgruppen mit Mitgliedern verschiedener Abteilungen eingerichtet zur Lösung spezifischer Abstimmungsprobleme. Es sind dies gewissermaßen Koordinationsprojekte mit zeitlicher Begrenzung und mit einer relativ klar umrissenen Aufgabe. Ausschüsse sind die Vorform für die unten darzustellende Projektorganisation. Die Übergänge sind bisweilen fließend.

(2) Abteilungsleiterkonferenzen

Die Einrichtung von Abteilungsleiterkonferenzen oder Meisterbesprechungen dient in erster Linie dazu, Abstimmungsprobleme und Konflikte zwischen Abteilungen zu klären. Im Unterschied zu den unter (1) behandelten Ausschüssen sind diese Konferenzen permanente Einrichtungen mit einer unspezifischen Aufgabe. Sie sollen die allfälligen und mit einer gewissen Regelmäßigkeit zwischen den Abteilungen auftretenden Anschlussprobleme auf *direktem* Wege, also ohne Einschaltung der vorgesetzten Instanzen, einer Lösung zuführen.

(3) Koordinatoren

Ein anderes häufig verwendetes Instrument ist die Benennung eines Koordinators, der für eine kontinuierliche Abstimmung zwischen leistungsmäßig angrenzenden Abteilungen zu sorgen hat und bei auftretenden Konflikten aktiv nach einer Lösungsmöglichkeit suchen soll („liaison role"). Typisch für diese Koordinationslösung sind z.B. Kontaktleute in Rechenzentren, die eine gute Abstimmung mit wichtigen Nutzern sicherstellen sollen, z.B. der Kontaktmann für Werk A oder die Kontaktfrau für die Buchhaltung. Die Kontaktpflege ist gewöhnlich nur ein Teil der Aufgabe des jeweiligen Mitarbeiters, er oder sie erfüllen sie gewissermaßen im Nebenamt. Die Einrichtung einer Integrationsstelle bildet bereits den Übergang zu weiter reichenden Formen der horizontalen Integration, insbesondere zum Aufbau von Dualstrukturen.

(4) Dualstrukturen

Eine systematische Ausgestaltung erhält das Konzept der Selbstabstimmung in der sog. Matrixorganisation und der teamorientierten Projektorganisation. Dort werden verschiedene Orientierungen organisatorisch verankert und man vertraut auf die Selbstabstimmung bei der Festlegung des jeweiligen Handlungsweges. Diese viel diskutierten Konzepte seien im nächsten Abschnitt ausführlicher dargelegt.

3.5   Matrixorganisation/Projektorganisation

Die gleichzeitige Verwendung von zwei gleichberechtigten Organisationsdimensionen, z.B. der Verrichtungs- und der Objektorganisation für ein und denselben Aufgabenbereich, hat zu dem Namen „Matrixorganisation" geführt. Der Grundtyp ist in Abbildung 3.2 dargestellt.

Abbildung 3.2   Grundtyp der Matrixorganisation

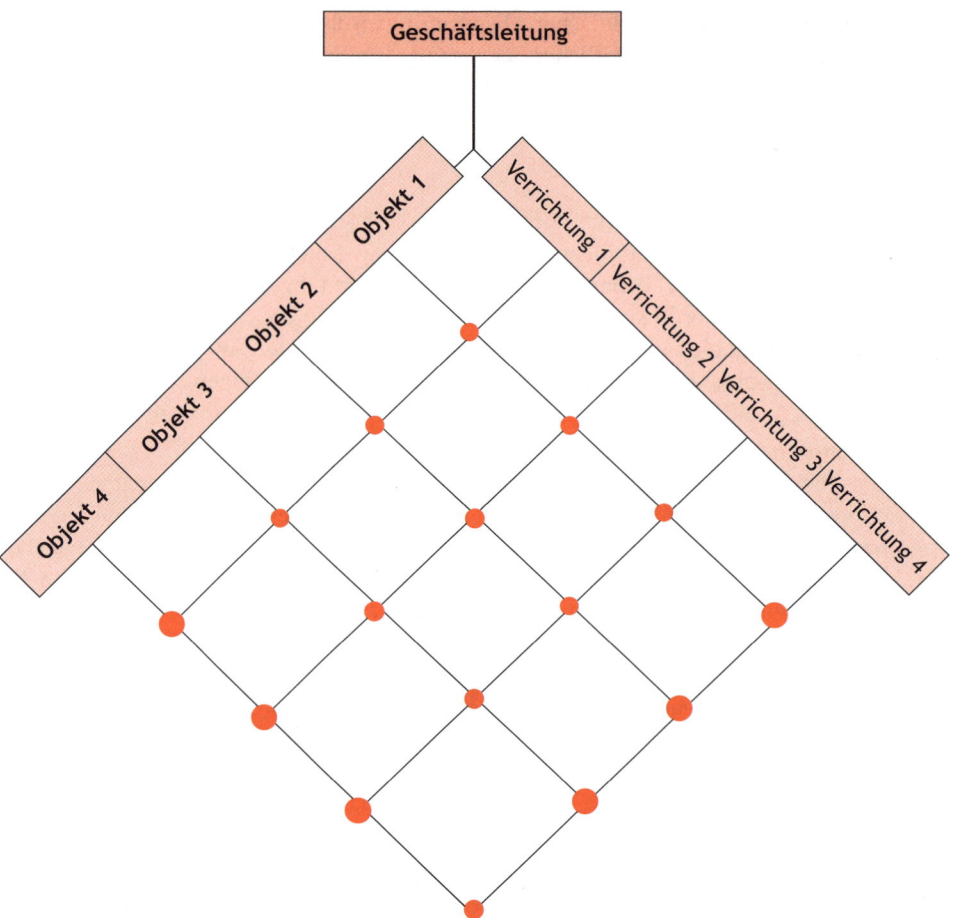

In den meisten Fällen wird der klassischen Funktionsstruktur eine objektorientierte Dimension kontrastierend gegenübergestellt. Die geläufigste Horizontaldimension ist die Gliederung nach Produkten, d.h. die Funktionalorganisation wird von einer Produktorganisation überlagert. Abbildung 3.3 zeigt eine solche nach Produktgruppen und Funktionen aufgebaute Matrixstruktur eines Chemie-Unternehmens. Die horizontale Erweiterung nach Produkten ist aber keineswegs notwendig; häufig werden auch Regionen, Kundengruppen oder interne Serviceleistungen als Horizontaldimension verwendet. Schließlich findet sich auch in vielen Fällen eine Horizontalgliederung nach Projekten (Matrixprojekt-Organisation); auf Letztere wird unten noch genauer einzugehen sein.

Abbildung 3.3   Objekt-Funktions-Matrixorganisation

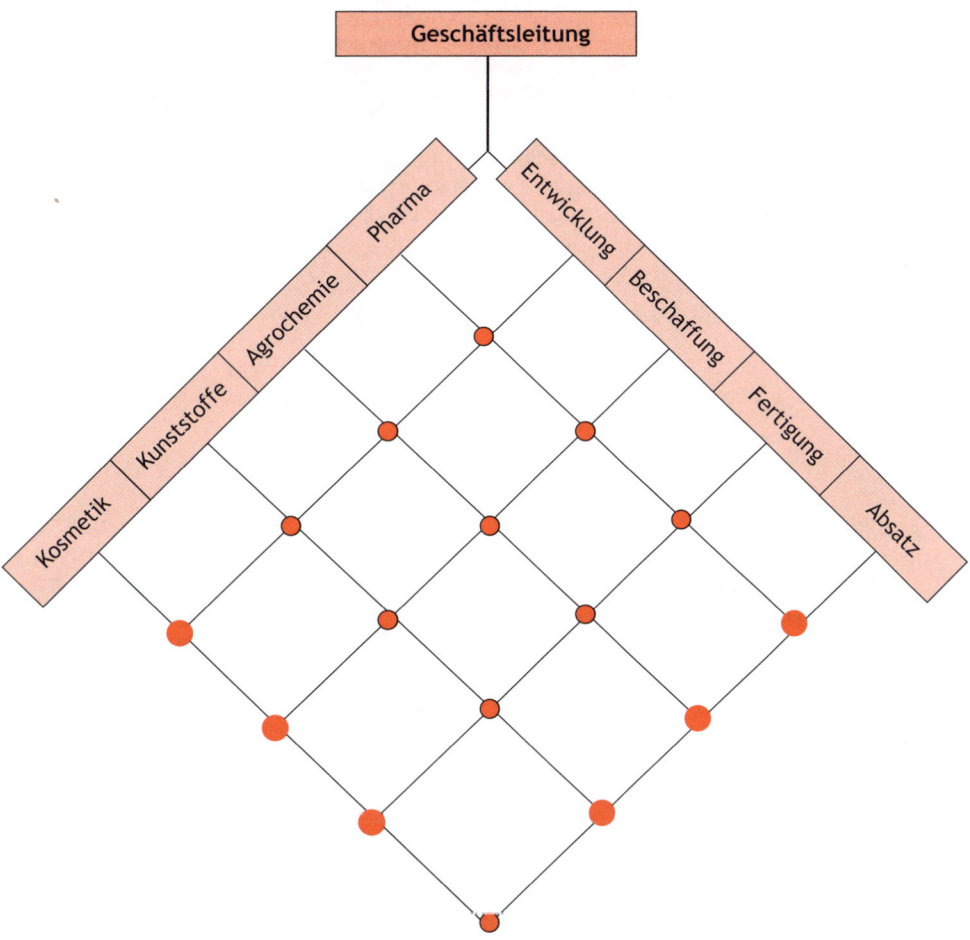

Das Prinzip ist jeweils dasselbe; die Leiter der Funktionsabteilungen sind für die effiziente Abwicklung der Aufgaben ihrer Funktionen verantwortlich und für die *vertikale* Integration des arbeitsteiligen Leistungsprozesses innerhalb ihrer Funktionen. Im Unterschied dazu haben die Produkt- oder Projektmanager die *horizontale* Integration sicherzustellen, sie sollen das Gesamtziel ihres Produktes oder ihres Projektes über die Funktionen hinweg verfolgen. Ihre besondere Aufgabe ist es, die zentrifugalen Effekte, die eine komplexe Arbeitsteilung mit sich bringt, in umfassender und systematischer Weise aufzufangen und die gemeinsame Ressourcennutzung aus einer integrativen Perspektive bündeln zu helfen.

Neben dieser klassischen Polarisierung in Funktion und Produkt/Projekt sind aber in einer Matrixorganisation grundsätzlich alle Dimensionen der Abteilungsbildung kombinierbar. Die Knorr Bremse AG kombiniert zum Beispiel die zwei Objekt-Dimensionen Produkt und Region (vgl. Abbildung 3.4)

Abbildung 3.4   Organigramm des Knorr Bremse Konzerns

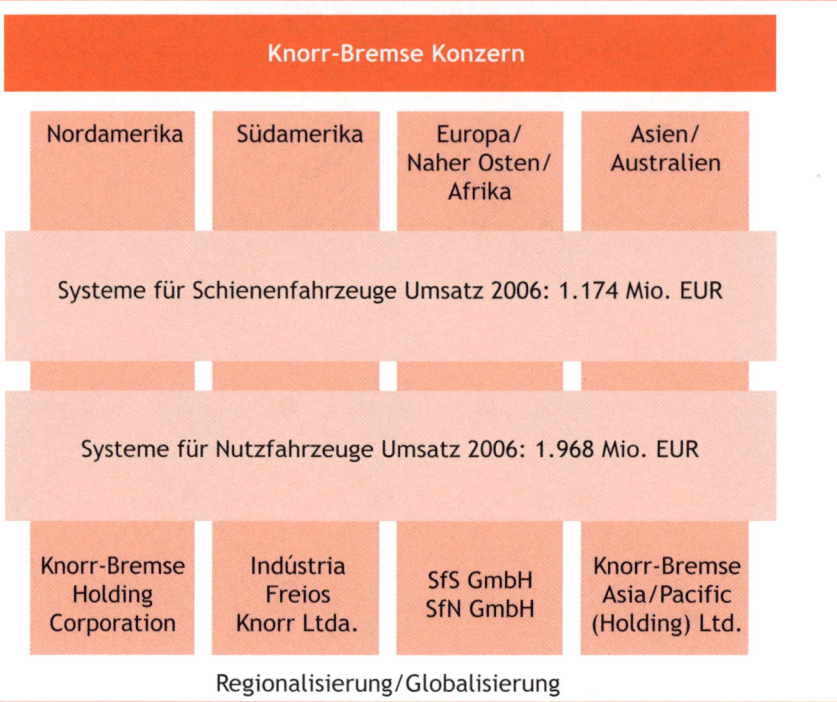

Quelle: Knorr-Bremse AG (Zugriff www.knorr-bremse.com am 29.06.2008)

Die oben gezeigten Abbildungen beziehen sich auf die Gesamtorganisation (wobei die Zahl der einbezogenen Hierarchieebenen offen bleibt). Grundsätzlich kann die Matrixorganisation aber auch nur für Teilbereiche einer Unternehmung eingesetzt werden. Eine solche Teilmatrix findet sich häufig im Marketing („Produktmanagement") oder in der Forschung und Entwicklung („Projektmanagement"). Keineswegs immer wird die Matrixorganisation in ihrer reinen Form, d.h. in der gleichberechtigten Gegenüberstellung von zwei Autoritäts- und Entscheidungslinien verwirklicht. Gerade dann, wenn Unternehmen beginnen, die Matrixstruktur zu verwenden, wird häufig als erster Schritt eine abgeschwächte Form gewählt. Das konventionelle Einlinienprinzip wird dann im Kern unangetastet gelassen, d.h. die alten Linien bleiben im Grundsatz erhalten. Als Dualdimension werden dann lediglich Matrixstellen als *Stabsstellen* eingeführt, mit der Maßgabe, dass sie die Koordination planerisch vorbereiten und informatorisch unterstützen helfen, nicht aber selbst über die Koordination mitentscheiden.

Behalten die Funktionsmanager ihr Schwergewicht bei den Abstimmungsprozessen, spricht man häufig auch von einer *„Funktionsmatrix"*, im Unterschied zur „Gleichgewichts-Matrix" („Balanced Matrix").

In der Praxis ist allerdings bisweilen auch die gegenteilige Erscheinung zu beobachten, dass nämlich die zunächst zusätzliche neue Horizontallinie die vertikale Funktionslinie sukzessive zurückdrängt und zuletzt alle wesentlichen Kompetenzen an sich zieht. Dies zeigt sich insbesondere dort, wo das Geschäft im Wesentlichen auf sehr großen Projekten beruht. Bekannte Beispiele sind die Flugzeugindustrie oder Softwarefirmen. Dies ist dann der Übergang zur sog. reinen Projektorganisation (siehe unten).

Wie stellt man sich die Funktionsweise der Matrixorganisation im Einzelnen vor? Wie soll die Koordination in der täglichen Arbeit sichergestellt werden?

Die Besonderheit der Matrixorganisation ist darin zu sehen, dass bei Abstimmungskonflikten keine organisatorisch bestimmte Dominanzlösung zugunsten der einen oder der anderen Achse geschaffen wird. Man vertraut auf die *Argumentation* und die Bereitschaft zur Kooperation. Mit diesem kompetenzmäßig nicht endgültig geregelten Aufeinandertreffen von Funktions- und Produkt/Projekt-Belangen wird der Konflikt zwischen Differenzierungs- und Integrationsnotwendigkeit sichtbar gemacht und bewusst in die Organisation hineingetragen (*„Institutionalisierung des Konfliktes"*). Eine Lösung ist nur über Verhandlungen und gegenseitige Abstimmungen möglich. Konflikte und das Austragen von Konflikten werden in diesem Konzept nicht mehr länger als Bedrohung einer Ordnung verstanden, sondern als produktives Element, das die Abstimmungsprobleme thematisiert und argumentativ zugänglich macht.

Diese ungewöhnliche Handlungslogik lässt die praktische Umsetzung der Matrixorganisation zu einem nicht einfach zu lösenden Problem werden. Bringt sie doch nicht nur eine erhebliche Revision des traditionellen hierarchischen Autoritätsgefüges mit sich, sondern stellt auch lange eingeübte Verhaltens- und Denkweisen von Grund auf in Frage.

Eine besondere Hürde, die sich bei Übernahme des Matrix-Konzeptes stellt, ist die Abkehr von dem „ehernen" Prinzip der Organisationsgestaltung, also der Einheit der Auftragserteilung. Gegen eine solche Aufgabe der Einlinien- zugunsten einer Mehrlinienorganisation hatten sich Theorie und Praxis jahrzehntelang gesperrt; immer mit dem Argument, der entstehende Kompetenzwirrwarr wirke hochgradig kontraproduktiv. Mit der Matrixorganisation ist dieser Damm gebrochen. Die Matrixorganisation bringt aber auch eine Reihe ganz neuer Anforderungen für die betreffenden Organisationsmitglieder mit sich. Insbesondere erfahren die meisten Positionen im Management eine Neudefinition ihrer Rollen. Der regelmäßige Umgang mit Abstimmungskonflikten und die Aufrechterhaltung der Balance von Spezial- und Gesamtinteresse erfordert eine sorgfältige Vorbereitung, die auch Verhaltenstrainings umgreifen sollten.

Der Hauptvorteil der Matrixorganisation liegt in ihrer Integrationskraft. Durch die Zusammenführung zweier gleichberechtigter Leistungsperspektiven wird durch die Organisationsstruktur eine Art Gesamtschau erzwungen. Die Kommunikation über die verschiedenen Perspektiven (z.B. Funktion versus Projekt) wird organisatorisch institutionalisiert. Die Organisation wird dadurch auch besser für externe Veränderungen und interne Veränderungsnotwendigkeiten sensibilisiert. Durch die Matrixorganisation kann z.B. ein Kundenbezug in die Organisation hineingeschoben werden, ohne dass der funktionale Effizienzgesichtspunkt in den Hintergrund treten müsste. Vorhandene Unstimmigkeiten werden sichtbar gemacht und einer geordneten Konfliktlösung zugeführt. Ferner erlaubt die Matrixorganisation die Gesamtoptimierung der Nutzung gemeinsamer Ressourcen (z.B. Konstruktion oder Vertrieb) durch eine integrative Prozessperspektive (Davis/Lawrence 1977). Insgesamt wird von der Matrixorganisation eine erhebliche Leistungssteigerung erwartet, weil sie mit der Struktur und ihrem inhärenten Zwang, die Probleme auszudiskutieren, auf eine Optimierung des Gesamtsystems drängt. Ferner weisen viele Untersuchungen darauf hin, dass die Matrixorganisation, über ihre koordinative Funktion hinaus, sehr viel mehr als traditionelle Einlinienorganisationen in der Lage ist, Innovationen anzuregen und aufzugreifen. Die Mehrperspektivität, die selbstkritische Distanz zur eigenen, langjährig entwickelten Perspektive, als Grundvoraussetzung jeder *Innovationsfähigkeit*, wird von der Matrixorganisation in gewissem Umfang systematisch (und unausweichlich) eingeübt. Die Matrixorganisation war allerdings vom ersten Tage ihrer Erfindung an umstritten. Dazu hat nicht nur ihre Missachtung scheinbar unumstößlicher Gesetze der Organisation beigetragen, sondern vor allem auch die Anforderungen, die sie an die Organisationsmitglieder stellt. Die Einwände lassen sich wie folgt zusammenfassen (vgl. Ford/Randolph 1992):

1. *Überkomplexität*; und als Folge Konfusion und Verlust des Verantwortungsgefühls („Jeder redet mit, niemand ist wirklich verantwortlich").

2. *Verzögerung von Entscheidungen*; der Zwang zum Konsens ist u.U. sehr zeitaufwendig und für alle Beteiligten frustrierend („Zuviel Gequatsche, zu wenig Ergebnisse").

3. Zu hohe *Koordinationskosten*, bedingt durch die zusätzliche zweite Linienorganisation („Zu viele Manager, zu wenig Akteure").

4. *Persönliche Belastung* durch hohe Konfliktdichte und Konflikteskalation. Speziell solche Personen, die es nicht gewöhnt sind, Konflikte offen auszutragen, geraten durch die Matrixorganisation in einen erheblichen Stress („Man wird zwischen den Fronten zerrieben").

5. *Bürokratisierung*; bedingt durch die vielen Abstimmungssitzungen, Sitzungsprotokolle usw. entsteht ein hoher formaler Aufwand („Papierorganisation").

Befragungen von Unternehmen mit Matrixerfahrung fallen unterschiedlich aus. Während ein Teil der Firmen diese Organisationsform zum Erfolgsfaktor erklärt (dies sind vor allem Firmen mit Großprojekten), haben sich andere zwischenzeitlich wieder davon getrennt. Eine von Larson und Gobeli 1987 in den USA durchgeführte Untersuchung erbrachte indes ein überraschend positives Ergebnis: 51% der befragten Matrixanwender beantworteten die Frage, ob sie planen, die Matrix weiter einzusetzen, mit einem eindeutigen „Ja". Weitere 38% äußerten, dass sie möglicherweise daran festhalten werden. Damit wird offensichtlich, dass die immer wieder zu hörende heftige Kritik an der Matrixorganisation polemisch überspitzt ist; in der Praxis werden die spezifischen Vorteile von Matrixstrukturen durchaus gesehen und genutzt (vgl. El-Najdawi/Liberatore 1997).

Der Hauptgrund für die geäußerte Unzufriedenheit mit der Matrixorganisation ist sicherlich in ihrem undifferenzierten Einsatz zu sehen. Diese Organisationsform ist keinesfalls ein Allheilmittel für jedwedes Koordinationsproblem. Ihr Einsatz und vor allem ihre hohen Kosten lohnen nur dort, wo die Problemsituation so geartet ist, dass die Vorzüge der Matrix zur Geltung gebracht werden können, wo also insbesondere der *Integrationsbedarf außerordentlich* hoch ist (vgl. dazu die klassische Studie von Davis/Lawrence 1977).

Diese Voraussetzung ist z.B. häufig in Unternehmen mit großen Projekten gegeben. Projekte überschreiten (1) sehr häufig in ihrem Wirkungsgeschehen die *Grenzen* festgelegter Unternehmensbereiche, (2) erfordern die *Mitwirkung verschiedener Spezialisten* und (3) die *gemeinsame Nutzung* vorhandener Ressourcen.

Wie bereits angeklungen, wird in Firmen mit regelmäßig großen Projekten (z.B. Luftfahrtindustrie, Werbeagenturen, Filmgesellschaften) die Matrix als Organisationsform am häufigsten gewählt. Abbildung 3.5 gibt ein Beispiel für eine solche Matrix-Projektorganisation.

Abbildung 3.5 Matrix-Projektorganisation

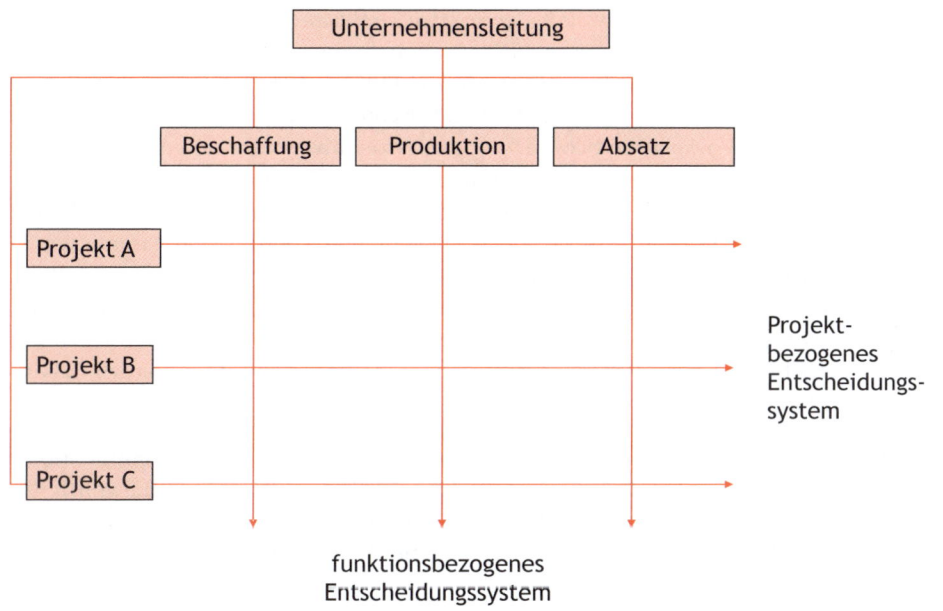

In der „reinen" Projektorganisation wird dagegen – wie erwähnt – der duale Charakter der Matrixorganisation aufgegeben, und die Projektleitung erhält sämtliche zur Erfüllung des Projektauftrages notwendigen Kompetenzen. Die Projektbeteiligten werden aus den verschiedenen Betriebsbereichen ausgegliedert und für die Dauer des Projektes (in der Luftfahrt-Industrie bis zu 10 Jahren) in direkter Linie der Projektleitung unterstellt. Organisatorisch gesehen ist die reine Projektorganisation nichts anderes als eine *objektorientierte Strukturierung* der Aufgaben, mit allerdings zeitlich begrenztem Horizont.

3.6   Laterale Organisationsformen

In jüngerer Zeit werden verstärkt weitergehendere Integrationskonzepte als die Matrix-/Projektorganisation diskutiert. Dies gilt speziell für die Einrichtung partiell verselbstständigter, teilautonomer Systeme und ihre hierarchieübergreifende Vernetzung durch Doppelmitgliedschaften.

Bahnbrechende Vorarbeit für diese moderne Organisationsform hat Rensis Likert (1972) mit seinem Modell der Multiplen Überlappungsstruktur geschaffen. Er hat mit seinem System 4 ein geschlossenes Modell einer lateralen Koordinationsstruktur vorgelegt, das wesentliche Elemente der Matrixorganisation und der Projektorganisation aufnimmt. System 4 weist eine *dreifach überlappende Organisationsstruktur* auf: vertikal überlappende Gruppen (linking pins), horizontal überlappende Querschnittsgruppen (cross function groups) und lateral überlappende Projektgruppen (cross linking groups).

Ein mit den Intentionen von Likert vergleichbares, doch erheblich weniger „organisiertes" Modell ist die *Modulare Organisation* (Picot et al. 2003), die Virtuelle Organisation und ähnlich das Modell *Dynamischer Netzwerke* (Josserand 2004). Dies sind Modelle, die im Wesentlichen auf *informelle Kommunikation und Spontankoordination* vertrauen („Adhocratien", Mintzberg 1980). Den Grundstock dieser Organisationsformen bilden fachlich spezialisierte Experten, die sich über die ganze Organisation verteilt finden. Entscheidungen werden nach dem Kompetenzprinzip gefällt; die kooperativen Anschlüsse an andere Experten und deren Entscheidungen werden über die netzwerkartigen Beziehungsstrukturen geleistet. Der organisierten Koordination, im Sinne der Schaffung genereller Regeln für die Bewältigung der Koordinationsaufgabe, kommt in der „Adhocratie" und in dynamischen Netzwerken nur noch eine absichernde Wirkung zu; sie sollen die spontane Koordination garantieren. Die Organisation der Koordination und ihrer Kontrolle wird auch nicht primär durch allfällige Führungsanweisungen ersetzt, sondern wird im Wesentlichen durch gemeinsam geteilte *Wertvorstellungen* geleistet. Die Bedeutung von Normen und Werten für die (unsichtbare) Steuerung betrieblichen Verhaltens in diesem Sinne ist Gegenstand der unten zu diskutierenden Forschungen zur Unternehmenskultur.

In engerem Zusammenhang mit Modellen dieser Art steht das aus der Systemtheorie heraus entwickelte Konzept der *Selbstorganisation*, das orientiert an der Autonomie von Teilsystemen die evolutionäre (also ungeplante) Entstehung von *Ordnung* zum Gegenstand hat. Organisation wird aus dieser Perspektive dann zumeist als *lose Koppelung* (teil-)autonomer Teilsysteme gedacht (Probst 1987).

3.7   Prozessorientierte Teamorganisation

Neben der konsequenten Nutzung von Selbststeuerungsmöglichkeiten für die Integrationsaufgabe, wird in jüngerer Zeit immer öfter auf die Notwendigkeit verwiesen, die Integration über ein an den Leistungsprozessen orientiertes Design zu ermöglichen. Die Praxis hat hierfür das Schlagwort *„Business Reengineering"* geprägt (Hammer/Champy 1996).

Gefordert wird hier vor allem *eine Orientierung an Prozessen* als Grundlage der Organisationsgestaltung. Bei der Aufgabenverteilung soll auf eine weitgehende Spezialisierung verzichtet werden und sachlich interdependente Arbeitsschritte sollen möglichst weitgehend in einer Hand verbleiben, so etwa alle Aspekte des Komplexes „Produktentwicklung", vom Problemgespräch mit dem Kunden über den Entwurf, die Konstruktion, die Marktvorbereitung und Prototypenfertigung usw. Die Bearbeitung dieser Hauptprozesse innerhalb der Wertkette eines Unternehmens soll durch *Teams* erfolgen. Im Ergebnis wird auf eine Artenteilung der Aufgaben zugunsten einer *Mengenteilung* verzichtet; die Prozesse verlaufen gewissermaßen parallel zueinander – sofern mehrere Prozesse (z.B. Modelle bei KfZ-Herstellern oder Privat- und Geschäftskunden bei Banken) die Wertschöpfung kennzeichnen.

Ziel der Prozessorganisation ist es, die Zahl der Schnittstellen und mithin die Abstimmungserfordernisse im Unternehmen gering zu halten, um so die Abläufe zu beschleunigen und den Koordinationsbedarf durch Hierarchien zu reduzieren (flache Hierarchien). Zudem vermögen Teams – wie bereits mehrfach ausgeführt – durch ihr breiteres Aufgabenverständnis und die Möglichkeit, verschiedene Qualifikationen zusammenzubringen, ein relativ umfassendes Spektrum unterschiedlicher Problemstellungen abzuarbeiten und somit etwa Kunden individuell zu betreuen oder in der Fertigung flexibler zu agieren.

Als *Prinzipien einer prozessorientierten Teamorganisation* kann man folglich festhalten:

(1) *Horizontale Arbeitsintegration*, d.h. Integration von aufeinander folgenden Arbeitsschritten zum ganzheitlichen Prozess, den ein Team zu bewältigen hat;

(2) *Vertikale Arbeitsintegration*, d.h. Integration von Entscheidung und Ausführung in die Teamaufgabe;

(3) *Integration der Kundenkontakte* in die Teamaufgabe – sofern sinnvoll und möglich;

(4) *Individualisierung* (statt Standardisierung) von Prozessen; umfassend geschulte und qualifizierte Teams vermögen auf eine Vielzahl unterschiedlicher Problemstellungen, die an sie herangetragen werden, zu reagieren;

(5) *Ergebniskontrolle* statt Verhaltenskontrolle.

Insgesamt präsentiert sich das Unternehmen damit als Führungsrahmen für Prozessteams, deren zumeist umfangreiche Aufgabenzuschnitte durch eine extensive Nutzung von Informationstechnologien gestützt und – soweit Anschlüsse im Vorhinein bestimmt sind – auch verknüpft werden.

Positive Erfahrungen mit derartigen Teamstrukturen wurden bislang vorrangig in Dienstleistungs- und Serviceorganisationen gesammelt (Osterloh/Frost 2006). Ob sie generell die Organisation der Zukunft bilden werden – wie heute vielfach behauptet – scheint eher unwahrscheinlich. Es handelt sich wohl doch mehr um eine Organisationsform, die sich nur für ganz bestimmte Leistungsprozesse eignet. Bereits jetzt weiß man aber, dass der Team-

und der Prozessgesichtspunkt alleine den Erfolg solcher Organisationsformen nicht sicherstellen können. Der entscheidende dritte Gesichtspunkt, der dem ganzen System Halt und Richtung verleiht, ist das organisationale Lernen. Dieser Begriff der modernen Organisationslehre verweist darauf, dass Organisationen – ähnlich wie Individuen – lernen können (Argyris/Schön 2002). Lernende Organisationen sind in der Lage, Fehler zu erkennen und in aktive Lernprozesse umzubauen. Dies klingt einfacher als es ist; viele Organisationen beschränken ihre Lernfähigkeit ungewollt und blockieren Lernprozesse.

Teamorganisationen mit ihren vielfältigen Abstimmungsprozessen sind darauf angewiesen, dass ständig Lernprozesse stattfinden (können). Selbstabstimmung zwischen Teams baut nicht auf die durch die Organisationsabteilung vorgeregelte Abstimmung auf, sondern auf die problembezogene Abstimmung nach eigenem Ermessen der Teams vor dem Hintergrund ihrer erworbenen Kompetenz und Erfahrung. Dies ist nur möglich, wenn die Abstimmungsprozeduren als Lernprozesse gestaltet sind, d.h. die Veränderung muss in den jederzeit suchenden, nie endgültig fixierten Abstimmungsprozess von vornherein als Möglichkeit mit eingebaut sein.

Übungsaufgaben

1. Inwiefern bestimmt die Größe der Kontrollspanne die Leitungstiefe?

2. „Eine Führungskraft kann nicht mehr als 8 Mitarbeiter führen!" Stimmen Sie dieser Aussage zu?

3. Skizzieren Sie den Unterschied zwischen Routine- und Zweckprogrammen.

4. Wieso verleiht die Integration über Programme der Organisation einen statischen Charakter, und welche Gefahr ergibt sich daraus?

5. Weshalb kann man das Management by Objectives als Zweckprogrammierung begreifen?

6. Grenzen Sie projektorientierte Matrixorganisation und reine Projektorganisation gegeneinander ab.

7. Diskutieren Sie den Satz: „Die Matrixorganisation trägt gewollt Konflikt als produktives Element in die Organisation."

8. Eine Vertriebsmanagerin äußert: „Die Matrixorganisation lehne ich ab, da fehlt die Kompetenzabgrenzung!" Stimmen Sie der Aussage zu?

9. Welchen Beitrag können laterale Netzwerke für die Integration leisten?

10. Macht die Prozessorganisation die Hierarchie überflüssig?

Literaturempfehlungen

Davison, B.: Management span of control: How wide is too wide?, in: Journal of Business Strategy 24(2003): S. 22-29.

Eine jüngere Studie, die in instruktiver Weise Vorschläge zur Dimensionierung der Kontrollspanne unterbreitet.

Becker, M.C. (Hrsg.) Handbook of organizational routines, Cheltenham: Edward Elgar, 2008.

Die Beiträge geben einen Überblick über die neuere Routinenforschung.

Seidlmeier, H.: Prozessmodellierung mit ARIS: Eine beispielorientierte Einführung für Studium und Praxis, Wiesbaden, 2010

Gibt eine praxisorientierte Einführung zur IT-orientierten Prozessorganisation

Kieser, A.: Fremdorganisation, Selbstorganisation und evolutionäres Management, in: Zeitschrift für betriebswirtschaftliche Forschung 46(1994): S.199-228.

Der Autor diskutiert kritisch die Möglichkeiten einer Selbstorganisation.

Literatur

Argyris, C./Schön, D. A. (2002): Die lernende Organisation, Stuttgart.

Blau, P. M. (1970): A formal theory of differentiation in organizations, in: American Sociological Review 35, S. 201-218.

Cyert, R. M./March, J. G. (1963): A behavioral theory of the firm, New Jersey.

Davis, S. M./Lawrence, P. R. (1977): Matrix, Reading, Mass.

El-Najdawi, M. K./Liberatore, M. J. (1997): Matrix management effectiveness: An update for research and engineering organizations, in: Project Management Journal 28 (1), S. 25-31.

Ford, R. C./ Randolph, W. A. (1992): Crossfunctional structures: A review and integration of matrix organization and project management, in: Journal of Management 18 (2), S. 267-294.

Hammer, M./Champy, J. (1996): Business reengineering: die Radikalkur für das Unternehmen, Frankfurt am Main et al.

Jossé, G. (2005): Balanced Scorecard. Ziele und Strategien messbar umsetzen, München.

Josserand, E. (2004): Organizational knowledge in the making: How firms create, use and institutionalize knowledge, in: Organization Studies 25 (3), S. 487-491.

Kaplan, R. S./Norton, D. (1997): Balanced scorecard, Übers. a. d. Engl., Stuttgart.

Larson, E. W./Gobeli, D. H. (1987): Matrix management: Contradictions and insights, in California Management Review 29 (4), S. 126-138.

Likert, R. (1972): Neue Ansätze der Unternehmungsführung, Bern.

Luhmann, N. (1995): Funktionen und Folgen formaler Organisation, 4. Aufl., Berlin.

Mintzberg, H. (1980): The nature of managerial work, New Jersey.

Odiorne, G. S. (1980): Management by objectives, München.

Osterloh, M./Frost, J. (2006): Prozessmanagement als Kernkompetenz, 3.Aufl., Wiesbaden.

Picot, A./Reichwald, R./Wiegand, R. T. (2003): Die grenzenlose Unternehmung, 5. Aufl., Wiesbaden.

Probst, G. J. B. (1987): Selbst-Organisation: Ordnungsprozesse in sozialen Systemen aus ganzheitlicher Sicht, Berlin, Hamburg.

van Fleet, D. O./Bedeian, A. G. (1977): A history of the span of management, in: Academy of Management Review 2 (3), S. 356-372.

Teil 2
Bestimmungsfaktoren der Organisationsgestaltung

4 Umwelt und Organisation

4.1 Zur Abgrenzung von Organisation und Umwelt

Schon bei der Diskussion des Substitutionsprinzips der Organisation erwies sich die Variabilität der betrieblichen Sachverhalte als Schlüsselfaktor zum Verständnis der Begrenztheit einer Substitution fallweiser durch generelle Regelungen. Die Frage, weshalb betriebliche Tatbestände variabel sind, und zwar in ganz unterschiedlichem Maße, lenkt den Blick sofort auf Einflussgrößen, die dies bewirken, allen voran die betriebliche Umwelt und ihre Bewegungskräfte. Damit wird die Umwelt zu einer Schlüsselgröße für die Organisationsgestaltung. Die Umwelt spielt in vielfacher Weise eine Rolle im Prozess der Organisationsgestaltung. Man denke etwa nur an das Aufkommen neuer Arbeitsformen (Zeit-, Leiharbeit usw.), neue Technologien, Veränderungen im Erziehungssystem, in der kulturellen Tradition oder des Werte-Klimas. Umgekehrt wirken aber auch Unternehmen in vielfacher Weise auf die Umwelt ein und versuchen, diese im Sinne der eigenen Zielsetzung zu ändern.

Für die Organisationsgestaltung stellt sich mithin die Frage, wie die Organisation zur Bewältigung der vielfältigen Umweltbezüge auszuformen ist. Obwohl man sich über die Bedeutung der Umwelt immer bewusst war, so setzt die ausdrückliche Berücksichtigung der Umweltbezüge in der Organisationstheorie erst mit dem Aufkommen der Systemtheorie ein. Die Systemtheorie stellt das Verhältnis von Umwelt und Organisation und die allzeit problematische Erhaltung des Systems in einer fordernden Umwelt in das Zentrum der Theoriebildung und im Gefolge der praktischen Organisationsgestaltung.

Die Systemtheorie (insbesondere Luhmann 1973) lehrt, dass die Rede von der Umwelt einer Organisation schon eine konzeptionelle Festlegung trifft, nämlich dass es eine Grenze zwischen Organisation und Umwelt, eine Differenz zwischen Innen und Außen gibt. Mit anderen Worten, wer von der Umwelt einer Organisation redet, muss auch angeben können, was zur Organisation gehört und was nicht dazu gehört. Die Frage nach der Grenze ist schwerer zu beantworten als es auf den ersten Blick erscheint. Mit einem einfachen Alltagsverständnis kann jedenfalls keine Grundlage für ein so bedeutsames Problem geschaffen werden.

Anfängliche Versuche liefen darauf hinaus, die Abgrenzung in einem empirisch-physischen Sinne an Analogie zur Biologie zu leisten (u.a. Stefanic-Allmayer 1950).

Dieser Vorschlag musste jedoch in die Irre führen; Organisationen haben keine natürlichen Grenzen, die in irgendeiner Weise ontologisch gegeben wären, wie die Borke eines Baumes oder das Fell einer Katze. Organisationen sind soziale Systeme und man hat es hier deshalb auch mit Grenzen ganz anderen Charakters zu tun. Organisationale Grenzen sind durch Handeln hergestellte und aufrechterhaltene Grenzen, sie sind keine objektive Gegebenheit in einem ontologischen Sinne, sondern nur als soziale Konstruktion verstehbar. Unter den vielen Versuchen, Abgrenzungskriterien zu finden (via Arbeitsvertrag, Einflusssphären usw.), ragt die komplexitätstheoretische Bestimmung heraus (Luhmann 1973, 1982): Systeme konstituieren sich danach in einer komplexen Welt, indem sie eine Differenz herstellen zwischen sich und der Umwelt. Diese Differenz lässt sich formal als *Komplexitätsgefälle* beschreiben. Handlungssysteme als soziale Systeme haben deshalb keine extern bestimmten Grenzen, sie schaffen ihre Grenzen *selbstreferentiell*, also durch eigene Handlungen, durch Sinnverarbeitung und Kommunikation. Grenzen schaffen heißt demnach, eine Differenz herstellen, indem das Innenverhältnis ein anderes, weniger komplexes wird als das Außenverhältnis. Durch Reduktion von Komplexität wird dann im Innenverhältnis eine besser überschaubare Situation geschaffen, die gezieltes Handeln letztlich erst möglich macht. Die Systemleistung, der Nutzen der Systembildung, ist somit die Reduktion und nicht die Abbildung von Umweltkomplexität.

Zwischen der Organisation und ihrer Umwelt besteht folglich immer ein Komplexitätsgefälle, die Grenze ist die *Differenz*. Mit der Grenzziehung, also der Herstellung des Komplexitätsgefälles, konstituieren Systeme gewissermaßen zugleich ihre spezielle Umwelt. Weick (2000) bezeichnet diesen Herstellungsprozess treffend als „sense making", d.h. in die verwirrende Vielfalt der Informationen und Deutungsmöglichkeiten wird eine eigene Definition der „Realität" hineingelegt. Je nachdem, wie die Abgrenzung bzw. Sinngebung erfolgt, variiert auch die jeweilige Systemumwelt. Jedes System gehört selbst wieder zur Umwelt der anderen Systeme, insofern hat es auch jedes System mit einer anderen Umwelt zu tun. Operativ gesehen, bedeutet Differenzbildung in erster Linie *Selektion*, d.h. die Organisation nimmt nur bestimmte Aspekte aus der Umwelt wahr, beschäftigt sich nur mit bestimmten Fragestellungen, lässt in ihren Erwartungen nur bestimmte Perspektiven zu usw. Dabei kann der Grad der Selektivität durchaus variieren. Hohe Selektivität erlaubt ein stringenteres Handlungskonzept, bringt aber auch höheres Ausblendungsrisiko. Die gewählte Abgrenzung muss sich bewähren, ausgeblendete Beziehungen oder inadäquate Konstruktionen machen sich später unter Umständen als „Turbulenz" oder als Krisen bemerkbar. Die Umwelt bleibt daher jederzeit eine potenzielle Quelle der *Unsicherheit*. Nachdem das System die Grenzziehung aber selbst erzeugt hat, kann es diese auch, zumindest im Prinzip, jederzeit wieder verändern und neue Grenzen ausprobieren.

Ferner ergeben sich zwischen den Systemen der Umwelt (Wettbewerber, Politik usw.) immer wieder neue nicht erwartete Anschlüsse mit überraschenden Folgen für die fokale Organisation, was die Umweltunsicherheit weiter steigert. Es bleibt somit festzuhalten: Systeme konstituieren und erhalten sich durch Erzeugung und Bewahrung einer Grenze (einer Differenz) zur Umwelt.

4.2   Umweltdimensionen

Folgt man der hier vorgetragenen Grenzbestimmung, ist Umwelt ein sehr weiter Begriff; Umwelt ist letztlich alles das, was nicht System (bzw. Organisation) ist. Dieser allgemeine Begriff muss für eine Theorie der Organisationsgestaltung weiter spezifiziert werden. Zu diesem Zweck wurde eine große Zahl von Schemata entwickelt. Im Großen und Ganzen lassen sich dabei zwei Gruppen unterscheiden, nämlich

■ *formale* und

■ *inhaltliche* Klassifikationskonzepte.

Formale Konzepte

Die Mehrzahl der Ansätze versucht, die unüberschaubare Umwelt einer Organisation mit Hilfe von *formalen Beschreibungsdimensionen* erfassbar und der Gestaltung zugänglich zu machen. Am häufigsten finden die drei folgenden Konzepte Verwendung:

(1) Umweltkomplexität (-simplizität),

(2) Umweltdynamik (-stabilität),

(3) Umweltdruck (-liberalität).

(1) Mit *Umweltkomplexität* wird hier zumeist das Ausmaß der *Vielgestaltigkeit* und der *Unübersichtlichkeit* der organisatorischen Umwelt bezeichnet. Die meisten Konzepte rekurrieren dabei auf die *Zahl der Elemente* und betrachten die Umwelt als umso komplexer, je mehr relevante Elemente in der organisatorischen Umwelt vorfindbar und je verschiedenartiger diese untereinander sind (Keats/Hitt 1988). Als Komplexitätsmaß bekannt geworden ist hier der „Simple-Complex-Index" (SCI) von Duncan (1972), der Umweltkomponenten (C) und innerhalb dieser Faktoren (F) unterscheidet (also etwa die Umweltkomponente „Wettbewerb" und die verschiedenen ihn konstituierenden Wettbewerber als Faktoren):

$$SCI = \sum_{i=1}^{n} F_i \cdot \sum_{j=1}^{m} C_j^2$$

Die Quadrierung von C soll das höhere Gewicht der Komponenten gegenüber den Faktoren unterstreichen. Der Komplexitätsgrad ergibt sich schließlich als Produkt aus den Summen über die Faktoren und Komponenten.

(2) Mit der zweiten Dimension, der *Dynamik*, die manchmal ergänzend, manchmal aber auch alternativ zur ersten verwendet wird, rückt die *Veränderung* der Umwelt im Zeitablauf in den Vordergrund. Von einer *stabilen Umwelt* wird in der Regel dann gesprochen, wenn die kritischen Elemente weitgehend konstant bleiben und ihre Reaktionsweisen und Anschlüsse untereinander bekannt und damit vorhersagbar sind. *Dynamische (turbulente) Umwelten* sollen dagegen Situationen kennzeichnen mit veränderlichen Elementen und schwer vorhersagbaren Bewegungsrichtungen. Child (1972) präzisiert das Ausmaß der Umweltdynamik durch folgende drei Subdimensionen:

■ Häufigkeit von Veränderungen der einzelnen Umweltelemente (Stabilität der Elemente),

■ Ausmaß der jeweiligen Veränderungen (Intensität) und

■ Regelhaftigkeit der Veränderungsprozesse (Vorhersehbarkeit).

Eine Reihe von Autoren geht davon aus, dass im Zuge der industriellen Entwicklung das Anschlusspotenzial der Umweltelemente (also die Binnenkomplexität der Systeme) als auch die Intensität der Interaktion zwischen diesen (z.B. zwischen Wirtschaft und Politik) beständig wächst; dadurch komme es zwangsläufig zu ständig neuen, unerwarteten Querverbindungen mit der Folge, dass die Umwelt immer turbulenter werde. McCann/Selsky (1984) reklamieren sogar eine Situation der „Hyperturbulenz" und D'Aveni (1994) diagnostiziert bezogen auf die immer rascher wechselnden Wettbewerbskonstellationen einen klaren Trend zum „Hyperwettbewerb".

Bisweilen wird „Umweltdynamik" mit „Unsicherheit" gleichgestellt. Umwelt-Unsicherheit wird dabei zumeist verstanden als subjektiv erlebter unzureichender Informationsstand von Entscheidungsträgern.

Milliken (1987) unterscheidet zum Beispiel *drei Unsicherheitsdimensionen:*

- ■ Mangelnde Kenntnis zukünftiger Ereignisse und Entwicklungen in der Umwelt;

- ■ mangelnde Kenntnis der Auswirkungen, die Umweltereignisse und Veränderungen in der Umwelt auf die einzelne Unternehmung haben, und

- ■ mangelnde Kenntnis adäquater Maßnahmen zur Bewältigung von Umweltereignissen und -veränderungen, insbesondere fehlendes Wissen über die Wirkung möglicher Maßnahmen.

Der subjektive Ansatz macht zugleich auf den Prozess aufmerksam, den Organisationen zur Gewinnung eines Verständnisses der Umwelt benötigen. Dieser oftmals mehrstufige Prozess der *„Sinnstiftung"* (Weick 1995) dient der Entwicklung einer „Landkarte" der Umwelt, mit der sich Organisationen selbst den Weg weisen (Stinchcombe 1990, S. 4 f.).

(3) Eng mit der Umweltdynamik verbunden, aber doch auf eine eigenständige Logik verweisend, ist schließlich eine dritte häufig verwendete Umweltdimension, der *Umweltdruck* oder die *Illiberalität* (z.B. Daft/Weick 1984; Dess/Beard 1984). Diese Dimension soll das Ausmaß des Anpassungsdrucks oder des Reaktionszwangs bezeichnen, dem die Organisation durch Kräfte der Umwelt ausgesetzt ist, oder – von der anderen Seite her gesehen – den Spielraum, den die Umwelt Organisationen lässt. Neben der Wettbewerbsintensität sind hier auch Aspekte wie die Knappheit von Ressourcen, Einstellungen der Umweltakteure, gesetzliche Regulierung usw. bedeutsam.

Inhaltliche Konzepte

Die Probleme, die aus einer allzu abstrakten Fassung der Umweltdimensionen resultierten, haben die Tendenz gefördert, sich mehr mit den konkreten Umweltkräften auseinanderzusetzen. Nachdem eine Totalerfassung der Umwelt unmöglich ist, stellt sich für den inhaltlichen Ansatz als erstes die Frage, welche Elemente und Ereignisse der Umwelt in Betracht gezogen werden sollen. Diese Frage wird häufig mit einem Strukturierungsschema beantwortet, das die Umwelt in die *Aufgabenumwelt* untergliedert, welche die Elemente absteckt, mit denen die Organisation in direkter Interaktion steht, und zum anderen die *globale (generelle) Umwelt*, die den weiteren Kreis der meist mittelbar relevanten Komponenten umreißt.

Zur Strukturierung des zwangsläufig sehr breiten und unüberschaubaren Einflussfeldes der *globalen Umwelt* ist im Sinne einer standardisierten Vorselektion eine Reihe von *Faktorkatalogen* entwickelt worden (vgl. z.B. Fahey/Narayanan 1986; Müller-Stewens/Lechner 2005). Mit solchen Katalogen soll nicht nur ein besseres Verständnis der globalen Umwelt erreicht, sondern handlungsbezogen auch das Beobachten und die Identifikation potenziell relevanter Einflussfaktoren erleichtert werden. Vergleicht man die verschiedenen Kataloge, so sind es im Wesentlichen die folgenden fünf Teilfelder, die typischerweise unterschieden werden:

- Technologische Umwelt;

- Politisch-rechtliche Umwelt;

- Sozio-kulturelle Umwelt;

- Ökologische Umwelt;

- Makroökonomische Umwelt.

Im Unterschied dazu wird – zumindest für Unternehmungen – die *Aufgabenumwelt* in der Regel als Wettbewerbsumwelt verstanden, und dabei bezogen auf die jeweiligen Geschäftsfelder oder Märkte. Damit sollen alle jene Faktoren bezeichnet werden, die die Wettbewerbssituation in einem Geschäftsfeld bestimmen. Neben der im Kartellrecht gebräuchlichen Bestimmung des „relevanten Marktes" sind hier vor allem Konzepte aus der strategischen Unternehmensführung prägend geworden. So werden heute häufig im Anschluss an Porter (1984) folgende Faktoren als Bestimmungskräfte der Wettbewerbsumwelt angesehen: Markteintrittsbarrieren, Macht der Abnehmer und Lieferanten, Substitutionsprodukte und Rivalität unter den Anbietern.

Für die anschließende Frage, in welchem genaueren Zusammenhang Organisation und Umwelt stehen, sieht ein Teil der Ansätze die organisatorische Umwelt in einer mehr oder weniger dominierenden Position, die eine kongruente Organisationsgestaltung verlangt, ein anderer Teil geht hier stärker von einem interaktionalen Verhältnis aus.

4.3   Kongruenzmodelle

Trotz aller Unterschiedlichkeit der einzelnen kongruenztheoretischen (Umwelt-) Ansätze lässt sich doch ein durchgängiges *argumentatives Grundmuster* erkennen. Für stabile und überschaubare Umwelten wird eine stark formalisierte und zentralisierte Organisationsstruktur für notwendig erachtet, während in turbulenten, komplexen Umwelten ein flexibles und anpassungsfähiges Strukturgefüge als Voraussetzung der Überlebensfähigkeit behauptet wird. Ändert sich der Umweltzustand, so wird ein entsprechender Anpassungsprozess erforderlich. Der Übergang etwa von einer stabilen zu einer turbulenten Umwelt bedeutet dann für die Organisation, dass die vormals mechanistischen Strukturen organischeren Formen weichen müssen, wenn der Systemerhalt nicht gefährdet werden soll. Die Umwelt wird in diesen Ansatzen somit als Quelle des organisatorischen *Wandels* und als Bestimmungsfaktor effizienter Strukturformen behandelt.

Das Grundmuster dieser Lösung findet sich bereits in der viel beachteten Pionierstudie von Burns und Stalker (1961) vorgezeichnet. Sie betrachten in ihrer Untersuchung englischer und schottischer Industriebetriebe die Umwelt vor allem unter Innovationsgesichtspunkten und versuchen, die kongruenten Muster im „Managementsystem" aufzuzeigen, die ein Umweltwandel nach sich zieht oder – normativ gewendet – nach sich ziehen sollte. Die Autoren unterscheiden zwischen einer mehr *statischen* und einer mehr *dynamischen*, d.h. sich rasch und nicht absehbar verändernden Umweltsituation (dort gezeigt am Beispiel der

Elektronikindustrie). Darauf aufbauend postulieren sie für die beiden Extremsituationen einer stabilen sowie einer turbulenten Umwelt zwei völlig gegensätzliche Arten von Managementsystemen, nämlich das mechanistische (bei stabiler Umwelt) und das organische (bei turbulenter Umwelt). Die Hauptmerkmale der beiden Managementsysteme sind in Abbildung 4.1 zusammengestellt.

Abbildung 4.1   Organische versus mechanistische Managementsysteme nach Burns/ Stalker

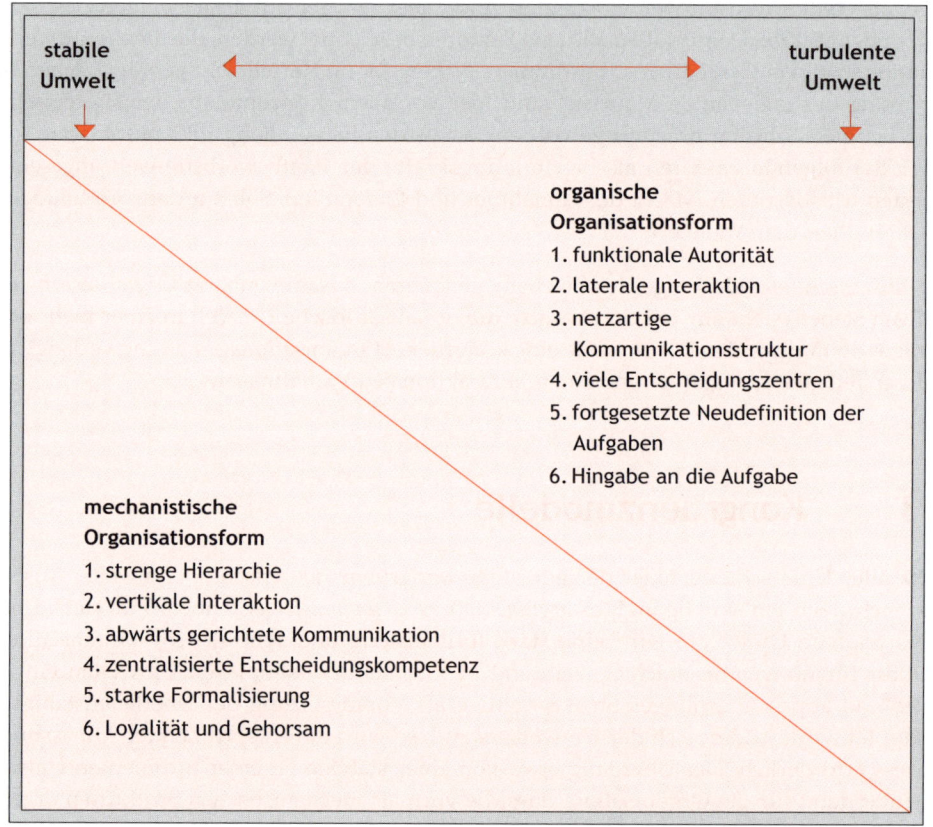

Diese unter methodischen Gesichtspunkten noch deutlich explorative Studie wurde zum Ausgangspunkt zahlreicher Weiterentwicklungen und Verfeinerungen. Der heute wohl bekannteste und immer noch anerkannteste Ansatz ist das Differenzierungs- und Integrationsmodell von Lawrence und Lorsch (1967).

Die Autoren kennzeichnen unter Bezugnahme auf systemtheoretische Überlegungen Organisationen als „offene Systeme". Dies weist ihrer Ansicht nach auf zwei wichtige Aspekte für das Funktionieren organisatorischer Gebilde hin. Zum einen differenziert sich jedes System mit zunehmender Größe in separate Teilbereiche, um lebensfähig zu bleiben. Das System muss aber gleichzeitig dafür Sorge tragen, dass diese separaten Teile wieder zu einem funktionsfähigen Ganzen integriert werden (Differenzierung und Integration). Zum anderen ist es grundlegende Funktion jedes Systems, sich den Erfordernissen der umgebenden Umwelt anzupassen, um seinen Bestand zu sichern.

Umwelt: Lawrence und Lorsch verstehen „Umwelt" dementsprechend nicht als einheitlichen Block, sondern gehen davon aus, dass differenzierten Organisationen unterschiedliche Umweltsektoren gegenüberstehen. Jeder dieser Umweltsektoren kann unterschiedlich ausgeprägt sein. Die organisatorischen Subsysteme orientieren sich an den spezifischen Gegebenheiten *ihres* Umweltsektors und weisen als Folge davon auch variierende Organisationsformen auf. Bei einem Industriebetrieb können die Bereiche Produktion, Marketing und Forschung & Entwicklung als prototypische Subsysteme gelten; ihnen stehen korrespondierend die Umweltsektoren „techno-ökonomischer Bereich", „Markt" (Kunden, Konkurrenz usw.) und „Wissenschaft" gegenüber. In anderen Unternehmenstypen sind andere Teilsysteme und Umweltsektoren relevant. Abbildung 4.2 verdeutlicht den segmentierten Aufbau des System/Umwelt-Bezuges am Beispiel eines prototypischen Industriebetriebes.

Abbildung 4.2   Segmentiertes Umwelt-Modell nach Lawrence/Lorsch

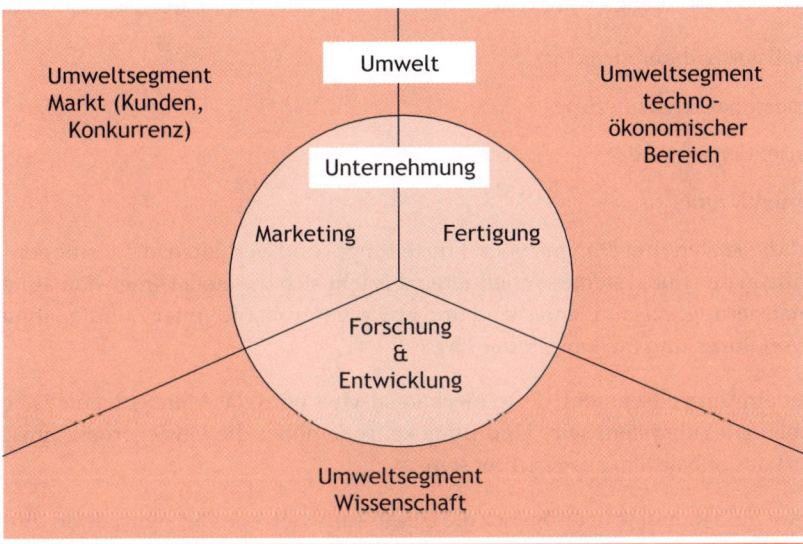

Die Charakterisierung der Umweltsektoren erfolgt jeweils nach dem Grad der (Un-)Sicherheit.

Ob ein Umweltsegment eher sicher oder unsicher ist, wird anhand von drei Dimensionen gemessen:

- Bestimmtheit der Information (*Clarity of information*).
- Gewissheit über kausale Beziehungen (*Certainty of causal relationships*).

■ Zeitspanne der definitiven (Erfolgs-)Rückmeldung aus der Umwelt (*Time span of definitive feedback from the environment*).

Angenommen wird dabei, dass sich die Umweltunsicherheit *unmittelbar* in den jeweiligen *Aufgabenmodalitäten* abbildet.

Die mit Hilfe dieser drei Dimensionen ermittelten Unsicherheits-Scores der einzelnen Umweltsektoren bilden dann wieder die Grundlage, um den Zustand der *Gesamtumwelt* zu charakterisieren. Die Gesamtumwelt variiert auf der Dimension *homogen-heterogen*; Bestimmungsfaktor ist die (Un-)Ähnlichkeit der Umweltsektoren. Sind die Unsicherheitswerte der einzelnen Umweltsektoren einer Organisation untereinander relativ ähnlich, so wird von einer „homogenen" Gesamtumwelt gesprochen, und analog dazu von einer „heterogenen" Gesamtumwelt, wenn die (Un-)Sicherheitswerte der Umweltsektoren relativ unterschiedlich zueinander sind.

Differenzierung: Lawrence/Lorsch gehen davon aus, dass die Subsysteme in Abhängigkeit von den Gegebenheiten ihres Umweltsektors kongruente Orientierungs- und Strukturmuster entwickeln. Sie verstehen unter Differenzierung das Ausmaß der *Unterschiede* zwischen den Subsystemen einer Organisation, die sich im Hinblick auf Struktur und Ausrichtung abzeichnen. Die Differenzierung wird durch die folgenden vier Dimensionen bestimmt:

■ Formalisiertheit der Struktur,

■ interpersonale Orientierung,

■ Zeitorientierung und

■ Zielorientierung.

Während die letzten drei Dimensionen Einstellungs- und Verhaltensdispositionen der Führungskräfte in den Subsystemen reflektieren, bezieht sich die erste Dimension auf den Grad der Formalisierung. Zusammenfassend und etwas vergröbernd unter Zuhilfenahme der Typologie von Burns und Stalker gilt die These:

Je sicherer ein Umweltsegment, desto mechanistischer wird das Managementsystem in dem entsprechenden Subsystem sein. Und umgekehrt: je höher die Unsicherheit, umso organischer wird das Subsystem ausgerichtet sein.

Und darauf aufbauend: Je heterogener die Gesamtumwelt eines Systems, desto differenzierter ist das Unternehmen, d.h. umso unterschiedlicher sind seine Subsysteme zueinander.

Integration: Wie in Kapitel 3 bereits gezeigt, zieht jede Differenzierung das Erfordernis nach Integration nach sich. Dabei wird unter „Integration" in erster Linie die Qualität der Zusammenarbeit zwischen Abteilungen verstanden.

Lawrence/Lorsch (1967, S. 48, 143 ff.) fanden in ihren Studien zwar die grundsätzlich inverse Beziehung zwischen Differenzierung und Integration in der Tendenz bestätigt, sie fanden aber auch, dass es erfolgreichen hoch differenzierten Organisationen dennoch gelungen war, das erforderliche Maß an Integration zu erreichen. Es zeigte sich, dass diese (erfolgreichen) Organisationen über die klassischen Instrumente Hierarchie und Programme hinaus eine Reihe *zusätzlicher* Integrationsmittel und -methoden einsetzten, um dieses Ergebnis zu ermöglichen. Solche zusätzlichen Instrumente sind – wie aus Kapitel 3 bekannt – etwa Koordinatoren, Matrix-Organisation oder Projektteams. Darüber hinaus erwies sich ein aktives Konfliktmanagement als wichtig: offene Konfliktaustragung, integrationsfördernde Orientierung der Koordinatoren etc.

Der *Erfolg* einer Organisation, die dauerhafte Sicherung ihres Bestandes, wird schließlich abhängig gemacht von der *Kongruenz* zwischen Umwelterfordernissen und der Ausprägung des Funktionsgefüges der Organisation. Gefordert wird also als Zentralaussage ein *Fit* zwischen den Erfordernissen der Umwelt und den Merkmalen der Organisation.

Kritik: Diese Fit-Perspektive, so plausibel sie auch erscheinen mag, erweist sich jedoch bei näherer Hinsicht als zu einseitig, weil sie unterstellt, die Umwelt eines Unternehmens hätte gewissermaßen zwingenden Charakter, müsse als Imperativ betrachtet werden. Das gedankliche Grundmodell geht – wie gezeigt – davon aus, dass die Umwelt konkrete Anforderungen an die Organisation stellt, denen diese, um ihren Erhalt zu gewährleisten, durch Anpassungsmaßnahmen begegnen muss, wobei für die Anpassung nur eine richtige, nämlich die „kongruente" Lösung existiert. In Situationen hoher *Umweltdynamik und -komplexität* wird ein hohes Maß an Flexibilität und Innovationsbereitschaft als erforderlich angesehen, was sich u.a. in einer verstärkten Dezentralisierung und einer geringeren Formalisierung niederschlägt. Anders dagegen bei *stabilen Umwelten*: Die Funktionalität der hierfür erforderlich erachteten bürokratischen Organisationsstruktur wird nicht mit bestimmten Anforderungen der Umweltsituation, sondern lediglich mit *Effizienzargumenten* begründet. Im Hintergrund steht dabei die Annahme, dass überall dort, wo die Situation es zulässt, aus Effizienzgründen das mechanistische Modell zu realisieren ist. Ein direkter inhaltlicher Zusammenhang zwischen der Ausprägung der Umwelt und der entsprechenden kongruenten Organisationsstruktur wird gar nicht bemüht. Ein stabiler Umweltzustand lässt somit im Prinzip beliebige Strukturierungsalternativen als möglich erscheinen; die Wahl fällt auf die (vermeintlich) effizienteste Lösung. Die hier leitende These von der Überlegenheit der mechanistischen Strukturform in stabilen Umwelten ist nun allerdings in der Organisationsforschung mehr als umstritten.

Dass aber auch bei *dynamischen* und sehr komplexen Umwelten wesentliche Spielräume bei der Strukturgestaltung bleiben, zeigen Analysen, die auf die Existenz funktionaler Äquivalente („Equifinalität") hinweisen (vgl. etwa Gresov/Drazin 1997). Interessant ist in diesem Zusammenhang auch die strategische Analyse von Thompson (1967), weil sie sehr anschaulich macht, dass die Dynamik in der Umwelt nicht direkt auf die Organisation „durchschlägt", sondern dass der Organisation unterschiedliche Möglichkeiten zur Verfügung stehen, den sich daraus ergebenden Unsicherheiten zu begegnen. Eine der besonders hervorgehobenen Möglichkeiten besteht darin, bestimmte Organisationsbereiche, etwa die Fertigung, „künstlich" durch einen Abpufferungsring von der Umweltdynamik fernzuhalten, um sie sodann nach anderen Effizienzkriterien zu gestalten. Setzt man diese Strategie in Relation zur Imperativthese, so zeigt sich ein aufschlussreicher Gegensatz. Was hier durch Pufferungsmaßnahmen erzeugte Stabilisierung erscheint, wird dort als Strukturanpassung an den Zwang der Umwelt thematisiert. Im ersten Fall kommt es also für die Organisationsgestaltung darauf an, welche „Unsicherheitsbearbeitungs-Strategie" gewählt wurde. Aus der Imperativperspektive bliebe keine Wahl.

In diesem Zusammenhang sei auch auf den in den letzten Jahren viel beachteten Ressourcenbasierten Ansatz hingewiesen, der die Singularität von Organisationen betont und damit einen markanten Kontrapunkt zu der Idee konformitätserzeugender Umweltzwänge setzt (vgl. Barney 1991; Bresser 2010). In diesem Ansatz wird herausgearbeitet, dass Unternehmen in ein und derselben Wettbewerbsumwelt ganz unterschiedliche singuläre Kompetenzen und Fähigkeiten (intangible Ressourcen) entwickeln, die es ihnen erlauben, eine erfolgreiche strategische Differenz zur Konkurrenz und nachhaltig verteidigbare Wettbewerbsvorteile aufzubauen. Ganz im Unterschied zum Fit-Konzept belegt der Ressourcenbasierte Ansatz den Spielraum für Vielfalt. Mehr noch, in der Unterschiedlichkeit wird der entscheidende Vorteil ausgemacht. Firmenspezifische Regelungs- und Verhaltensmuster bilden die Basis für eine erfolgreiche Umweltbearbeitung. In dem Konzept der organisatorischen *Kompetenzen* kristallisiert sich der Impetus dieses Ansatzes (Hamel 1994). Diese bezeichnen eine spezifische, schwer imitierbare Ressourcenbündelung, die vor allem auf komplexen Fähigkeiten wie auch nicht formalisiertem Organisationswissen beruht und Menschen, organisatorische Regelungen und Technologien auf einmalige Weise verbindet. Die gestalterische Konsequenz hieraus ist, die Einmaligkeit der internen Mechanismen weiter voranzutreiben und jede Konformität trotz gleichen Umweltzustandes zu vermeiden (vgl. dazu auch die Ausführungen in Kapitel 6).

Daneben ist auf die Möglichkeit hinzuweisen, Aktionsfelder der Umwelt selbst *aktiv zu beeinflussen* und im eigenen Sinne zu prägen. Inwieweit Möglichkeiten der aktiven Beeinflussung in Betracht gezogen werden können, ist eine Frage der wirtschaftlichen Macht. Die am besten beobachtbaren Eingriffe in die Situation finden sich im Bereich des Marketings. Speziell in der Konsumgüterindustrie werden bekanntlich alle *absatzpolitischen* Instrumente (Werbung, Verkaufsförderung, Produktgestaltung, Preisdifferenzierung etc.) zur Beeinflussung der Verbraucherwünsche und des Verbraucherverhaltens eingesetzt. Die Beeinflussung der Nachfrage dokumentiert sich nicht nur in den hohen Werbebudgets der entsprechenden Firmen, sondern auch in einer rasch wachsenden Dienstleistungsindustrie (Werbeagenturen, Verkaufsschulungszentren, Verkaufsorganisationen etc.), die primär mit der Vorbereitung und Durchführung von Maßnahmen der Umweltsteuerung befasst ist.

Die Steuerungsbemühungen sind aber nicht nur auf die kurzfristige Beeinflussung von Kaufakten ausgerichtet, sondern sie zielen auch genereller auf die *Gestaltung der Verhaltensweisen* der Verbraucher ab, um stabile Konsumentendispositionen für zukünftige Unternehmensaktivitäten zu schaffen (Markenloyalität, geglättete Konsumzyklen usw.). Die Reihe der Strategien und Beispiele ließe sich beliebig fortsetzen. Die angeführten Argumente dürften jedoch genügen, um die faktischen Möglichkeiten der Unternehmen, gestaltend auf die Umwelt einzuwirken, hinreichend zu belegen.

Neo-Institutionalistischer Ansatz.

Als eine neue aufgeklärte Variante der Imperativtheorie bzw. Kontingenztheorie kann der *Neo-Institutionalistische Ansatz* der Organisation angesehen werden, der die Entstehung und

Veränderung von Organisationsmustern primär durch den kulturell-gesellschaftlichen Rahmen erklärt, in den die Organisation eingebettet ist. Im Zentrum der Analyse steht das Bemühen von Organisationen, Legitimität zur Sicherung ihres Überlebens zu erzeugen (Meyer/Rowan 1977; DiMaggio/Powell 1991). Dieser Ansatz unterscheidet sich insofern grundlegend von der Kontingenztheorie, als dort nicht von objektiven Umweltdeterminanten als Ursache organisatorischer Strukturmerkmale ausgegangen wird, sondern von Umwelten als gesellschaftlich konstruierter Wirklichkeiten, d.h. Normen, Interpretationsmustern, Denkstilen usw. Organisationen sieht man als konstitutive Teile der Gesellschaft, die diese Muster mit reproduzieren. *Institutionalisierung* soll dann den Prozess bezeichnen, der diese kognitiven und habituellen Muster verbindlich macht, ihnen den Charakter von ungeschriebenen (manchmal auch geschriebenen) Gesetzen verleiht. Die Kernthese ist nun, dass formale organisatorische Strukturen im Wesentlichen das Ergebnis einer *Anpassung* (Isomorphie) an institutionalisierte Erwartungen (aus der institutionellen Umwelt) sind, gleichgültig, ob diese die interne Effizienz fördert oder nicht. Entscheidend ist, dass dadurch Legitimität beschafft wird, d.h. die Unterstützung durch die Umwelt (Banken, Kommunen, Presse usw.) erhalten bleibt. Bei Nicht-Anpassung, also fehlender Legitimität, sind negative Sanktionen aus der Umwelt zu befürchten.

Eine seltsame Wende erfährt die institutionelle Organisationsanalyse dort, wo die gesellschaftlichen Erwartungen in Form von Rationalisierungs- oder Effektivierungserwartungen an die Organisationen herangetragen werden (z.B. Portfolioanalyse oder Reengineering), die bei Übernahme aber gar nicht die behaupteten Effekte erzeugen. Meyer/Rowan (1977) sprechen dann von gesellschaftlich erzeugten, institutionalisierten *Rationalitätsmythen,* denen Organisationen unbeschadet ihrer Wirkungslosigkeit entsprechen müssen, wenn sie ihre gesellschaftliche Unterstützung und damit ihren Bestand sichern wollen. Mit anderen Worten, Unternehmen übernehmen Organisationskonzepte (wie z.B. die Matrixorganisation oder die Modulorganisation) oder auch andere Managementinstrumente wie die Balanced Score Card, weil sie von der Umwelt als wichtig bzw. rational angesehen werden – auch dann, wenn man intern ganz anderer Meinung ist.

Die als Folge drohende Diskrepanz zwischen rationaler Legitimität und faktischer Ineffizienz wird nach dem Neo-Institutionalistischen Ansatzes durch den Aufbau von Außenfassaden beantwortet (Pseudo-Anpassung). Man verwendet die (meist sehr teuren) Instrumente nur zum Schein, tatsächlich entkoppelt man aber die internen Prozesse und richtet insgeheim die Entscheidungen nach ganz anderen Maßstäben aus.

Kritisch ist zu sagen, dass dieser Ansatz ebenso wie die Kontingenztheorie die Unternehmen als bloße Anpasser zeigt; wenn sie die Legitimität aufrechterhalten wollen (und es bleibt ihnen ja nach diesem Ansatz keine andere Wahl), haben sie sich den Umweltzwängen anzupassen. Nachdem diese passive Rolle mit vielen anderen Erfahrungen des Alltags, wie etwa Monopolpreisbildung, Wettbewerbsvorteilsbildung oder Lobbyismus, in keiner Weise zusammen passt, versucht man neuerdings (z.B. Oliver 1991) der Kritik zu begegnen, indem man den Ansatz öffnet und unternehmerischen Spielraum und strategische Wahlmöglichkeiten einbezieht. Es wird dann konzediert, dass Unternehmen – in Grenzen losgelöst von den institutionellen Zwängen – eigenständige Strategien zur Bewältigung von Diskrepanzen oder nonkonforme Verhaltensprogramme verfolgen können (z.B. Kompromisse schließen, manipulieren oder schlicht widerstreben). Diese Entwicklungen und Widersprüche markieren bereits den Übergang zu anderen Perspektiven, in denen nicht mehr der Umweltimperativ, sondern die Interaktion mit der Umwelt im Zentrum steht.

4.4 Umweltinteraktionsansätze: Der Ressourcenabhängigkeitsansatz

Neben den Kongruenzmodellen, die von einer Anpassungsnotwendigkeit der Organisationsstruktur/Managementsystems an die Gegebenheiten der Umwelt ausgehen, haben sich Ansätze bewährt, die das Problem der Organisationsgestaltung in den Kontext der wechselseitigen Beeinflussung von Organisation und Umwelt stellen. Unter diesen interaktionistischen Ansätzen ragt der *Ressourcenabhängigkeits-Ansatz* heraus.

Dieser stark gestaltungsorientierte Ansatz (Hauptvertreter: Pfeffer/Salancik 1978) beschreibt das zu lösende Organisationsproblem als grenzerhaltende Stabilisierung des Leistungsflusses. Jedes Unternehmen benötigt zur Bestandssicherung Ressourcen verschiedener Art, über die es meist nicht selbst, sondern externe Organisationen verfügen. Die Umwelt wird hier nicht als anonyme Kraft gesehen, sondern institutionell begriffen, d.h. es stehen sich identifizierbare und individualisierte Systeme als Akteure gegenüber: Lieferanten, Abnehmer, Banken usw. Die Sicherung des vertikalen Leistungsverbundes mit Institutionen der Umwelt war zunächst nur als Zuflussproblem definiert, später wurde die Perspektive auch zur Outputseite hin ausgedehnt. Gemeint ist das Vermögen, den Output kontinuierlich zu bestandssichernden Bedingungen an die Umwelt abzugeben (man denke etwa an das Vorhandensein eines launischen Großabnehmers).

Die Konstatierung von Austauschbeziehungen zwischen Unternehmen ist zunächst trivial – jedenfalls solange, wie der Leistungsfluss stabil und gesichert ist. Brisant wird die Konstellation erst dort, wo aus dem Austausch eine *Abhängigkeit* wird und genau da setzt das Ressourcenabhängigkeits-Theorem an. Das eigentliche Problem liegt in der potenziellen Instabilität der Leistungszuflüsse und -abflüsse, die aus *Machtpositionen* heraus resultieren. Es ist schwer vorhersagbar, wie sich mächtige externe Organisationen in Zukunft verhalten, welche Organisationen hinzukommen und welche die Märkte verlassen werden. Damit wird der Ressourcenfluss ungewiss. Dieses Problem zieht eine Reihe von fundamentalen Unwägbarkeiten, also Ungewissheit, nach sich, die die Effizienz des täglichen Leistungsvollzugs bedrohen und die Planung zukünftiger Aktivitäten behindern. Eine zu große Abhängigkeit ist bestandsgefährdend. Das Problem der externen Ungewissheit stellt sich umso gravierender, je ausgeprägter die Abhängigkeit von vor- oder nachgelagerten Leistungsorganisationen ist.

Der Grad, in dem der Leistungsaustausch zur *Ressourcenabhängigkeit* wird, variiert nach Thompson (1967)

■ proportional mit dem Ausmaß, in dem die Organisation Ressourcen benötigt, die eine andere Organisation besitzt und gegebenenfalls von dieser verknappt werden kann, sowie

■ umgekehrt proportional mit der Zahl der Organisationen, die die benötigten Ressourcen anbieten oder der Zahl verfügbarer Substitute.

Die Ressourcenabhängigkeit einer Organisation von einer anderen Organisation wird also nicht allein durch ihren rein quantitativen Input- bzw. Output-Anteil geprägt. Zu berücksichtigen sind ferner die *Marktstruktur* (Zahl der Anbieter und Nachfrager), Substitutionsmöglichkeiten und wie kritisch eine Ressource für den Leistungsvollzug ist, d.h. welche Auswirkungen auf den Produktionsprozess sich bei Wegfall oder verzögerter Lieferung speziell dieser Ressource ergeben (vgl. auch Porter 1984).

Die Bewältigung dieser aus Ressourcenabhängigkeit resultierenden Unsicherheitssituation der Organisation wird zu einem Zentralproblem der Unternehmensleitung. Gezeigt wird nun, dass dazu grundsätzlich ein ganzes Arsenal unterschiedlicher *Handlungsstrategien* zu Gebote steht. Die Skala der Maßnahmen zur Unsicherheitsreduktion, die der Ressourcenabhängigkeits-Ansatz im Sinne funktionaler Äquivalente aufzeigt, lässt sich in nach *innen* gerichtete Maßnahmen der Absorption und der Kompensation sowie nach *außen* gerichteten Maßnahmen zur Steigerung der Umweltkontrolle (Kooperation und Intervention) untergliedern.

Absorption und Kompensation: Diese Maßnahmen zielen auf die Einrichtung interner Gegensteuerungsmechanismen, um mit den Unwägbarkeiten, die aus den Ressourcenabhängigkeiten fließen, besser fertig zu werden. Dazu gehört die *Flexibilisierung* der Organisationsstruktur (Hierarchieabbau, Verringerung der Formalisierung), *lose Koppelung,* der Aufbau von *Puffern,* sei es in Form von Lagern (Wareneingangs-, Zwischen-, Absatzlager) oder von *Reserven,* um von möglichen Willkürakten (z.B. künstliche Verknappung der Ressourcen) unabhängiger zu werden.

Neben eine entsprechende Strukturgestaltung tritt als weitere interne Möglichkeit die *Kompensation.* Gedacht ist dabei insbesondere an die Risikokompensation, d.h. die Organisation ergreift Maßnahmen, die aus Ressourcenabhängigkeiten resultierende Probleme für das System besser verkraftbar machen. Gedacht ist dabei insbesondere an die Diversifikation, d.h. den Aufbau neuer Geschäftsfelder. Damit wird die Abhängigkeit von einem Zulieferer oder Abnehmer reduziert, weil potenzielle negative Wirkungen nur einen Teil des Systems betreffen. Es ist offenkundig, dass diese Maßnahme umso besser wirkt, je weiter die betreffenden Geschäftsfelder auseinander liegen („konglomerate Diversifikation").

Eine zweite, lange Zeit bevorzugte Strategie der Unsicherheitsbewältigung ist die *Inkorporation* der Unsicherheitsquelle, d.h. der Kauf und die Eingliederung des kritischen vor- oder nachgelagerten Unternehmens oder eine Fusion der beiden Systeme. Diese auch unter dem Begriff „vertikale Integration" diskutierte Strategie bildet gewissermaßen den Gegenpol zur

Anpassung, die kritische Umwelt wird in das System hineinverlagert und durch administrative Kontrolle berechenbar gemacht. Die amerikanische Automobilindustrie, aber auch die deutsche Stahlindustrie sind bekannte Beispiele für diese Form der Bewältigung von Ressourcenabhängigkeiten. So hat sich die Stahlindustrie typischerweise die (damals) kritische Ressource „Kohle" durch Inkorporation gesichert und ebenso kritische Abnehmer durch Integration metallverarbeitender Betriebe (vgl. Wessel 1990). Man könnte hier an die Transaktionskostentheorie anschließen (Williamson 1991) und in den betreffenden Fällen Transaktionskostenvorteile für die interne Hierarchie-Lösung reklamieren. Es sei jedoch betont, dass der Ressourcenabhängigkeits-Ansatz über Transaktionskostenvorteile hinaus Machtunterschiede betont und Gegenstrategien zur Machtausübung in den Vordergrund rückt.

Wie jede der Unsicherheitsbewältigungsmaßnahmen zieht auch diese eine Reihe von erwünschten und unerwünschten Folgewirkungen nach sich; in jüngerer Zeit wird betont, der durch Integration erzielbare Unsicherheitsbewältigungseffekt werde häufig durch administrative Komplexität und die damit einhergehenden Abstimmungskosten überkompensiert.

Kooperation: Eine dritte Möglichkeit, die Unwägbarkeiten der Umwelt für das System zu begrenzen, ist die Kooperation, d.h. die Organisation versucht, die unsicherheitsstiftenden Umweltsysteme durch Kooperation berechenbarer zu machen. Es handelt sich um eine Art Partialintegration. An Kooperationsformen zur Steigerung der Umweltkontrolle stehen Unternehmen vor allem zur Verfügung:

1) Joint Venture,

2) der Abschluss langfristiger Verträge (Lieferverträge, Abnahmeverträge usw.) und

3) die Kooptation.

Kooperation bedeutet aber immer auch Autonomieverlust. Die Unternehmensführung steht bei der Entscheidung für eine der genannten Handlungsalternativen vor dem Problem, eine Balance zu finden zwischen dem Stabilisierungsbedarf auf der einen und dem Autonomie- und Flexibilitätserhalt auf der anderen Seite. Die *Kooperationsstrategien* liegen je nach Bindungsintensität und Formalisierungsgrad enger oder weiter von der Alternativstrategie der vollständigen Übernahme der Unsicherheitsquelle entfernt. Es ist augenscheinlich (vgl. Abbildung 4.3), dass mit zunehmender Nähe zur Übernahmestrategie die Kontrolle wächst, aber auch die Flexibilität sinkt. Der Einsatz der Kooperationsstrategie muss sich daher immer erst gegenüber anderen Alternativen der Unsicherheitsbewältigung bewähren.

Abbildung 4.3 Kooperationsformen

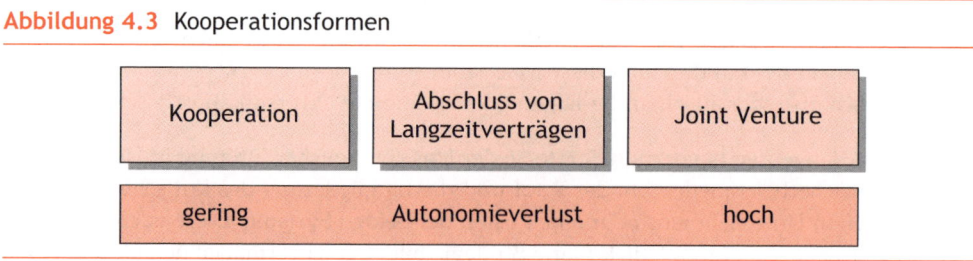

Nachfolgend seien die einzelnen Formen etwas genauer dargestellt:

1. *Joint Venture:* Diese Kooperationsform liegt dem Integrationsmodell am nächsten. Zwar verlagert sie die Organisation der Transaktionen aus dem Unternehmen heraus, erfordert aber eine sehr enge Zusammenarbeit der beteiligten Unternehmen. Joint Ventures unter dem Aspekt der Unsicherheitsreduzierung und Umweltstabilisierung werden sowohl zur Input-Seite als auch zur Output-Seite gegründet (Ringlstetter 1997, S. 50 ff.). Vgl. hierzu im einzelnen Kapitel 12.

2. *Langzeitverträge:* Dieses Instrument kann allerdings nur dann sinnvoll eingesetzt werden, wenn relativ stabile, genau definierbare und vorhersehbare Abhängigkeiten bestehen. Durch einen Langzeitvertrag kann das Unsicherheitsmoment stark reduziert werden (vgl. Child 1987, S. 33 ff.). Der große Nachteil dieser Kooperationsform liegt in ihrem hohen Spezifikationsgrad und dem daraus resultierenden Flexibilitätsverlust (Verlust an Entscheidungsfreiheit und an Anpassungsfähigkeit).

3. *Kooptation:* Eine deutlich geringere Bindungsintensität bringt die dritte Kooperationsform, die Kooptation, mit sich. Kooptation bedeutet die partielle Hereinnahme von Mitgliedern ressourcenkritischer externer Organisationen in den eigenen Entscheidungsprozess, das heißt in der Regel in das eigene Kontrollorgan (Aufsichtsrat oder Board of Directors). Durch Kooptation werden also personelle Verbindungsglieder zwischen zwei Organisationen geschaffen (personelle Verflechtung bzw. interlocking directorates). In deutschen Kapitalgesellschaften ist gewöhnlich der Aufsichtsrat der Ort, über den die Verbindung hergestellt wird; in Personengesellschaften ist es häufig der (fakultative) Beirat.

4. Die Funktionsweise der Kooptation zur Bewältigung von Unsicherheit beruht darauf, dass die fokale Unternehmung durch die Berufung von Mandatsträgern ressourcenkritischer Unternehmen in den Aufsichtsrat eine gewisse Verpflichtung auf ihre Wünsche und Ansprüche aufbaut. Der Mandatsträger begibt sich in ein begrenztes Konfliktfeld zwischen den Interessen beider Unternehmen (Schreyögg/Papenheim-Tockhorn 1995).

   Die Kooptation ist im Unterschied zu den anderen Kooperationsformen wie dem Joint Venture oder dem Langzeitvertrag ein breiter verwendbares und einfacher realisierbares Instrument. Die durch die personelle Verflechtung hergestellte Kooperationsplattform ist sehr flexibel, da eine vorlaufende Spezifikation der Probleme nicht erforderlich ist; sie kann potenziell für die Lösung verschiedener Koordinationsprobleme genutzt werden. Ihr Wirkungsgrad ist indessen aufgrund der geringen Bindungsintensität begrenzt und auch nicht genau vorhersagbar.

Intervention: Der vierte Maßnahmentyp bezeichnet einen Eingriff in das soziale Abhängigkeitsgefüge, d.h. diese Maßnahmen zielen darauf ab, die Machtbasis der ressourcenkritischen Organisationen zu schwächen. In aller Regel handelt es sich dabei um *Dritt-Parteien-Interventionen*, d.h. Dritte werden beeinflusst, mit dem Ziel, den bestandskritisch vertikalen Leistungsverbund zu stabilisieren (Pfeffer/Salancik 1978, S. 188). Dazu gehören in erster Linie Beeinflussungsstrategien im politischen Raum, also Lobbyismus oder Mobilisierung der kritischen Öffentlichkeit (Bilgeri 2001; Otto/Adamek 2008). Ziel einer solchen Maßnahme könnte sein, den Gesetzgeber zu bewegen, die kritische Abnehmerindustrie zu regulieren (z.B. Abnahmeverpflichtung von Öko-Strom durch Energieversorger) oder die Preise in einer bestimmten Zulieferindustrie zu administrieren (z.B. in der Gasversorgung). Andere Dritt-Parteien-Interventionen zielen auf die Delegitimierung bestimmter Praktiken in ressourcenkritischen Industrien, ebenfalls mit dem Ziel der Stabilisierung des eigenen Ressourcenflusses. Ein konkretes Ziel solcher Maßnahmen könnte beispielsweise das Aufstellen eines allgemein gültigen Verhaltenskodexes sein, der bestimmte ressourcenkritische Praktiken brandmarkt.

Übungsaufgaben

5. Wie kann man Organisation und Umwelt abgrenzen?

6. Diskutieren Sie den Satz: „Unternehmensgrenzen werden durch das Recht definiert".

7. Vergleichen Sie die Dimensionen „Umweltkomplexität" und „Umweltdynamik" miteinander.

8. Wie könnte man die „Umweltliberalität" messen?

9. Inwiefern ist das mechanistische Managementsystem „kongruent" zu einer stabilen Umwelt?

10. Aus welchen Gründen schlagen Lawrence und Lorsch vor, die Umwelt eines Unternehmens parzelliert zu betrachten?

11. „Eine heterogene Gesamtumwelt erfordert ein organisches Managementsystem"! Stimmen Sie zu?

12. Weshalb ist die Annahme von „Umweltimperativen" problematisch?

13. Worauf will der Begriff des „Rationalitätsmythos" hinweisen?

14. Inwiefern kann man die Kooptation als Maßnahme zur Bewältigung von Umweltunsicherheit begreifen?

Literaturempfehlungen

Luhmann, N.: Soziale Systeme, Frankfurt a.M., 1984

Zu grundlegenden Fragen der Abgrenzung von System und Umwelt.

Burns, T./Stalker, G. M.: The management of innovation, London, 1961

Der Klassiker zu dem Thema Organisation und Umwelt, den man kennen muss.

Walgenbach, P./Meyer, R.: Neoinstitutionalistische Organisationstheorie, Stuttgart, 2007

Autoren geben einen differenzierten Überblick über die Grundlagen des neo-institutionalsitischen Ansatzes

Weick, K./Sutcliffe, K. M.: Managing the unexpected: Resilient performance in an age of uncertainty, 2. Aufl., San Francisco, Jossey Bass, 2007

Autoren zeigen in instruktiver Weise, wie Organisationen mit der Situation der Unsicherheit umgehen können.

Literatur

Barney, J. B. (1991): Firm resources and sustained competitive advantage, in: Journal of Management 17 (1), S. 99-120.

Bilgeri, A. (2001): Das Phänomen Lobbyismus, Norderstedt.

Bresser, R. K. F. (2010): Strategische Managementtheorie, 2. Aufl., Stuttgart.

Burns, T./Stalker, G. M. (1961): The management of innovation, London.

Child, J. (1972): Organizational structure, environment and performance: The role of strategic choice, in: Sociology 6 (1), S. 1-22.

Child, J. (1987): Information technology, organization, and the response to strategic challenges, in: California Management Review 30 (1), S. 33-50.

D'Aveni, R. A. (1994): Hypercompetition: Managing the dynamics of strategic maneuvering, New York.

Daft, R. L./Weick, K. E. (1984): Toward a model of organizations as interpretation systems, in: Academy of Management Review 9 (2), S. 284-295.

Dess, G. G./Beard, D. W. (1984): Dimensions of organizational task environments, in: Administrative Science Quarterly 29 (1), S. 52-73.

DiMaggio, P./Powell, W. W. (1991): The new institutionalism in organizational analysis, Chicago.

Duncan, R. B. (1972): Characteristics of organizational environments and perceived environmental uncertainty, in: Administrative Science Quarterly 17 (3), S. 313-328.

Fahey, L./Narayanan, V. K. (1986): Macroenvironmental analysis for strategic management, St. Paul.

Gresov, C./Drazin, R. (1997): Equifinality: Functional equivalence in organization design, in: Academy of Management Review 22 (2), S. 403-428.

Hamel, G. (1994): The concept of core competence, in Hamel, G./Heene, A. (Hrsg.): Competence-based competition, Chichester, S. 11-33.

Keats, B. W./Hitt, M. A. (1988): A causal model of linkages among environmental dimensions, macro organizational characteristics, and performance, in: Academy of Management Journal 31 (3), S. 570-598.

Lawrence, P. R./Lorsch, J. W. (1967): Organization and environment: Managing differentiation and integration, Boston.

Luhmann, N. (1973): Zweckbegriff und Systemrationalität, Frankfurt a. M.

Luhmann, N. (1982): Funktion der Religion, Frankfurt a.M.

McCann, J. E./Selsky, J. (1984): Hyperturbulence and the emergency of type 5 environments, in: Academy of Management Review 9 (3), S. 460-470.

Meyer, J. W./Rowan, B. (1977): Institutionalized organizations: Formal structure as a myth and ceremony, in: American Journal of Sociology 83 (2), S. 340-363.

Milliken, F. J. (1987): Three types of uncertainty about the environment: State, effect and response uncertainty, in: Academy of Management Review 12 (1), S. 133-143.

Müller-Stewens, G./Lechner, C. (2005): Strategisches Management, 3. Aufl., Stuttgart.

Oliver, C. (1991): Strategic responses to institutional processes, in: Academy of Management Review 16 (1), S. 145-179.

Otto, K./Adamek, S. (2008): Der gekaufte Staat: Wie Konzernvertreter in deutschen Ministerien sich ihre Gesetze selbst schreiben, Köln.

Pfeffer, J./Salancik, G. R. (1978): The external control of organizations, New York.

Porter, M. E. (1984): Wettbewerbsstrategie, 2. Aufl., Frankfurt a.M.

Ringlstetter, M. J. (1997): Organisation von Unternehmensverbindungen. Einführung in die Gestaltung der Organisationsstruktur, München/Wien.

Schreyögg, G./Papenheim-Tockhorn, H. (1995): Personelle Verflechtung als Ressourcenmanagement – Eine Längsschnittstudie zur Kooptationspolitik deutscher Großunternehmen auf Basis der Broken-tie-Methode, in: Schreyögg, G./Sydow, J. (Hrsg.): Managementforschung 5, Berlin, S. 107-165.

Stefanic-Allmayer, K. (1950): Allgemeine Organisationslehre, Wien, Stuttgart.

Stinchcombe, A. (1990): Information and organizations, Berkeley.

Thompson, J. P. (1967): Organizations in action, New York.

Weick, K. E. (1995): Sensemaking in organizations, Thousand Oaks et al.

Weick, K. E. (2000): Making sense of the organization, Maiden, MA.

Wessel, H. A. (1990): Kontinuität im Wandel, 100 Jahre Mannesmann 1890-1990, Düsseldorf.

Williamson, O. E. (1991): Comparative economic organization: The analysis of discrete structural alternatives, in: Administrative Science Quarterly 36 (2), S. 269-296.

5   Technologie und Organisation

Ein weiterer zentraler Faktor, der bei Fragen der Organisationsgestaltung eine wichtige Rolle spielt, ist die Technologie. Zur Frage, wie das Verhältnis von Technologie und Organisation am zweckmäßigsten bestimmt und in welcher Form die Technologie bei der Organisationsgestaltung berücksichtigt werden soll, gibt es verschiedene Vorstellungen und Antworten. Immer noch am häufigsten wird hier die kontingenztheoretische Konzeption verfolgt. Sie ist von der Idee technologischer Zwänge getragen, wonach die Organisationsstruktur auf die Erfordernisse der Technologie abgestimmt werden muss, um die Aufgabenerfüllung sicherzustellen. Leitend ist die Vorstellung, dass Technologien je spezifische Anforderungen in sich tragen, denen eine effektive Organisationsgestaltung Rechnung tragen muss. Man spricht in diesem Zusammenhang deshalb auch – zuspitzend – vom *„Technologischen Imperativ"*.

Die Hauptthese der Imperativ-Schule läuft – vereinfachend gesprochen – darauf hinaus, dass bestimmte technologische Konstellationen ein organischen Managementsystem, andere technologische Konstellationen dagegen vornehmlich ein mechanistisches Managementsystem erfordern. Es liegt dazu eine Reihe unterschiedlicher Studien vor. Die zwei prägendsten stammen von Joan Woodward und Charles Perrow. Am engsten mit dem „Technologischen Imperativ" verknüpft sind die Studien von Woodward.

5.1 Organisation folgt Fertigungstechnologie

Ausgangspunkt der Studie von Woodward war nicht, die (damals noch gar nicht formulierte) Imperativ-These, man wollte vielmehr die Fragen zu beantworten, inwieweit die Prinzipien der klassischen Organisationslehre Verwendung finden und ob ihre prinzipiengetreue Anwendung tatsächlich von nachhaltigem Einfluss auf den Unternehmenserfolg ist (Woodward 1965, S. 3 f.).

Die Untersuchungen wurden Mitte der 1950er Jahre in 100 Industriebetrieben mit mehr als 100 Beschäftigten in South Essex, England, durchgeführt. Neben halbstrukturierten Interviews wurden Unternehmensdokumente als Datenquelle benutzt. Eine erste Analyse zeigte ein verwirrendes Bild. Die untersuchten Organisationen wiesen höchst unterschiedliche Strukturmuster auf. Das Managementsystem überdurchschnittlich erfolgreicher Unternehmen ähnelte sich untereinander ebenso wenig wie das wenig erfolgreicher.

Erst der Einbezug der Technologie, dort die Fertigungstechnologie, brachte eine Erklärung für die bis dahin rätselhafte Varianz. Zu diesem Zweck hat man die Firmen entsprechend ihrer Fertigungstechnologie eingestuft – und zwar auf der Basis eines 11-stufiges Klassifikationssystems, das schließlich zu drei Hauptklassen zusammengefasst wurde: (1) Einzel- und Kleinserienfertigung, (2) Großserien- und Massenfertigung und (3) Prozessfertigung.

Diese Kategorien werden als Fixpunkte einer Technologie-Skala begriffen, wobei Einzelfertigung und Prozessfertigung die Extrema bilden. Als zugrundeliegende Dimension wird die zunehmende wachsende technische Komplexität genannt, im Sinne einer immer anspruchsvolleren und aufwendigeren Ausrüstung. Die komplexeste Technologie ist demnach in der kontinuierlichen Prozessfertigung zu finden, wie sie z.B. in Raffinerien oder in der Herstellung von Industriegasen Verwendung findet. Technische Komplexität wird ihrerseits als Indikator gesehen für das Ausmaß der Beherrschbarkeit des Fertigungsprozesses und die Vorhersagbarkeit der Ergebnisse, und zwar in der Weise, dass sich diese Bedingungen umso günstiger gestalten, je näher man der Prozessfertigung kommt.

Der Verdacht, die vorgelegte Technologie-Skala sei möglicherweise nur eine Variation der Betriebsgröße, dass also mit steigender technischer Komplexität die Zahl der Beschäftigten zunehme, konnte klar widerlegt werden. Sowohl kleine als auch große Betriebe waren in jeder Technologiekategorie gleichermaßen vertreten.

Bei dem Versuch, diese Fertigungstypen mit Organisationsvariablen in Beziehung zu setzen, zeigten sich konsistente Ergebnismuster. Organisationen des gleichen Fertigungstyps wiesen ähnliche Organisationsstrukturen auf. Abbildung 5.1 zeigt die Hauptergebnisse im resümierenden Überblick.

Abbildung 5.1   Ausgewählte Ergebnisse aus der Woodward-Studie
(Die Zahlen sind jeweils absolute Mittelwerte)

		Fertigungstechnologie		
		Einzel- und Kleinserien- fertigung	Massen- fertigung	Prozess- fertigung
Organisationsstruktur	1. Zahl der Hierarchieebenen	3	4	6
	2. Kontrollspanne - oberste Hierarchieebene	4	7	10
	- unterste Hierarchieebene	22	46	15
	3. Leitungsintensität	1:23	1:16	1:8
	4. Kommunikation (schriftlich)	gering	hoch	gering
	Insgesamt:	organisch	mechanistisch	organisch

Quelle: Woodward 1965, S. 51-67

Insgesamt ergab sich kein lineares, sondern ein kurvilineares Ergebnisbild: Firmen mit geringer und hoher Komplexität der Fertigungstechnologie entsprachen tendenziell dem Typus des organischen Managementsystems, Firmen im mittleren Bereich der Technologie-Skala (Großserien- und Massenfertigung) wiesen dagegen überwiegend Charakteristika des klassisch-formalen (mechanistischen) Managementsystem auf. Bei Massenfertigung zeigte sich besonders prägnant eine klare Definition der Pflichten und Verantwortungsbereiche im Rahmen einer stark formalisierten Organisationsstruktur. Bei Einzel- und Prozessfertigung fielen besonders eine weitgehende Dezentralisierung des Entscheidungsprozesses und eine breite Qualifikationsstruktur auf. In dieses Bild passt auch das Ergebnis, dass das Stab-Linie-Prinzip am deutlichsten im Massenproduktions-Bereich verwirklicht war. Man achtete dort auf eine strikte Trennung von Beratung und Entscheidung. In der Einzel- und Prozessfertigung verwischten sich dagegen die Grenzen zwischen Beratung und Entscheidung.

Eine Untergliederung der Firmen nach Erfolgsklassen ergab, dass die Organisationsmerkmale der erfolgreichen Firmen jeder Fertigungskategorie sehr nahe bei den einzelnen ermittelten Medianen je Strukturmerkmal lagen, während die weniger erfolgreichen Firmen die Randbereiche besetzten, also abweichende Strukturmuster besaßen.

In einer Gesamtinterpretation der Befunde kommt Woodward (1965, S. 51) zu der Auffassung, dass es „prescribed relationships" zwischen den technologischen Bedingungen und den Organisationsstrukturen und Managementpraktiken gäbe. Im Hinblick auf die praktische Anwendung der Ergebnisse weist die Autorin darauf hin, dass Gestaltungsentscheidungen eine systematische Diagnose der technologischen Erfordernisse voranzustellen ist, um die Organisationsstruktur entsprechend darauf einstellen zu können. Mit der Entscheidung für eine bestimmte technologische Ausrüstung ist demzufolge zugleich die Entscheidung für die optimale Organisationsform gefallen.

Die Technologie-These von Woodward hat zahlreiche Nachfolgestudien nach sich gezogen. Die Ergebnisse verdichteten sich allerdings nicht zu einem konsistenten Muster (vgl. zusammenfassend Miller et al. 1991). Im Hinblick auf eine praktische Verwendung erweist sich der Woodwardsche Technologiebegriff und seine Fixierung auf die maschinelle Ausrüstung als problematisch. Die Kritik lässt sich zu folgenden drei Punkten zusammenfassen:

1. Ein auf die technische Ausrüstung zugeschnittener Technologie-Begriff ist zu eng, weil er nur für klassische Industriebetriebe verwendbar ist. Die modernen Sektoren, wie die Dienstleistungs- oder die Wissensindustrie, bleiben ausgeschlossen. Darüber hinaus ist die Annahme einer Gesamttechnologie problematisch, sie negiert intraorganisatorische Unterschiede, d.h. Teilbereiche mit stark differierenden Technologien. Man denke etwa an Unternehmen mit verschiedenen Werken oder diversifizierte Unternehmen.

2. Der Begriff ist nicht nur von der Abdeckung, sondern auch von der Gesamtkonzeption her zu eng, weil er das Know-how, die Beschaffenheit des Materials und/oder die Art des zu erstellenden Produktes außer Acht lässt.

3. Der Begriff stellt zu vordergründig auf physische Charakteristika des Ausrüstungskomplexes ab, Technologie ist jedoch heute zu wesentlichen Teilen immateriell, d.h. vor allem softwaregesteuert. Erinnert sei nur an CNC und auch DNC gesteuerte Werkzeugmaschinen.

Diese Argumente lenken den Blick auf das Know-how und die zugrundeliegenden Steuerungskonzepte. Dies bedeutet eine Abkehr von der technizistischen Betrachtungsweise. In den Vordergrund rücken die Transformationsprozesse.

5.2   Technologie als Wissen

Perrow (1967; 1973) hat als einer der ersten diese heute so aktuellen Fragen aufgegriffen und konsequent zu einem alternativen Technologie-Ansatz ausgebaut hat. Er begreift Leistungsorganisationen vor dem Hintergrund des Input/Output-Rasters als Transformationssysteme und die Technologie als implizites und explizites Transformationswissen. Unterschiede in der Technologie macht Perrow dementsprechend an der Beherrschbarkeit der leistungsbezogenen Informationsverarbeitung zum Zwecke der Transformation von Inputs in Outputs fest. Im Zentrum dieses Technologieverständnisses stehen zwei Dimensionen:

1. *Varietät* der Aufgabe, d.h. die Zahl der Ausnahmen im Aufgabenvollzug bzw. die Vorhersagbarkeit der Anforderungen. Oder als Frage formuliert: Wie repetitiv sind die Aufgabenvollzüge?

2. *Analysierbarkeit* der Aufgabe. Sie bestimmt sich danach, wie gut der Aufgabenvollzug verstanden und beherrscht wird, und wie klar und eindeutig die Arbeitsprozeduren auch dann sind, wenn Probleme auftauchen (Materialprobleme, Verfahrensprobleme usw.)? Ferner ist hier von Bedeutung, in welchem Umfang Intuition, Ermessen und Experimentieren beim Problemlösen eine Rolle spielen.

Es gilt: Je höher die Varietät und je geringer die Analysierbarkeit der Aufgabe, umso „unsicherer", d.h. umso weniger beherrschbar, ist die Technologie bzw. die „technologische Umwelt". Perrow versteht die beiden Dimensionen als unabhängig voneinander; werden beide dichotomisiert und kreuztabelliert, so erhält man eine 4-Felder-Matrix (vgl. **Abbildung 5.2**) mit vier grundsätzlichen Technologietypen. Diesen werden dann kongruente Organisationsmuster zugeordnet. Perrow weist dem Extremtyp „Non-Routine-Technologie", definiert durch geringe Analysierbarkeit und hohe Varietät (Beispiel: Luftfahrzeugbau oder Werbeagentur), das organische Managementsystem im Sinne von Burns/Stalker (1961) zu und dem anderen Extremtyp „Routine-Technologie", definiert durch hohe Analysierbarkeit und geringe Varietät (Beispiel: Stahlwerk oder Versicherung), das mechanistische Managementsystem als kongruentes Strukturmuster zu (vgl. **Abbildung 5.2**). Die beiden anderen Typen liegen mit ihren Mustern zwischen den beiden Managementsystemen. Dem Typus „Spezialhandwerk-Technologie" (Beispiel: Atomkraftwerk oder Pelzverarbeitung) wird ein eher organisches, dem Typus „Ingenieur-Technologie" (Beispiel: Steuerkanzlei oder Entwurfsbüro) ein eher mechanistisches Managementsystem als kongruent zugeordnet. Die empirischen Belege sind dafür allerdings bis heute dürftig.

Abbildung 5.2 Perrows Technologie-Modell

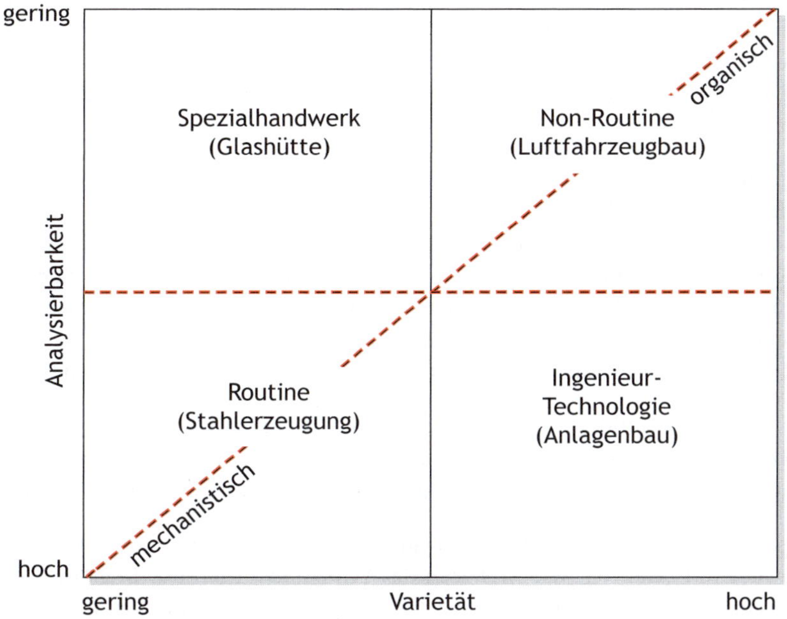

Quelle: Perrow 1970

Der aufgabenorientierte Technologiebegriff hat den großen Vorteil der Loslösung von der Ausrüstung („hardware"), so dass er für moderne IT-Technologien offen ist. Ferner: Wenn Technologie aufgabenbezogen konzeptionalisiert wird, ist damit auch – wie im Differenzierungs- und Integrationsmodell von Lawrence/Lorsch (s. Kapitel 5) – darstellbar, dass jede Organisation eine Vielzahl unterschiedlicher Technologien in sich vereinigt, und zwar zwischen Abteilungen (etwa Produktion und Marketing) als auch innerhalb von Abteilungen (etwa in der Marketingabteilung: Vertrieb, Marktforschung, Werbung). Im Unterschied zu Lawrence/Lorsch fehlen hier allerdings Aggregationsregeln, so dass sich die Frage stellt, ob mit dieser Verfahrensweise überhaupt noch der Einfluss der Technologie auf das globale organisatorische Regelungssystem untersucht werden kann.

5.3   Neuere Perspektiven

So vorteilhaft der aufgabenorientierte Technologiebegriff auch erscheint, so ergeben sich doch theoretisch und praktisch Abgrenzungsschwierigkeiten zur abhängigen Variablen, nämlich dem organisatorischen Regelwerk. Wenn ein kausaler Nexus zwischen Technologie und Organisationsgestaltung behauptet wird, so muss zwingend sichergestellt sein, dass das eine unabhängig von dem anderen ist; ansonsten gerät die gesamte Argumentation zirkulär. Hält man sich die Funktion der Organisationsstruktur – im allgemeinsten Sinne: die gezielte Regelung der Leistungserstellung – vor Augen, liegt die Vermutung nahe, dass der Charakter der Aufgaben nicht unwesentlich von den getroffenen Regelungen mitbestimmt wird. Wenn aber die Konzepte der organisatorischen Regelung und der Technologie ineinander verschwimmen, lösen sich die Kausalbezüge auf. Das deutet eher auf ein interaktives Verhältnis hin.

Sobald Technologie als Know-how verstanden wird, rückt das Individuum als Aufgabenträger und Akteur in den Vordergrund. Die Frage nach der Technologie wird dann stärker zu einer Frage des Könnens und Wissens derjenigen, die die Aufgabe zu bewältigen bzw. ihre Bewältigung vorzubereiten haben. Die Technologie wird dann von individuellen Problemlösungsverfahren (mit-)bestimmt, in den Vordergrund treten Antworten auf die Fragen, mit welchen Praktiken Individuen der Komplexität und Ambiguität ihrer Aufgaben begegnen. Die je individuellen Strategien und die Aufgabenbedingungen beeinflussen sich gegenseitig.

Hier deutet sich an, dass die Kontingenztheorie bzw. der technologische Imperativ keinen geeigneten Bezugsrahmen mehr für die Bestimmung des Verhältnisses von Technologie und Organisationsgestaltung bietet. Dies sei im Folgenden noch einmal genauer dargelegt.

(1) Die Aussagen zum Einfluss der Fertigungstechnologie sind wenig konkretisiert, d.h. sie geben keine nähere Erklärung, wie man sich das Wirksamwerden der Technologie auf die Organisationsstruktur konkret vorzustellen hat. Vor allem bleibt unklar, welche Aspekte der Technologie eine so strenge Anpassung der Organisationsstruktur notwendig machen. Gewiss ist die These, dass die Technologie die Charakteristika der Aufgaben, die mit ihr in einem unmittelbaren Zusammenhang stehen, widerspiegelt, nicht von der Hand zu weisen. Eine direkte Bestimmung der Aufgaben durch die Technologie kann aber kaum behauptet werden. Die Aufgabenstruktur wird durch eine Reihe vorangegangener Entscheidungen geprägt: Zum einen über die Art der technischen Ausrüstungen und die Anordnung der Aggregate, zum anderen aber auch über Arbeitsvorbereitungspläne, Kompetenzverteilungen, Ausmaß der Spezialisierung, Kontrollverfahren usw. Ein technologischer Imperativ, zu dem es nur eine gestalterische Antwort gibt, ist vor dem Hintergrund dieser Einflussgemengelage schwer vorstellbar.

(2) Überdies zeigen gerade die Entwicklungen in der jüngeren Zeit hin zu flexiblen Fertigungstechnologien und der vielfältige Einsatz neuer Teamstrukturen in der Fertigung, dass den Unternehmen mit zunehmender technischer Entwicklung eher mehr als weniger Entscheidungs- und Gestaltungsspielräume erwachsen (u.a. Piore/Sabel 1984; Reichwald/Piller 2009). Gleiches gilt, wenn nicht in noch viel größerem Maße, für die jüngsten Entwicklungen der Informationstechnologie, die die Kommunikation sehr viel schneller und sehr viel billiger machen und auf diesem Wege das Feld organisatorischer Gestaltungsmaßnahmen deutlich ausdehnen und nicht etwa schließen (Fulk/DeSanctis 1995). Aus der Tatsache, dass in vielen Organisationen das Spektrum der Gestaltungsmöglichkeiten, das eine Technologie bietet, nicht genutzt wird, und stattdessen via Benchmarking einmal gefundene Lösungen reproduziert werden, kann nicht der Schluss gezogen werden, dass diese Möglichkeiten faktisch nicht existieren. Es steht zu vermuten, dass in vielen Fällen aufgrund tradierter Vor-

stellungen über die Organisation der Arbeit die Gestaltungsmöglichkeiten gar nicht erkannt werden, oder nur geringe Bereitschaft besteht, neue Organisationsformen auszuprobieren. So gesehen ist die Kontingenztheorie der Organisationsstruktur auch gefährlich, denn sie präsentiert konventionelle Gestaltungsformen als scheinbar „eherne Gesetze" und entmutigt, Neues zu wagen. Man spricht hier auch von *organisatorischem Konservativismus* im Gewand von Kausalanalysen (vgl. Child et al. 1987).

(3) Ein beredtes Beispiel für die Vielfältigkeit organisatorischer Lösungen bei Einführung einer neuen Technologie ist die Studie von Barley (1986). Der Autor zeigt am Beispiel von zwei Krankenhäusern, wie die Einführung von CT-Geräten zum Anlass genommen wurde, neue Organisationslösungen zu entwickeln. Es zeigt sich, dass ein- und dasselbe Gerät in den zwei Krankenhäusern zu ganz anderen organisatorischen Konsequenzen führte. Dabei war von entscheidender Bedeutung, auf welche historische Ausgangssituation die Technologie traf (Wie war die Radiologie bisher organisiert? Welche Schnittstellenprobleme gab es bisher? Usw.) und welche Prozesse durch die neue Technologie in Gang gesetzt wurden. Keines der Krankenhäuser hatte Erfahrung mit CT-Scannern.

In einem Fall rekrutierte man drei Experten von außerhalb (zwei technische Assistenten und einen erfahrenen Radiologen), diese bildeten zusammen ein Expertenteam, das – angereichert mit zwei weiteren Röntgenologieassistenten – die Technologie funktionsfähig machen und in die Abläufe integrieren sollte. Nach einiger Zeit entschloss man sich zu einem Job Rotation auf Seiten der Radiologen, alle sollten mit dem CT-Scanner umgehen können. Dies führte dazu, dass die erfahrenen Technologieassistenten Instruktionsfunktionen übernahmen – was in der Folge zu einer Abflachung der Machtdistanz zwischen Ärzten und Technikern führte. Nachdem es zu Konflikten kam, entschloss man sich zu einer klareren Arbeitsteilung. Die Technologieassistenten nahmen jetzt selbstständig Aufgaben wahr, die vorher einer Genehmigung durch die Ärzte bedurfte. Die Radiologen zogen sich im Gegenzug vom operativen Aufgabenfeld immer mehr zurück.

Im anderen Fall wurde das CT-Team aus vorhandenem Personal rekrutiert. Die Radiologieassistenten waren vorher in verschiedenen Röntgenabteilungen tätig ebenso wie die beiden Ärzte. In diesem Krankenhaus ergab sich sehr rasch eine Hierarchisierung, die Ärzte waren schnell die vorgesetzte Ebene, die den Technologieassistenten die Anweisungen erteilte und die Technologieassistenten baten von sich aus immer öfter um Weisung. Diese festgefügte Hierarchie erfuhr erst dann eine Veränderung als in diesem – wie in dem anderen Krankenhaus – Job Rotation unter den Ärzten der Radiologie angeordnet wurde. Jetzt mussten die neuen CT-unerfahrenen Ärzte die zwischenzeitlich erfahrenen CT-Technologieassistenten um Rat fragen, die Hierarchie flachte sich ab und es entstand eine interaktive Netzstruktur.

(4) Die für gewöhnlich zahlreichen organisatorischen Gestaltungsalternativen bei gegebener Technologie lassen weiterhin die Frage aufkommen, inwieweit es berechtigt und sinnvoll ist, beim organisatorischen Designprozess die Technologie als gegeben und damit als von den Entscheidern unbeeinflussbar zu betrachten. Neben der allgemeinen Tatsache, dass Technologien historisch geworden, sozial konstruiert und damit auch der Möglichkeit nach veränderbar sind (vgl. zu dieser Diskussion Rammert 1993; Ortmann 1995), erweist sich auf organisatorischer Ebene die Vorstellung, Technologien würden in den Unternehmen

gewissermaßen als fertige Komplexe eintreffen, als zunehmend irreführend. In der neueren Technologieforschung besteht weitgehend Konsens, dass die Technologie im Zuge ihres Einsatzes vielfältige Modifikationen erfährt. Technologie wird deshalb immer häufiger als interaktives Konstrukt konzipiert (etwa Orlikowski 2000). Ja mehr noch, die Veränderung der Technologie durch den Anwender wird als Voraussetzung für einen erfolgreichen Technologieeinsatz gesehen. Dabei gilt es als offene Frage, wie häufig technologische Modifikationen möglich und wie lange der Zeitraum dafür zu veranschlagen sind.

(5) Tyre/Orlikowski (1994) zeigen in ihrer Längsschnittstudie zur Einführung der Prozesstechnologie in der industriellen Fertigung (Fallstudien aus den USA und Europa) interessante Modifikationsmuster. Es erwies sich, dass in den ersten 2½ Monaten nach Installation 60% und zwischen 11. und 14. Monat nach Installation 23% der insgesamt 41 registrierten Änderungsprojekte stattfanden (Beobachtungszeitraum 3 Jahre). Die Anfangsperiode erweist sich somit als besonders änderungsintensiv. Nach ca. 9 Monaten eröffnete sich aber in diesen Unternehmen erneut die Möglichkeit für Veränderungsvorhaben. Um den Charakter der Veränderungsmuster zu kennzeichnen, sprechen die Autorinnen von „windows of opportunity", die hier von der Organisation vor allem am Anfang geöffnet, dann aber bald wieder geschlossen werden. Es handelt sich also nicht um technologisch bestimmte Zyklen, sondern um Verfahrensweisen, die Organisationen zum Umgang mit Technologien (bewusst oder unbewusst) entwickeln.

Vier organisatorische Kräfte wurden identifiziert (Tyre/Orlikowski 1994), die eine solche Fensterschließung verursachen können:

- Sachzwänge aus der Fertigung (Zeitdruck, Kosteneffizienz usw.).

- Die rasche Gewöhnung an einmal gefundene Muster und die Unwilligkeit, diese erneut in Frage zu stellen.

- Anpassung der Erwartungen an die einmal entwickelte Lösung, statt,

- Erosion der Teams und des Enthusiasmus über die Zeit hinweg.

In einer Studie in zwei deutschen mittelständischen Unternehmen zur Anpassung von ERP-Systemen (SAP R/3) lässt sich allerdings dieses episodische Muster von sich immer wieder öffnenden und schließenden „windows of opportunity" nicht finden (Schreyögg/Schmidt 2010). Die untersuchten Unternehmen schließen das Veränderungsfenster nicht, in dem beobachteten 3-Jahres-Zeitraum zeigt sich eher eine kontinuierliche Veränderungsaktivität.

Als Hauptursache für diese unterschiedlichen Anpassungsmuster wird gesehen, dass der Druck in diesen Unternehmen nicht so stark von der Fertigung ausgeht (Effizienzargument), sondern starker von den Kunden kommt, die eine fortlaufende Unzufriedenheit mit bestimmten Lösungen artikulieren. Zum anderen war kein Druck von den Anwendern da, bei den einmal gefundenen Lösungen zu verharren. Sie wurden immer wieder als unzulänglich erlebt und drängten nach Veränderung. Schließlich führte in den beiden mittelständischen Unternehmen die Auflösung des Einführungsteams nicht zu einem Erlahmen der Veränderungswilligkeit (wie bei der US Studie), die Teammitglieder waren in den Unternehmen gut bekannt und wurden bei neuerlichen Veränderungswünschen als Veränderungsexperten konsultiert. Auf der anderen Seite wurden die IT-Verantwortlichen in den Funktionalbereichen immer kompetenter und lernten zunehmend, Modifikationen selbst zu programmieren. Eine Prüfung (via CPU Load) ergab, dass die Modifikationen von den betreffenden Organisationen sehr stark genutzt und als sehr relevant angesehen wurden, d.h. die softwaretechnischen Veränderungen waren keineswegs peripher.

(6) Technologien erweisen sich aus diesen neueren Perspektiven – ganz im Gegensatz zum kontingenztheoretischen Technologieimperativ – als eine von der Organisation wesentlich mitgeprägte Größe, in sie fließen die Handlungsprozeduren, Praktiken, organisatorische Leitbilder usw. ein. Wie sich zeigt, definieren Organisationen auch das Technologiebild mit. Wird Technologie anfangs als offen gestaltbarer Prozess konstruiert, so neigt offenbar eine Reihe von Organisationen später dazu, Technologien nach einer gewissen Zeit als „geronnen" zu definieren, indem sie die „windows of opportunities" schließen. Das sollte aber nicht mit objektiv vorgegeben Technologiezwängen verwechselt werden. Hier handelt es sich vielmehr um selbstinitiierte Abbrüche und Verfestigungen. Aus heutiger Sicht entstehen die organisatorischen Muster zur Bearbeitung neuer Technologien interaktiv, Organisationsentwicklung und Technologieentwicklung sind eher als gegenseitiger Anpassungsprozess zu verstehen. Diese Befunde und Argumente lösen das allzu einfache Muster „unabhängige – abhängige Variable" auf. Der organisatorische Gestaltungsprozess ist nicht mehr länger als „abhängige Variable" zu verstehen, es bedarf vielmehr einer interaktionstheoretischen Folie um die praktisch relevanten Prozesse zu erfassen.

Übungsaufgaben

1. Welche Bedeutung hat die Fertigungstechnologie für die Organisationsgestaltung in dem Ansatz von J. Woodward?

2. Interpretieren Sie den Satz: Technologie ist ein „body of ideas"?

3. Versuchen Sie typische Abteilungen von Großunternehmen den vier Feldern der Perrowschen Technologiematrix zuzuordnen.

4. Was versteht man unter dem „technologischen Imperativ"?

5. Welche Rolle kommt der Organisationsgestalterin im Rahmen von Theorien in der Tradition des Technologischen Imperativs zu?

6. Diskutieren Sie den Satz eines Fertigungsleiters: „Wenn ich etwas organisatorisch verändern will, warte ich immer bis wir (wieder einmal) eine neue Technologie bekommen!"

7. Inwiefern kann eine Organisation ihre Technologie beeinflussen?

8. Wie entstehen „windows of opportunity "?

9. Was kann ein Unternehmen tun, um die „windows of opportunity" offen zu halten?

10. Welche Kräfte sprechen für, welche gegen eine Schließung des „Fensters"?

Literaturempfehlungen

Orlikowski, W. J.: The sociomateriality of organisational life:considering technology in management research, in: Cambridge Journal of Economics, S. 125–141, 2010

Die Autorin führt die Soziomaterialität als neue Perspektive in die Technologieforschung ein.

Burgelman, R. A./Christensen, C. M./Wheelwright, S. C.: Strategic management of technology and innovation, 5. Aufl., New York 2008

Das Standard-Lehrbuch zur strategischen Dimension von Technologie.

Picot,A./Reichwald, R./Wigand, R. T.: Die grenzenlose Unternehmung: Information, Organisation und Management – Lehrbuch zur Unternehmensführung im Informationszeitalter, Wiesbaden, 2003

Das Buch behandelt u.a. die Bedeutung der Informationstechnologie für die Organisationsgestaltung.

Albers, S./ Gassmann, O. (Hrsg.) Handbuch Technologie- und Innovationsmanagement: Strategie – Umsetzung – Controlling, 2.Aufl., Wiesbaden 2011.

Informiert über die neure Forschung zum Technologiemanagement.

Literatur

Barley, S. R. (1986): Technology as an occasion for structuring: Evidence from observations of CT scanners and the social order of radiology departments, in: Administrative Science Quarterly 31 (1), S. 78-108.

Burns, T./Stalker, G. M. (1961): The management of innovation, London.

Child, J./Ganter, H. D./Kieser, A. (1987): Technological innovation and organizational conservativsm, in: Pennings, J./Buitendam, A. (Hrsg.): New technology as organizational innovation, Cambridge, S. 87-115.

Fulk, J./DeSanctis, G. (1995): Electronic communication and changing organizational forms, in: Organization Science 6 (4), S. 337-349.

Miller, C. C./Glick, W. H./Wang, Y.-D./Huber, G. P. (1991): Understanding technology-structure relationships: Theory development and meta-analytic theory testing, in: Academy of Management Journal 34 (2), S. 370-399.

Orlikowski, W. J. (2000): Using technology and constituting structures: A practice lens for studying technology in organizations, in: Organization Science 11 (4), S. 404-428.

Ortmann, G. (1995): Formen der Produktion. Organisation und Rekursivität, Opladen.

Perrow, C. (1967): A framework for the comparative analysis of organizations, in: American Sociological Review 32 (2), S. 194-208.

Perrow, C. (1970): Organizational analysis: A sociological view, London.

Perrow, C. (1973): Some reflections on technology and organizational analysis, in: Negandhi, A. R. (Hrsg.): Modern organizational theory – contextual, environmental, and socio-cultural variables, Kent, Ohio, S. 47-57.

Piore, M. J./Sabel, C. F. (1984): Second industrial divide: Possibilities for prosperity, New York.

Rammert, W. (1993): Technik aus soziologischer Perspektive. Forschungsstand, Theoriansätze, Fallbeispiele – Ein Überblick., Opladen.

Reichwald, R./Piller, F. (2009): Interaktive Wertschöpfung, 2. Aufl., Wiesbaden.

Schreyögg, G./Schmidt, L. (2010): Open windows: Shaping information technology as continuous organizational process, in: Managementforschung, Bd. 20, S. 151-182.

Tyre, M. J./Orlikowski, W. J. (1994): Windows of opportunity: Temporal patterns of technological adaptation in organizations, in: Organization Science 5 (1), S. 98-118.

Woodward, J. (1965): Industrial organization: Theory and practice, London.

6 Organisation und Strategie

6.1 Die Konfiguration von Strategie und Organisation

Als eine der zentralsten Einflussgrößen für die Organisationsgestaltung wird heute die Unternehmensstrategie angesehen, sei es auf Geschäftsbereichs- oder auf Gesamtunternehmensebene. Es wird gefordert, die formalen Aufbaustrukturen, die Informationsprozesse, die Anreizsysteme usw. den Erfordernissen der formulierten Strategie anzupassen. Die Steuerungskraft der Organisation soll ganz auf die Erreichung der strategischen Ziele gebündelt werden.

Die Unternehmensstrategie kann man verstehen als unternehmensintern entwickeltes Leitkonzept zur Bestimmung des Verhältnisses von Unternehmung und Umwelt. Ziel ist es, aus der Vielzahl der Möglichkeiten und Risiken, die der Wettbewerb jetzt und in Zukunft bietet, eine auf die spezifischen Stärken der Unternehmung zugeschnittene Strategie zu finden. Die Strategie ist das Medium, mit dem die Kompetenzen und Ressourcen der Organisation im Hinblick auf die Chancen und Risiken der Umwelt möglichst günstig im Sinne der Erringung von *Wettbewerbsvorteilen* eingesetzt werden. Der thematische Schwerpunkt, im Sinne eines Wettbewerbsvorteils für Unternehmen, kann dabei in ganz unterschiedlichen Bereichen herausgeformt werden (Barney/Hesterly 2010). Die Theorie der strategischen Unternehmensführung weist viele Facetten auf und umschließt alle betrieblichen Teilfunktionen einschließlich der damit verbundenen (strategischen)Programme. In den 1970er Jahren ist erstmals das unternehmensstrategische Konzept, wonach Unternehmen einen strategischen Handlungsspielraum haben, um flexibel mit Erwartungen aus der Umwelt umgehen und gegebenenfalls sogar nachhaltige Einflüsse auf die Umwelt ausüben zu können, als Theorie formuliert worden.

Folgende Merkmale sind für das Organisation/Umwelt-Verständnis des unternehmensstrategischen Ansatzes kennzeichnend:

1. Unternehmen weisen neben vielen Gemeinsamkeiten bzw. Ähnlichkeiten *konstitutive Unterschiede* auf; Unterschiede im Know-how, dem Zugang zu kritischen Ressourcen, dem Mitarbeiterpotenzial etc. (vgl. Barney 1991). Der Spielraum für die Entwicklung eines so hohen Maßes an Verschiedenartigkeit wird in der Unvollkommenheit der Märkte bzw. in der Nicht-Marktgängigkeit bestimmter intern generierter Ressourcen gesehen (Hall 1993, Chamberlin 1961).

2. Unterschiedliche Unternehmen sind mit jeweils unterschiedlichen Umwelten konfrontiert und besitzen – ebenfalls in unterschiedlichem Ausmaß – *Handlungsspielräume*, die sie durch strategisches Handeln ausfüllen können. Die Ressourcenausstattung und die virulenten Umweltfaktoren stecken den Rahmen ab, innerhalb dessen Strategien gebildet werden können; es ist deshalb nach Voraussetzung eine „begrenzte Wahl".

3. Für den Strategieansatz ist die Verfügbarkeit alternativer Handlungs- und Gestaltungsmöglichkeiten konstitutiv. Sie dokumentiert sich in unternehmensspezifischen Möglichkeiten zur Wahl der Geschäftsfelder, der Art und Weise, wie der Wettbewerb in den Geschäftsfeldern bestritten werden soll (*Wettbewerbsstrategie*) und den Möglichkeiten,

überlegene, schwer imitierbare strategische Ressourcen selbst zu generieren. Der inten-
dierten Strategieformulierung steht alternativ, ergänzend oder überlagernd, das emer-
gente Entstehen von Strategien gegenüber, das sich aus der kollektiven Dynamik von
Unternehmen heraus ergibt.

4. Eine Strategie wird entwickelt, um dem Unternehmen bestimmte Vorteile (Wettbewerbsvorteile) zu verschaffen, was in der Regel mit einem handfesten Nachteil für die
   Konkurrenzunternehmen verbunden ist. In diesem Sinne formuliert das Unternehmen
   mit der Generierung der Strategie eine Zumutung für die Umwelt; sie zwingt die Umwelt zur Auseinandersetzung mit der Strategie. Entsprechend muss das Unternehmen
   mit Reaktionen aus der Umwelt rechnen: Eine Gegenoffensive zur eingeleiteten Strategie
   oder die Nachahmung der strategischen Maßnahme und die damit verbundene Gefahr
   einer raschen Erosion der erzielten Wettbewerbsvorteile sind daher nicht selten die Fol-
   geerscheinung (vgl. D'Aveni 1994, Pacheco de Almeida/Zemsky 2007).

Für die erfolgreiche Umsetzung gewählter Strategien gehört die Wahl der geeigneten
Organisationsstruktur zu den zentralen Parametern. Die daran anschließende Frage,
welche Organisationsstruktur zu welcher Strategie gehört, wann – wie es in der anglo-
amerikanischen Literatur heißt – ein „Fit" zwischen Strategie und Struktur vorliegt, wird
bislang nur selten in einer generellen Weise beantwortet. Dazu müssen zunächst sowohl
Strategiekonzepte als auch Strukturformen in allgemeiner Weise kategorisiert werden. Strategien wie auch Strukturen werden ja typischerweise einzelfallbezogen herausgeformt.

6.2   Diversifikation und Divisionalisierung

Einige *Groborientierungen* zur Entsprechung von Organisation und Strategie liegen zwischenzeitlich vor; diese sind hauptsächlich aus der Studie von Chandler (1962) und ihren
Nachfolgeuntersuchungen hervorgegangen.

Ausgangspunkt sind die klassischen Strategien nach Rumelt (1974):

- Einproduktunternehmen   H > 95 %

- Hauptproduktunternehmen   70 % < H < 95 %

- Verwandte Diversifikation   H < 70 %

- Konglomerate Diversifikation   H < 70 %

                                 (H = Hauptproduktlinie)

Während Typ 1 das klassische Einproduktunternehmen repräsentiert, unterscheiden sich
die Typen 2, 3 und 4 nach dem Diversifikationsgrad.

In den empirischen Untersuchungen lassen sich deutliche Zusammenhänge zwischen den
vier unterschiedlichen Strategien und den hauptsächlich verwendeten Organisationsformen
erkennen. Bei Einprodukt- wie auch bei Hauptproduktstrategien verwenden die Firmen

vorrangig die klassische *funktionale Organisation*. Die überwiegende Strukturform bei einer Diversifikation in verwandte oder unverwandte Produkte und Märkte – also bei den Strategietypen 3 und 4 – war dagegen die divisionale Organisation

Empirische Nachfolgeuntersuchungen (vgl. zusammenfassend Whittington 2002) konnten diese Zusammenhänge zwischen Strategie und Struktur nicht in jedem einzelnen Punkt bestätigen, in vielen Fällen ließ sich jedoch zumindest der grobe Zusammenhang zwischen breiter Diversifikation und Divisionalisierung belegen.

Länderspezifische Studien lassen bezüglich der Diversifikations-Divisionalisierungs-These ebenfalls Unterschiede erkennen. In *Deutschland* z.B. zögerten viele Großunternehmen trotz breitflächiger Diversifikation lange bis sie sich entschließen konnten, auf eine divisionale Organisation umzustellen. So produzierten die Unternehmen Bayer und Hoechst schon im Jahre 1910 Pharmazeutika, Lacke und Filme, gleichwohl divisionalisierten sie erst 1965 bzw. 1970.

Die teilweise doch beträchtlichen Diskrepanzen legen den Schluss nahe, dass zur Diversifikation noch einige zusätzliche Bedingungen hinzutreten müssen, um die Einführung einer divisionalen Organisation als angezeigt oder attraktiv erscheinen zu lassen. Auf keinen Fall wird man eine einfache Automatik annehmen dürfen, derart, dass aufgrund von Zwängen, die in der Natur der Sache zu suchen sind, auf Diversifikationsstrategien prompt die Divisionalisierung folgt.

Der Zusammenhang zwischen Diversifikation und Divisionalisierung, d.h. der Ordnung des Unternehmens nach den zentralen Produktlinien, wird in den Lehrbüchern zur strategischen Planung heute als selbstverständlich vorausgesetzt. Die Diskussion in der strategischen Literatur ging hier jedoch einen Schritt weiter und stellt Schwächen der Geschäftsbereichsorganisation im Hinblick auf eine effektive Umsetzung der strategischen Planung heraus. Zur Abhilfe der – wie die Kritiker behaupten – zu starken Produktorientierung und für spezifische strategische Belange auch viel zu breit ausgelegten Divisionen wird im Anschluss an die strategischen Geschäftsfelder die Einrichtung von so genannten strategischen Geschäftseinheiten (SGE) empfohlen, die relativ autonom ihr strategisches Feld bearbeiten sollen. Als Konsequenz ergibt sich daraus, dass es in solchen Fällen dann sehr viel mehr strategische Geschäftseinheiten als Divisionen gibt.

Bei den SGEs handelt sich dabei um eine die bisherige Organisationsstruktur überlagernde „Sekundärorganisation", die die Aufteilung der unternehmerischen Aktivitäten in strategische Geschäftsfelder genauer widerspiegeln soll. SGEs können mit Divisionen identisch sein, aus mehreren Divisionen bestehen oder aber Abteilungen in Divisionen sein. Die SGEs werden von – zumeist in Doppelfunktion stehenden – Leitern mit Anweisungskompetenz geführt. Sie stellen somit eine Variante der Dual-Organisation dar, und zwar in dem Sinne, dass für die strategischen Aktivitäten eine andere Organisationsstruktur gilt als für den operativen Bereich. Dies bedeutet aus organisationstheoretischer Sicht eine weitere Differenzierung der Organisationsstruktur, was sofort die (bislang ungelöste) Frage nach der Integration bzw. der Einrichtung zusätzlicher Integrationsmechanismen aufwirft.

6.3   Internationalisierungsstrategie und Organisation

Ein anderer Forschungszweig zur Entsprechung von Organisation und Struktur konzentriert sich auf Dimensionen der internationalen Geschäftstätigkeit. Im Vordergrund stand hier zunächst die Frage, in welcher Weise das internationale Geschäft mit den nationalen Aktivitäten verknüpft werden soll. Typisch war hier zunächst einmal die Schaffung einer internationalen Division zur Bündelung der internationalen Aktivitäten; diese wird meist additiv den vorhandenen Divisionen hinzugefügt (vgl. dazu das Beispiel in Abbildung 6.1).

Abbildung 6.1   International Division

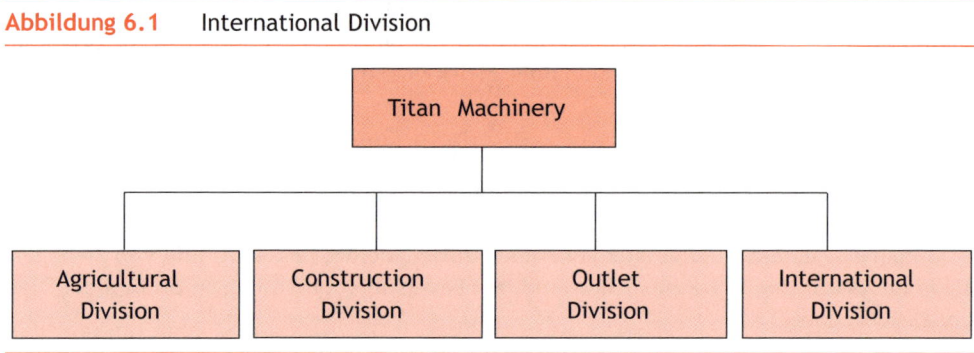

Quelle: www.titanmachinery.com, (Zugriff am 27.7.2011)

Überall dort, wo das internationale Geschäft immer mehr an Bedeutung gewann und zu Umsatzanteilen weit über 50% anwuchs, entstanden Bestrebungen das internationale Geschäft auch organisatorisch stärker zu integrieren. Das bedeutete im Ergebnis die Auflösung der internationalen Division und die Schaffung einer globalen Funktionalstruktur oder eben globalisierter Divisionen. **Abbildung 6.2** zeigt die globalisierte Spartenorganisation der Shell Global.

Abbildung 6.2   Shell Global

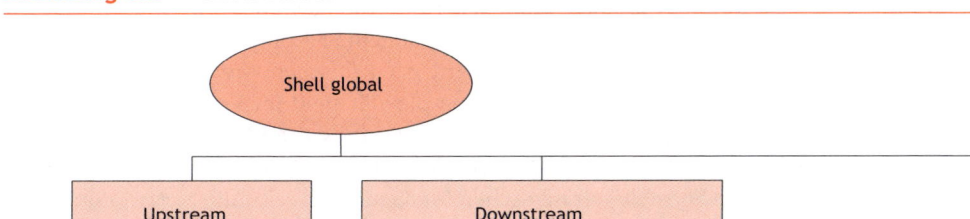

Quelle: www.shell.com (Zugriff am 27.7.2011)

Die Globalisierung der Unternehmen brachte auch einen sehr hohen Arbeitsteilungsgrad zwischen den Ländergesellschaften mit sich, die weit über die bloße Gliederung nach Produktgruppen hinausgingen. Bartlett/Ghoshal (2002) verweisen in diesem Zusammenhang auf die sich entwickelnde multidimensionale Globalisierung, die Effizienz, Responsivität und organisatorisches Lernen umgreift. Es geht also um die weltweite Vernetzung der verschiedenen Unternehmensaktivitäten. Die Autoren sehen die internationale Unternehmung in einem Entwicklungsprozess weg vom klassischen Stammhauskonzern mit dominierender Zentrale, aber auch weg von den klassischen Globalunternehmen mit selbständig operierenden Divisionen hin zu einem transnationalen Netzwerk. Abbildung 6.3 fasst den gemeinten Entwicklungsprozess zusammen.

Abbildung 6.3   Das transnationale Unternehmen

Organisatorische Charakteristika	Multinational	Global	Transnational
Konfiguration von Werten und Fähigkeiten	Dezentralisiert und im nationalen Rahmen unabhängig	Zentralisiert und weltmarkt-orientiert	Weitgestreut, interdependent und spezialisiert
Rolle der Auslandsnieder-lassungen	Erkennen und Nutzung lokaler Marktchancen	Umsetzung von Strategien der Zentrale	Differenzierte Beiträge der nationalen Einheiten zu integrierten weltweiten Aktivitäten
Entwicklung und Diffusion von Wissen	Erwerb und Sicherung von Wissen in jeder Einheit	Erwerb und Sicherung von Wissen in der Zentrale	Gemeinsame Entwicklung und Nutzung von Wissen

Quelle: Bartlett/Ghoshal 2002, S. 75 (modifiziert)

In ihren empirischen Studien kommen die beiden Autoren zu der Einsicht, dass für die Entfaltung einer multidimensionalen Globalisierung die geeignete Organisationsform zum Schlüsselfaktor wird. Oder umgekehrt, die mangelnde Kompetenz, die Ressourcen auf diesen verschiedenen Ebenen zu nutzen, wird zur kritischen Grenze für zukünftiges Wachstum. Der unerschrockene Umgang mit Komplexität steht im Vordergrund. Organisationen betonen nicht mehr so sehr die saubere Abgrenzung (und Vereinfachung der Zusammenhänge) der verschiedenen Einheiten, sondern verfolgen den Grundsatz: *Managing Interdependence*. Für diese Form des strategischen Managements wird die Netzwerkstruktur favorisiert, die die horizontale Kooperation und eine laterale Verknüpfung von Aktivitäten (vgl. dazu oben Kapitel 3). Im Zentrum steht nicht mehr so sehr die Frage nach der Gestaltung der formalen Strukturen, sondern die Ermöglichung von transnationaler Kooperation, d.h. die Einstellungen („mind sets"), die Wertestruktur und Kommunikationsformen sind von kritischer Bedeutung. Die Befunde von Bartlett/Ghoshal haben schon deutlich auf die Grenzen formaler Organisationsstruktur verwiesen; das Handeln in Organisationen wird nicht nur von formalen, sondern auch ganz wesentlich von informalen Regeln und vor allem Orientierungen geprägt, deren sich die Beteiligten auch nicht unbedingt bewusst sind (vgl. dazu auch unten Kapitel 10). Mit anderen Worten, zur erfolgreichen Verwirklichung einer multidimensionalen Globalisierungsstrategie bedarf es mehr als nur korrespondierende Organisationsstrukturen auszuwählen, die kognitiven Muster stehen im Zentrum.

6.4   Strategie folgt Struktur

Die zuletzt genannten Aspekte sowie die Ergebnisse anderer Studien zur Strategieformulierung und -implementation gaben Veranlassung, neu über das Verhältnis von Strategie und Organisationsstruktur nachzudenken. Zunächst einmal dürfte klar geworden sein, dass sich das Verhältnis nicht als Ursache/Wirkungs-Zusammenhang modellieren lässt, in dem Sinne, dass eine formulierte Strategie kausale Ursache einer Wirkung (= Organisationsstruktur) ist. Dazu ist das Spektrum der Gestaltungsmöglichkeiten viel zu breit und die organisatorischen Gestaltungsintentionen spielen auch eine viel zu große Rolle. Viel umwälzender aber als diese Reflektion erwiesen sich empirische Studien zu den Einflüssen auf die Strategieformulierung: Wie entstehen Strategien? Welche Rolle spielt dabei der organisatorische Kontext? Usw.

Diese Studien führten schließlich zu einer *Umkehrung* der Chandler-These; an die Stelle der *Struktur folgt Strategie-Doktrin* wurde provokativ ein *„Strategie folgt Struktur"* gesetzt. Damit soll auf die organisatorische Bedingtheit der Strategieformulierung und auf die Einsicht hingewiesen werden, dass die Art der Organisationsstruktur einen erheblichen Einfluss auf das Ergebnis von Entscheidungsprozessen und damit auch auf Strategiebildungen hat. Mit anderen Worten, die organisatorischen Strukturen eines Unternehmens können einen bestimmenden Einfluss darauf nehmen, welche Unternehmens- oder Wettbewerbsstrategie eine Unternehmung verfolgt. So finden z.B. Fouraker/Stopford (1968) schon früh, dass Unternehmen mit divisionaler Organisation sehr viel häufiger die Strategie der Internationalisierung wählten als vergleichbare Unternehmen ohne Spartenorganisation. In einer anderen Studie zeigt sich, dass stark dezentralisierte Unternehmen signifikant häufiger eine Markt-Innovationsstrategie wählen als Unternehmen mit zentralistischen Strukturen (vgl. Pitts 1977). Oder – um ein drittes Beispiel zu nennen – MacDonald (1995) findet, dass Unternehmen mit relativ großen Forschungs- und Entwicklungsabteilungen ihre Diversifikation vorrangig in F&E-intensive Branchen lenken. Und ähnlich belegen Köhler et al. (1983) den Einfluss objektorientierter Organisationsformen auf absatzpolitische Entscheidungen.

In der Strategieprozessforschung wird zwischenzeitlich ein breites Spektrum an organisatorischen Einflussfaktoren auf die Strategiebildung diskutiert. Zu nennen sind vor allem Befunde zu folgenden Themenfelder:

(1) Zum Einfluss kognitiver Muster auf Strategien,

(2) zur Emergenz kompetenzbasierter Strategien und

(3) zur Pfadabhängigkeit von Strategien.

Zu (1) Die Kognitive Schule verweist auf den großen Einfluss von organisatorischen kognitiven Mustern auf strategische Entscheidungen (Lüer 1998, Schwenk 1988). Im Wesentlichen geht es darum zu zeigen, dass sich in Organisationen im Zuge der Verarbeitung von Komplexität und Unsicherheit spezifische Sinn- und Wahrnehmungsstrukturen entwickeln („geronnene Erfahrungen"), die im täglichen Handeln reproduziert bzw. invariant werden und auf diese Weise die Herausbildung neuer Strategien prägen. Prominenz hat in diesem Zusammenhang z.B. die Idee eines organisationalen Bezugsrahmens gewonnen, der den meist unausgesprochenen Hintergrund strategischer Entscheidungsbildung darstellt (stillschweigende Annahmen). Shrivastava/Schneider (1984) zählen folgende Elemente zu derartigen Bezugsrahmen: Problemvorstellungen (Was ist ein Problem?), Informationssysteme (Was ist relevant?), Handlungsmodelle von Managern usw.; alle diese Elemente liegen der strategischen Informationsverarbeitung als Referenzen zugrunde und prägen damit die Bildung neuer Strategien.

Ein anderer Aspekt ist die Verwendung von Vereinfachungsprozeduren und Heuristiken, die sich im Laufe der Zeit als Standard herausgebildet haben und die Bildung von neuen Strategien dementsprechend lenken (Schwenk 1988). Solche Heuristiken sind zum Beispiel: Suche nach neuen Lösungen zunächst einmal immer in der Nähe des Symptoms oder bekannter Lösungen. Cyert/March (1963) haben für Problemlösungsprozesse dieser Art den Begriff der „problemistic search" geprägt. Andere Heuristiken nehmen auf die Durchsetzbarkeit Bezug, etwa nach dem Motto: „Interessant ist nur, was hier bei uns auch durchsetzbar ist".

Letzteres verweist uns darauf, dass die Frage der Strategieformulierung immer auch eine Frage der Interessendurchsetzung, des Machtkampfes, der Mobilisierung von Kombattanten, des Schmiedens von Koalitionen, des Kampfes um Besitzstandswahrung usw. ist. In die Strategieformulierung greifen auch – ob auf direktem oder indirektem Wege – Interessengruppen von außen ein: Gewerkschaften melden Bedenken an, die Kommune befürchtet den Verlust von Steuergeldern, eine Bürgerbewegung macht mobil gegen den geplanten Neubau usw. Überlagert wird alles ferner von der Tradition (Unternehmenskultur), in der das Unternehmen steht und der es – ob bewusst oder nicht – auch in bestimmter Weise verhaftet und verpflichtet ist (vgl. dazu im Einzelnen Kapitel 10 dieses Buches). Abbildung 6.4 verdeutlicht die gemeinten Zusammenhänge. Findet der strategische Prozess in einer Allianz mehrere Unternehmen statt, vervielfachen sich die Einflussknoten.

Abbildung 6.4   Strategisches Management im Einflussfeld organisatorischer Prozesse

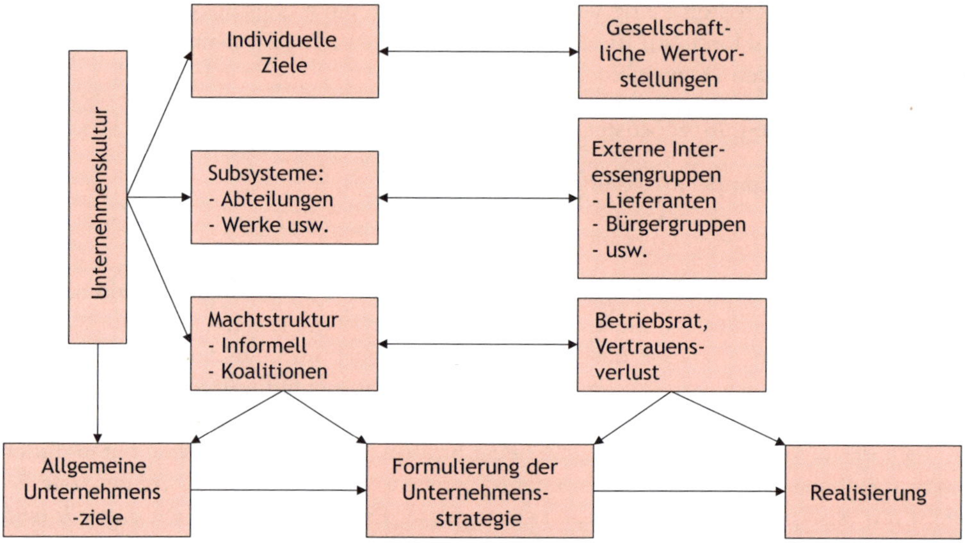

Bei genauerer Hinsicht kann man sogar Teile der Studie von Chandler (1962) selbst auch zu diesen Befunden zählen, nämlich dann, wenn man sich die komplexen erratischen und langwierigen Entscheidungs- und Einflussprozesse vor Augen hält, die in den vier untersuchten Unternehmen (DuPont, General Motors, Sears Roebuck, Standard Oil of New Jersey) der Einführung der divisionalen Organisationsstruktur vorausgingen. Den Veränderungsprozess bei Standard Oil of New Jersey resümiert Chandler (1962, S. 224) wie folgt: „Jersey's organizational structure grew in an essentially unplanned, *ad hoc* way".

Kasten 1 gibt ein Beispiel für den Einfluss der organisatorischen Strukturen und Prozesse auf die Strategieentwicklung.

Kasten 1: Strategiebildung bei Intel

Intel war 1969/70 in den Arbeitsspeicher-Markt eingetreten. Bereits 1972 wurde das Unternehmen zum Weltmarktführer und ca. 90 % des Konzern-Umsatzes wurde mit DRAM-Speicherbausteinen getätigt. Dieser gigantische Eintrittserfolg fand rasch Nachahmer, vor allem aus Japan. Der enorm angewachsene Bedarf an Arbeitsspeicher verschob den Wettbewerbsschwerpunkt weg von dem Innovationsprodukt hin zu dem preiswerten Massenprodukt. Wer mithalten wollte, musste enorme Summen in die Fertigungstechnologie investieren und das Management der Massenproduktion beherrschen. Intel versuchte, durch immer wieder neue leistungsfähigere Arbeitsspeicher die alte Marktführungsposition zurückzuerobern, dies gelang jedoch immer weniger. Der Marktanteil verfiel ab 1974 zunehmend.

Die Unternehmensstrategie wies jedoch weiterhin einen klaren Weg: DRAM sollte trotz der Marktanteilsverluste der „Technologietreiber" des Unternehmens bleiben, und deshalb wurde im strategischen Budget dafür auch für 1984/85 ein Drittel der F&E-Ausgaben vorgesehen. DRAMs sollten die Basis von Intels Technologie-Erfahrungskurve bilden. Man sah in DRAM nicht nur ein Produkt, sondern eine Kerntechnologie oder sogar eine Kernkompetenz. Trotz des dramatischen Marktanteilsverfalls sollte die einmal eingeschlagene Strategie nicht verlassen werden, sondern es wurden im Gegenteil Maßnahmen zum Ausbau und zur Rückeroberung ergriffen. Dabei spielten auch Aspekte wie ein befürchteter Imageverlust eine Rolle. So empfahl der damalige Verkaufschef, an DRAM als Intel-Kernprodukt festzuhalten, da bei einem Marktaustritt der Eindruck entstehen könnte, Intel würde seine Kunden im Stich lassen. Ferner fürchtete man einen massiven Identitätsverlust.

Parallel zu diesen Entwicklungen und dem Beharren auf dem einmal eingeschlagenen und lange Zeit auch sehr erfolgreichem strategischen Kurs hatte das Unternehmen jedoch auch Mikroprozessoren und EPROMs (erasable programmable read only memory) in das Produktprogramm aufgenommen. Beides waren mehr oder weniger zufällige Nebenprodukte der DRAM-Forschung. Mikroprozessoren wurden anfangs lediglich als Mittel gesehen, mehr Arbeitsspeicher zu verkaufen. Nur deshalb wurde das Produkt überhaupt hergestellt; zunächst hatte man das Patent an den japanischen Abnehmer verkauft, der die Entwicklung angeregt hatte. Alle drei Produkte: DRAM, EPROM und Mikroprozessoren wurden zunächst auf denselben Anlagen gefertigt. Die Leiter der acht Werke waren gehalten, das Produktprogramm für jeden Maschinenanlauf unter der Zielsetzung der Maximierung des Deckungsbeitrages zu optimieren (mit Hilfe einer Art linearen Programmierung).

Diese Regel führte zu einer graduellen Veränderung der Fertigungsstruktur: Das profitable Innovations- und noch Nischenprodukt Mikroprozessoren gewann immer mehr Raum im Vergleich zu dem DRAM-Produkt, d.h. die Produktionskapazitäten wurden immer mehr für die Mikroprozessoren genutzt, während der EPROM-Anteil konstant blieb. 1984 produzierte nur noch eines der acht Werke DRAMs; bedingt durch die kurzfristige Kapazitätsplanung und das gestiegene Durchsetzungsvermögen der Fertigungsbereiche löste sich der DRAM-Schwerpunkt – im offenen Widerspruch zum strategischen Plan – immer mehr auf. Das mittlere Management drängte spätestens seit 1982 auf eine strategische Restrukturierung: Die DRAM-Fertigung sollte ausgegliedert und in einer technologisch einfachen Spezialfabrik kostenorientiert geführt werden, während sich die Hauptwerke ganz und gar auf die Prozessorenfertigung konzentrieren sollten. Das Top-Management lehnte den Vorschlag wegen der strategischen Bedeutung von DRAM ab. Das mittlere Management baute jedoch im Zuge des Investitionsantragsverfahrens den Mikroprozessorschwerpunkt weiter aus. Der spätere CEO, Andy Grove, erinnert sich:

„By mid-1984, some middle-level managers had made the decision to adapt a new process technology which inherently favored logic (microprocessor) rather than memory advances, thereby limiting the decision space within which top management could operate" (Burgelman 1994, S. 45).

Als zum Jahresende 1984 die Entscheidung anstand, in eine Großanlage für die DRAM-Fertigung zu investieren, um die Stückkosten gravierend zu senken, entschied sich das Top-Management jedoch gegen das Projekt und verließ damit den eingeschlagenen strategischen Pfad. Im Oktober 1985 kam schließlich das Signal zum DRAM-Marktaustritt. Intel wurde schließlich zum reinen Prozessor-Unternehmen umgebaut.

Quellen: Burgelman, R. A.: Fading memories: A process theory of strategic business exit in dynamic environments, in: Administrative Science Quarterly 39 1994 (1), S. 24-56; Burgelman, R. A./Grove, A. S.: Strategic dissonance, in: California Management Review 38 1996 (2), S. 8-28.

Zu (2) Als zweiter markanter Diskussionsstrom sind die Kompetenzstudien anzuführen (Dosi et al. 2003; Helfat/Peteraf 2003). Sie stellen in vielerlei Hinsicht ein Novum in der Strategiediskussion dar. Bezogen auf den hier interessierenden Sachverhalt unterstreichen sie die große Bedeutung des organisatorischen Kontextes für die Entwicklung strategischer Kompetenzen, die ihrerseits wiederum einen großen Einfluss auf die Strategiebildung nehmen. Nicht die rationale Planung ist hier die eigentliche Quelle der erfolgreichen Unternehmensstrategie, sondern die evolutorische Entwicklung einer organisatorischen Kompetenz. Unter einer organisatorischen Kompetenz wird eine Fähigkeit verstanden, die Ressourcen einer Organisation in spezieller Weise so zu kombinieren, dass eine erfolgreiche Aufgabenbewältigung möglich wird. Im Unterschied zu individueller Kompetenz soll organisationale Kompetenz ein kollektives, d.h. in einer Organisation gemeinsam entwickeltes und geteiltes Muster des Selektierens und Verknüpfens von Ressourcen darstellen. Es wird also auf die spezielle Fähigkeit einer ganzen Organisation (Unternehmen, Division, Strategischen Geschäftseinheit usw.) verwiesen, Ressourcen so einzusetzen, dass spezifische Probleme bzw. Aufgaben der Organisation immer wieder erfolgreich gelöst werden können.

Hintergrund der Kompetenz ist also eine Art Systemwissen, das sich in Interaktionen zwischen den Organisationsmitgliedern und -gruppen entwickelt, die aber in sich letztlich unverstanden bleibt – und damit zugleich einen gewissen Imitationsschutz bietet (Barney 1991). In der Essenz bestimmt also auch hier die „Struktur" im Sinne einer geronnenen kollektiven Kompetenz die Strategie.

Das zuletzt Gesagte gilt in noch stärkerem Maße, wenn man die Kernkompetenzperspektive einbezieht (Prahalad/Hamel 1990). Dabei wird auf eine besondere Art von Kompetenzen abgestellt, nämlich im Sinne einer *Basisfähigkeit,* die über verschiedene (bestehende und zukünftige) Märkte den Grundstein für Wettbewerbsvorteile legen kann. Kernkompetenzen sind in diesem Sinne im Laufe der Zeit entstandene Fähigkeitsprofile, die für die weitere Strategiebildung eine Art Korridor vorgibt. So gesehen bedeutet das Konzept der Kernkompetenz *Ausdehnung* im Sinne eines allgemeinen marktübergreifenden Fähigkeitspotentials und *Einschränkung* zugleich, weil ja eine Konzentration auf ganz bestimmte Fähigkeiten erfolgt und damit viele andere Möglichkeiten und Marktchancen ausgeschlossen werden.

In jüngerer Zeit wird in diesem Zusammenhang immer häufiger auf das Problem verwiesen, dass Kernkompetenzen neben ihrem Erfolgspotenzial auch Gefahren in sich bergen, und zwar insofern als sie eine Unternehmung zu sehr durch ein ganz bestimmtes Kompetenzmuster prägen und zur fortlaufenden Reproduktion dieses Musters anregen – dies auch dann noch, wenn die Marktentwicklung ganz andere Ausrichtungen verlangt. Dieses Festgebundensein auf ein ganz bestimmtes Kompetenzmuster kann sich zu einer Pfadabhängigkeit ausformen – darauf wird im abschließenden dritten Faktorgefüge eingegangen.

Zu (3) Wir haben eben gesehen, dass sich Strategien und organisatorische Prozesse tendenziell evolutionär entwickeln entlang eines Entwicklungspfades, der durch eine spezifische Problemlösungsarchitektur und darauf abgestimmte Praktiken gekennzeichnet ist. Neue Strategien sind also so gesehen zumindest zu wesentlichen Teilen das Ergebnis fest etablierter organisatorischer Praktiken und des Lernkorridors, der von diesen vorgezeichnet wird. Die Theorie der *Pfadabhängigkeit* (David 1985, Sydow et al. 2009) spitzt nun diese Perspektive zu, als sie auf Situationen verweist, in denen Unternehmen, Kompetenzen oder kognitive Muster in ein Lock-in geraten. Getrieben vor allem durch sich selbstverstärkende Prozesse („increasing returns", Netzeffekte usw.) verfestigen sich bestimmte Lösungen immer mehr bis es schließlich sehr schwer wird, sie wieder zu verändern.

Bezogen auf strategische Prozesse resultiert die Pfadbildung aus den in dem Unternehmen entwickelten und im Handeln immer wieder reproduzierten Strukturen (Selektionsmuster, Relevanzregeln usw.), mit deren Hilfe die Organisationsmitglieder die amorphe Welt interpretieren und ihre strategische Realität konstruieren. Während auf der einen Seite die funktionale Bedeutung dieser kognitiven Muster hervorgehoben wird („sensemaking", vgl. Weick 1995), stehen auf der anderen Seite Studien, die die Verfestigungstendenzen und das Lock-in solcher Muster kritisch beleuchten. So zeigen etwa Porac et al. (1995), wie sich die schottische Strickwarenindustrie durch solche kognitiven Vororientierungen strategisch „eingeschlossen" hat. Leonard-Barton (1992) verweist ganz generell auf die Gefahr, dass auf diesem Wege aus einstmaligen „core competences" sehr schnell „core rigidities" werden können. Anhand längerfristiger Verlaufspfade von Forschungs- und Entwicklungsabteilungen zeigt sie, dass die Bindung an die alten Kompetenzen den Weg zu neuen Kompetenzen versperrt und somit zu einem Innovationshemmnis in strategischen Produktentwicklungsprozessen wird. Kasten 2 gibt ein Beispiel für die Gefahr der Kompetenzverfestigung, aber auch dafür, wie sich ein Unternehmen aus einem solchen Lock-in wieder befreien kann.

Kasten 2: Der Fall IBM

‚Erst seit 1924 heißt die Firma ‚International Business Machines'. Ihr Chef, Thomas Watson, schafft nicht nur eine egalitäre Leistungskultur, wie es sie zu jener Zeit sonst kaum gibt. Er achtet auch auf die technische Weiterentwicklung. Als Harvard-Forscher 1940 einen richtigen Computer bauen, übernimmt Watson die Idee gleich für seine Firma. Computer werden erst aus elektromechanischen Schaltern bebaut, dann aus Röhren, später aus Transistoren. IBM entwickelt die Zukunft oft selbst. In seinen Laboren arbeiten fünf Nobelpreisträger (…)

Da war die Idee, die Computer nicht immer beim Kunden zu programmieren. Sondern die Programme nur einmal zu schreiben und einzeln zu verkaufen. In die Köpfe der IBM-Manager ging das nicht hinein. Jüngere IBM-Mitarbeiter waren frustriert. Anfang der 70er verließen fünf den Konzern und gründeten eine eigene Firma: SAP (…)

Doch es ist nicht nur die Technik, mit der der Konzern Konkurrenten aus dem Markt drängt. Dabei hilft auch ein Geschäftsprinzip: Die Kunden müssen die sündhaft teuren Großrechner nicht kaufen, sondern nur mieten. Deshalb sind für die Computer von IBM weniger Investitionen nötig als für die der Konkurrenz.

IBM konnte damit leben, dass es diese Chance verpasst hatte. Doch nur wenige Jahre später entstand ein neuer Trend – und den verschlief IBM wieder: Computer wurden klein und rückten aus den großen Rechenzentren direkt auf die Schreibtische der Benutzer. Anfangs nahmen die Manager auch das nicht ernst. Doch als mehr und mehr Bausätze für kleine Computer auf den Markt kamen, wurden die Tischcomputer plötzlich zum eiligen Projekt.

Der Konzern erwischte den Trend gerade noch. Ja, IBM prägte sogar den Namen ‚Personal Computer'. Doch weil die IBM-Ingenieure den PC in aller Eile entwickeln mussten, bauten sie ihn aus lauter zugekauften Teilen. Der Prozessor zum Beispiel kam von einem aufstrebenden Unternehmen namens ‚Intel'. Auch die Software für den neuen PC entwickelte IBM nicht selbst, sondern der Konzern lizenzierte sie vom 25-jährigen Sohn einer Bekannten eines Topmanagers. Es war Bill Gates, der fünf Jahre zuvor sein Start-up ‚Microsoft' gegründet hatte.

Damit entging IBM nicht nur wichtiges Geschäft. Sondern der Konzern schuf sich auch Konkurrenz. Schließlich konnte jeder andere IBMs Personal Computer nachbauen und günstiger anbieten. Deshalb wurde IBM auf dem PC-Markt nie so dominant wie auf dem Markt für Großrechner. Das Problem: Die Großrechner wurden zu teuer. Zehn Jahre später verkaufte IBM immer weniger, Anfang der 90er Jahre stand unter dem Strich ein Verlust. 1993 verlängerten die Banken die Kredite nur noch unter einer Bedingung: Ein neuer Chef musste her: Lou Gerstner.

Unter Hochdruck krempelte Gerstner IBM um. Er drückte nicht nur ein Sparprogramm durch und brach mit der alten Regel, dass IBM keine Leute entlässt. Sondern er stellte vor allem eine neue Sparte in den Mittelpunkt: Er machte IBM zur Service-Firma, die nicht nur den Service zu ihren eigenen Produkten bereitstellt, sondern auch zu anderen IT-Fragen: ‚Ich glaube, dass der Zerfall der IT-Industrie die IT-Dienstleistungen zu einem großen Wachstumsmarkt machen würden' (Lou Gerstner).

Mit seiner Strategie behielt Gerstner Recht. Heute baut IBM keine PCs mehr, auch die Großrechner haben an Bedeutung verloren. Der Konzern hat den Schwenk von der Industrie zur Dienstleistung mitgemacht. Heute berät IBM Firmen beim Einsatz von Computern, teils übernimmt es den kompletten IT-Betrieb. So mancher, der an der alten IBM hängt, bezeichnet die neue als ‚seelenlose Unternehmensberatung'. Doch Umsatz und Gewinn sind groß wie nie."

Quelle: Auszüge aus Frankfurter Allgemeine Sonntagszeitung vom 27.02.2011, Nr. 8, S. 34.

Wiederum sind es also aus dieser Perspektive lange eingeübte Praktiken und ein System von Routinen, die die Strategie bestimmen und nicht umgekehrt. Die Entwicklung neuer Strategien wird zu wesentlichen Teilen aus pfadabhängigen organisatorischen Gegebenheiten erklärt.

Resümierend kann man sagen, dass mit der Gegendoktrin „Strategie folgt Struktur" darauf verwiesen wird, dass strategisches Management in einem historisch gewachsenen Interaktionsgeflecht stattfindet. Hält man sich diese fast unvermeidliche Tatsache vor Augen, dann ist es auch nicht weiter verwunderlich, dass die verfolgte Strategie in erheblichem Maße davon abhängt, wie das organisatorische Leben ausgeprägt ist, in dem sie entwickelt wurde. Mit anderen Worten, der strategische Prozess ist Teil des Systems und steht nicht über oder außerhalb des Systems, wie dies im idealisierenden Planungsmodell unterstellt wird. Dort wird Planung ja a-historisch und kontextfrei in dem Sinne gedacht, dass eine rationale Willensbildung den Anfang macht und das System nachfolgend ganz zum Zwecke der Planumsetzung modelliert wird.

Damit wird deutlich, dass die „Struktur folgt Strategie"-Doktrin einen grundlegenden Sachverhalt negiert, nämlich dass die Unternehmung ein soziales System ist. Die klassische Planlogik richtet sich am Paradigma der rationalen Einzelhandlung aus: Willensbildung und Willensumsetzung. Ein *systematischer* Unterschied zwischen der geistigen Vorbereitung eines Einzelplaners und einer Systemplanung wird negiert. Deshalb wird es möglich, die Organisationsstruktur als bloßes Mittel zu verstehen, als maschinelle Konstruktion zur Umsetzung rational getroffener Planentscheide.

Übungsaufgaben

1. Was verbirgt sich hinter der Aussage: Structure follows strategy?

2. Inwiefern ist die Divisionalisierung eine Antwort auf die Diversifikation?

3. Welche Organisationsform fördert die multidimensionale Globalisierung von Unternehmen?

4. Erläutern Sie den Satz: „Strategy follows structure".

5. Inwiefern beeinflussen kognitive Muster Unternehmensstrategien?

6. Eine Managerin äußert: „Wer strategisch etwas durchsetzen will, muss sich bei uns gut auskennen". Diskutieren Sie diesen Satz und ordnen Sie ihn in die Struktur folgt-Strategie-Debatte ein.

7. Was versteht man unter einer Kernkompetenz eines Unternehmens? Erläutern Sie dies an einem Beispiel aus der Unternehmenspraxis.

8. Inwiefern können Kompetenzen zu einem strategischen Hindernis werden?

9. Was bedeutet Pfadabhängigkeit?

10. „Strategien werden nicht für, sondern in Unternehmen gebildet". Inwieweit stimmen Sie dieser Aussage zu?

Literaturempfehlungen

Bresser, R.: Strategische Managementtheorie, Stuttgart, 2010

Gibt einen Überblick über die aktuelle Strategieforschung

Whittington, R. /Mayer, M.: The European corporation: Strategy, structure, and social science, Oxford, 2000

Bringt aktualisierte empirische Ergebnisse zur Struktur folgt Strategie-These für europäische Unternehmen

Huff, A. S./Jenkins, M. (Hrsg.): Mapping strategic knowledge, London et al., 2009

Die verschiedenen Beiträge zeigen sehr schön, wie kognitive Prozesse die Strategiebildung beeinflussen

Literatur

Barney, J. B. (1991): Firm resources and sustained competitive advantage, in: Journal of Management 17 (1), S. 99-120.

Barney, J. B./Hesterly, W. S. (2010): Strategic management and competitive advantage: concepts and cases, 3. Aufl., Upper Saddle River.

Bartlett, C. A./Ghoshal, S. (2002): Managing across borders: The transnational solution 2. Aufl., Boston.

Chamberlin, E. H. (1961): The origin and early development of monopolistic competition theory, in: Quarterly Journal of Economics 75 (4), S. 515-543.

Chandler, A. D. (1962): Strategy and structure: Chapters in the history of the American industrial enterprise, Cambridge, London.

Cyert, R. M./March, J. G. (1963): A behavioral theory of the firm, Englewood Cliffs, NJ.

D'Aveni, R. A. (1994): Hypercompetition: Managing the dynamics of strategic maneuvering, New York.

David, P. A. (1985): Clio and the economics of QWERTY, in: The American Economic Review 75 (2), S. 332-337.

Dosi, G./Hobday, M./Marengo, L. (2003): Problem-solving behavior, organizational forms, and the complexity of tasks, in: Helfat, C. E. (Hrsg.): The SMS Blackwell Handbook of Organizational Capabilities, Malden, S. 167-192.

Fouraker, L. E./Stopford, J. M. (1968): Organizational structure and the multinational strategy, in: Administrative Science Quarterly 13 (1), S. 47-64.

Hall, L. (1993): Negotiation: Strategies for mutual gain. The basic seminar of the Harvard program on negotiation, Newbury Park et al.

Helfat, C. E./Peteraf, M. A. (2003): The dynamic resource-based view: Capability lifecycles, in: Strategic Management Journal 24 (10), S. 997-1010.

Köhler, T./Tebbe, K./Uebele, H. (1983): Der Einfluss objektorientierter Organisationsformen auf die Gestaltung absatzpolitischer Entscheidungsprozesse, Köln.

Leonard-Barton, D. (1992): Core capabilities and core rigidities: A paradox in managing new product development, in: Strategic Management Journal 13 (Special Issue), S. 111-125.

Lüer, C. U. (1998): Kognition und Strategie: Zur konstruktiven Basis des strategischen Managements, Wiesbaden.

MacDonald, J. M. (1995): R&D and the directions of diversification, in: The Review of Economic and Statistics 47, S. 583-590.

Pacheco de Almeida, G./Zemsky, P. (2007): The timing of resource development and sustainable competitive advantage, in: Management Science 53 (4), S. 651-666.

Pitts, R. A. (1977): Strategies and structures for diversification, in: Academy of Management Journal 20 (2), S. 197-208.

Porac, J. F./Thomas, H./Wilson, F./Paton, D./Kaufer, A. (1995): Rivalry and the industry model of Scottish knitwear manufacturers, in: Journal of Management Studies 26, S. 397-416.

Prahalad, C. K./Hamel, G. (1990): The core competence of the corporation, in: Harvard Business Review 68 (3), S. 79-91.

Rumelt, R. P. (1974): Strategy, structure and economic performance, Boston.

Schwenk, C. R. (1988): The cognitive perspective on strategic decision making, in: Journal of Management Studies 25 (1), S. 41-55.

Shrivastava, P./Schneider, S. C. (1984): Organizational frames of reference, in: Human Relations 37(10), S. 795-809.

Sydow, J./Schreyögg, G./Koch, J. (2009): Organizational path dependence: Opening the black box, in: Academy of Management Review 34 (4), S. 689-709.

Weick, K. E. (1995): Sensemaking in organizations, Thousand Oaks et al.

Whittington, R. (2002): Corporate structure: From policy to practice, in: Pettigrew, A. M./Thomas, H./Whittington, R. (Hrsg.): Handbook of strategy and management, London.

7 Motivation und Organisation

In den bisherigen Perspektiven und Modellen wurde in Bezug auf die Organisationsmitglieder ein regelgebundenes Verhalten als mehr oder weniger selbstverständlich unterstellt. Fragen der Motivation und der Erwartungen der Organisationsmitglieder, ihrer Zufriedenheit und Kreativität treten in dieser Logik nicht ins Blickfeld. Schon früh wurde darauf hingewiesen, dass dies für das Funktionieren einer modernen Leistungsorganisation ein viel zu enger Blick ist. Die engagierte Mitwirkung und die Motivation der Beschäftigten sind von ausschlaggebender Bedeutung für jede leistungsfähige Organisation. Die Vertreter der Human-Relations-Bewegung konnten früh die eminente Bedeutung der (intrinsischen) Motivation für die Effektivität einer Organisation zeigen (Roethlisberger/Dickson 1939).

Heute weiß man, dass eine Organisationsgestaltung nach dem Leitbild des schlichten Regelgehorsams nicht nur immense Potenziale der Mitarbeiter brachliegen lässt, sondern in vielen Fällen geradezu kontraproduktiv wirkt. Betont wird vielmehr Innovationsfähigkeit und Flexibilität (Lawler/Ulrich 2008). Die Organisationsmitglieder werden zunehmend als die kritische Ressource gesehen; Motivation, Kreativität und Kooperationsbereitschaft werden zu Schlüsselbegriffen des betrieblichen Erfolgs und strategischer Wettbewerbsvorteile (Barney/Hesterly 2008). Schon relativ früh wird erkannt, dass die Entfaltung der Human-Ressourcen keine bloße Frage der Personalauswahl ist (Mitarbeiter mit den richtigen Eigenschaften), sondern von der Organisation selbst in starkem Maße abhängt, insbesondere vom Führungsstil und der Organisationsgestaltung.

Organisationsstrukturen erweisen sich also bei genauerer Hinsicht keineswegs als bloßer Regelapparat zur Gewährleistung effizienter Arbeitsabläufe, sie beeinflussen meist ungeplant auch die Motivation, die Initiativkraft, ja das ganze Spektrum des Mitarbeiterverhaltens. Der Einfluss kann sowohl positiver als auch negativer Natur sein. Die große Entdeckung der motivationsorientierten Organisationstheorie ist, dass herkömmliche Prinzipien optimaler Organisation in der Tendenz auf Motivation und Initiativkraft kontraproduktiv wirken und dass es neue Organisationsmodelle zu suchen gilt, die ein besseres Zusammenspiel von individueller Motivation und Organisation ermöglichen.

Um ein besseres Zusammenspiel von organisatorischen Strukturen und individueller Motivation zu erreichen, ist eine genauere Kenntnis der Erwartungen nötig, die die Organisationsmitglieder gegenüber der Organisation hegen – und zwar Erwartungen, die über die im Arbeitsvertrag festgelegten Gegenleistungen hinausreichen. Was sind diese Erwartungen, die Individuen heute mit ihrer Arbeit in Betrieben verknüpfen? Was sind daran anknüpfend geeignete Lösungsmodelle zur Integration von Motivation und Struktur?

7.1 Menschliche Bedürfnisse und Erwartungen an die Arbeit

Mit dem Entdecken der Bedeutung von Arbeitsmotivation wird Arbeitsfreude zum zentralen Thema. Wurde Arbeit lange Zeit nur als Leid begriffen, das (meistbietend) „verkauft" wird, um an anderem Ort die Bedürfnisbefriedigung sicherzustellen, so wird Arbeit nun selbst als ein Ort verstanden, der zum Gegenstand von Bedürfnisbefriedigungswünschen wird. Organisationsmitglieder hegen bestimmte Erwartungen an ihren Arbeitsplatz und die Erfüllung dieser Erwartungen erhält kritische Bedeutung für die zentralen Leistungsmerkmale eines heutigen Unternehmens (Innovationsfähigkeit, Flexibilität, Kundenorientierung usw.).

Ausgangspunkt einer motivationsorientierten Organisationsgestaltung sind daher die Erwartungen, die Menschen mit ihrer Arbeit verknüpfen. Erwartungen werden konzeptionell häufig (aber keineswegs zwangsläufig) als *Bedürfnisse* gefasst. Einen zentralen Platz nimmt dabei bis zum heutigen Tage die allgemeine Bedürfnistheorie von A. Maslow ein.

Die Theorie von Maslow (2002) unterscheidet fünf universelle Klassen von Bedürfnissen, die im Hinblick auf ihre Dringlichkeit hierarchisch geordnet sind. Diese fünf Bedürfnisklassen können kurz in folgender Weise charakterisiert werden:

1. Die *physiologischen Bedürfnisse* umfassen das elementare Verlangen nach Essen, Trinken, Kleidung und Wohnung. Ihr Vorrang vor den übrigen Bedürfnisarten ergibt sich aus den Existenzbedingungen des Menschen.

2. Das *Sicherheitsbedürfnis* drückt sich aus in dem Verlangen nach Schutz vor unvorhersehbaren Ereignissen des Lebens (Unfall, Beraubung, Invalidität, Krankheit etc.), die die Befriedigung der physiologischen Bedürfnisse gefährden können.

3. Die *sozialen Bedürfnisse* umfassen das Streben nach Gemeinschaft, Zusammengehörigkeit und befriedigenden sozialen Beziehungen.

4. *Wertschätzungsbedürfnisse* spiegeln den Wunsch nach Anerkennung und Achtung wider. Dieser Wunsch bezieht sich sowohl auf Anerkennung von anderen Personen als auch auf Selbstachtung und Selbstvertrauen. Es ist der Wunsch, nützlich und notwendig zu sein.

5. Die Bedürfnisse der letzten und höchsten Klasse werden *Selbstverwirklichungsbedürfnisse* genannt. Damit ist das Streben nach Unabhängigkeit, nach Entfaltung der eigenen Persönlichkeit im Lebensvollzug und nach prägenden Aktivitäten gemeint: „Was ein Mensch sein kann, das muss er sein".

Die Maslowsche Theorie baut auf zwei Prinzipien auf, dem Defizitprinzip und dem Progressionsprinzip.

1. *Defizitprinzip:* Menschen streben danach, einen Mangelzustand (unbefriedigte Bedürfnisse) zu beseitigen. Ein befriedigtes Bedürfnis kann demzufolge keine Motivationskraft entfalten. Anders ausgedrückt: Wenn ein Individuum die dauerhafte Befriedigung eines der genannten Bedürfnisse als weitgehend sichergestellt betrachtet, hört dieses auf, handlungsmotivierend zu wirken. Änderungen der Lebenssituation (Krieg, Arbeitslosigkeit usw.) können allerdings bewirken, dass ein vormals als dauerhaft befriedigt angesehenes Bedürfnis wieder als unbefriedigt auftaucht und damit erneut handlungsmotivierend wirkt.

2. *Progressionsprinzip:* Menschliches Verhalten wird grundsätzlich durch das hierarchisch niedrigste, unbefriedigte Bedürfnis motiviert. Der Mensch versucht zunächst, seine physiologischen Bedürfnisse zu befriedigen. Ist das geschehen, bedeuten diese Bedürfnisse keinen Handlungsanreiz mehr. Gesättigte Bedürfnisse motivieren nicht. Im Motivationsprozess werden die nächsthöheren Motive, die Sicherheitsbedürfnisse, aktiviert. Dabei ist allerdings in Rechnung zu stellen, dass physiologische Bedürfnisse typischerweise von Deprivationszyklen kontrolliert werden, d.h. es liegt in der Natur des Menschen, dass diese Bedürfnisse immer wieder neu auftauchen (Durst, Hunger usw.). Wenn hier von einer Befriedigung dieser Bedürfnisse gesprochen wird, so meint dies, eine dauerhafte Sicherstellung der Bedürfnisbefriedigungsmöglichkeit und nicht die aktuelle Sättigung. Dieser Entwicklungsprozess setzt sich fort bis zum Bedürfnis nach Selbstverwirklichung, wobei für dieses Bedürfnis in Abkehr von der Sättigungsthese postuliert wird, dass es nie abschließend befriedigt werden kann. Letzteres stellt also einen Bedürfnistypus besonderer Art dar, Maslow spricht von Wachstumsbedürfnissen im Unterschied zu Defizitbedürfnissen. Die hierarchische Anordnung bedeutet nicht nur, dass die „unteren" Bedürfnisse im Entwicklungsprozess früher in Erscheinung treten, sondern auch, dass sie in einem engeren Sinne physiologisch bestimmt sind und deshalb weniger individuelle oder soziale Ausdrucksvarianz kennen.

Kumulationsthese. In der konkreten Anwendung findet sich häufig eine modifizierte Version des Maslow-Modells, die das Progressionsprinzip außer Kraft setzt und eine *Kumulation* von Bedürfnisbefriedigungsmöglichkeiten in das Zentrum stellt. Es wird davon ausgegangen, dass die Motivation in dem Maße steigt, in dem die bezeichneten Bedürfnisse in der Arbeit befriedigt werden können. Die Motivation ist dann am höchsten, wenn in einer Arbeitssituation alle fünf Bedürfnisklassen befriedigt werden können.

Das Maslow-Modell und dazu verwandte Konzepte sind nicht unbestritten geblieben. Nicht nur die Idee einer universellen Bedürfnis-Hierarchie, sondern auch das Bedürfniskonzept als solches werden in Frage gestellt (Salancik/Pfeffer 1978; Kanfer 1992). Ungeklärt ist z.B., ob es sich bei Bedürfnissen um Begehrungen (Triebe) handeln soll, die Menschen von Natur aus zu eigen sind, oder ob es kulturell geformte und vermittelte Begehrungen sind? Ein weiteres kontroverses Thema im Zusammenhang mit Bedürfnissen ist die Frage ihrer Manifestation und Validierbarkeit. Kann man die Existenz von Bedürfnissen unterstellen, auch dann, wenn sie (noch) nicht artikuliert werden? Und umgekehrt: Entspringt jeder geäußerte Wunsch einem „wirklichen" Bedürfnis? Schon diese wenigen Fragen machen deutlich, dass sich im Bedürfnis-Begriff empirische und normative Elemente mischen. Jeder Bedürfnistheorie liegt ein (normatives) Menschenbild zugrunde, das nicht seinerseits wieder auf bloße empirische Zusammenhänge zurückgeführt werden kann.

Trotz ihrer umstrittenen Validierung und der methodisch komplizierten Frage des Zusammenspiels normativer und empirischer Elemente hat die Maslowsche Bedürfnishierarchie wegen ihrer klaren Basiskonzeption einen sehr großen Einfluss auf die Entwicklung der Organisations- und Führungslehre genommen.

Einer der Ersten, der die Maslowschen Gedanken in ein Konzept organisatorischer Gestaltung umgesetzt hat, war Douglas McGregor (1960). Ausgangspunkt seiner Überlegungen ist die verhaltenssteuernde Funktion von Orientierungsmustern (gemeint sind: Alltagstheorien von Führungskräften), wie sie sich in Organisationen herausbilden. Im Zentrum steht dabei die Beobachtung, dass die Gestaltung organisatorischer Maßnahmen ganz wesentlich dadurch geprägt ist, welches Bild von Mitarbeitern bei den Führungskräften einer Organisation vorherrschend ist. Auf die hohe Bedeutung impliziter Orientierungsmuster für organisatorisches Handeln weist auch die Unternehmenskulturforschung hin (vgl. dazu Kapitel 10).

McGregor (1960) explizierte zwei idealtypische Handlungstheorien, „Theorie X" und „Theorie Y" (vgl. Abbildung 7.1), und zeigte, dass die traditionelle Organisationsgestaltung im Wesentlichen einer Theorie X-Orientierung entstammt.

Abbildung 7.1   Theorie X und Theorie Y

Organisatorische Orientierungstheorien	
Theorie X	**Theorie Y**
1. Der Durchschnittsmensch hat eine angeborene Abneigung gegen Arbeit und versucht, ihr aus dem Wege zu gehen, wo er nur kann („opportunistisches Verhalten").	1. Die Verausgabung durch körperliche und geistige Anstrengung beim Arbeiten kann als ebenso natürlich gelten wie Spiel oder Ruhe.
2. Weil der Mensch durch Arbeitsunlust gekennzeichnet ist, muss er energisch geführt und streng kontrolliert werden, damit die Unternehmensziele erreicht werden können.	2. Für Ziele, denen sie sich verpflichtet fühlen und die sie als sinnvoll erkennen, erlegen sich Menschen bereitwillig Selbstdisziplin und Selbstkontrolle auf.
3. Der Widerwille gegen die Arbeit ist so stark, dass sogar das Versprechen höheren Lohnes nicht reicht, ihn zu überwinden. Dazu bedarf es noch der Androhung von Strafe bei Zuwiderhandeln gegen die Regeln.	3. Wie sehr sich Menschen organisatorischen Zielen verpflichtet fühlen, ist eine Frage, inwieweit ihre Erreichung zugleich eine Erfüllung persönlicher Ziele erlaubt.
4. Menschen ziehen es vor, Routineaufgaben zu erledigen, besitzen verhältnismäßig wenig Ehrgeiz und sind vor allem auf Sicherheit bedacht.	4. Die Gabe, Vorstellungskraft, Urteilsvermögen und Kreativität für die Lösung organisatorischer Probleme zu entwickeln, ist in der Bevölkerung weit verbreitet und nicht nur bei Minderheiten.
5. Die meisten Menschen scheuen sich vor der Übernahme von Verantwortung.	5. Bei geeigneten Bedingungen wollen Menschen Verantwortung nicht nur übernehmen, sondern sie suchen sie sogar.

Wer Mitarbeiter überwiegend als verantwortungsscheu, desinteressiert und unengagiert sieht, stellt bei organisatorischen Gestaltungsmaßnahmen zwangsläufig Kontrolle und Anweisung in den Vordergrund. Diese Theorie-X-Grundeinstellung findet auch in den Begriffen der klassischen Organisationslehre ihren Niederschlag: „Kontrollspanne", „Befehlshierarchie", „Regelgehorsam", „Berichtspflichten", „Disziplinarstrafen" usw.

Die Pointe der McGregorschen Argumentation beginnt nun dort, wo sie – unter Verweis auf die Maslowsche Bedürfnispyramide – postuliert, dass das Theorie X-Menschenbild keineswegs dem entspricht, was Menschen typischerweise denken und wollen. Gestaltungsmaßnahmen, die sich an Theorie X orientieren, geraten deshalb zwangsläufig in einen tiefen Widerspruch zu den menschlichen Bedürfnissen. Im organisatorischen Alltag droht sich als Folge davon eine Negativ-Spirale einzupendeln (vgl. Abbildung 7.2).

Abbildung 7.2   Der Theorie X-Zirkel (circulus vitiosus)

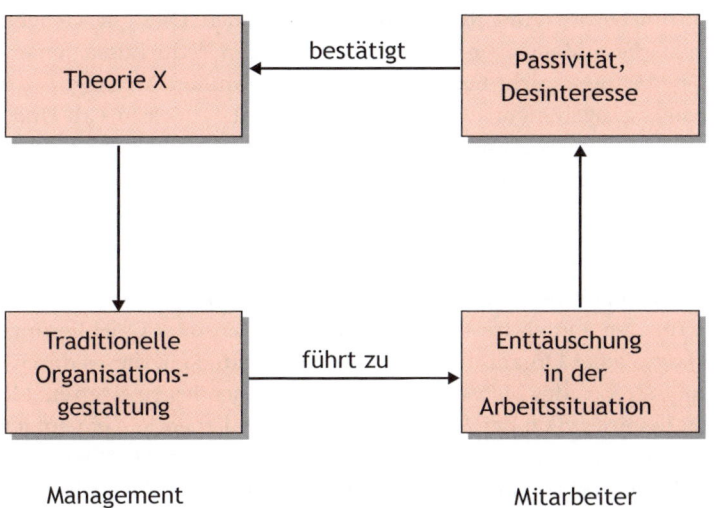

Es baut sich eine Art selbsterfüllender Prognose auf; organisatorische Gestaltungsmaßnahmen, die auf Kontrollbedürftigkeit und Passivität abstellen, lassen dem einzelnen Mitarbeiter keinen Freiraum zur Entfaltung seiner Fähigkeiten und Möglichkeiten. Dies führt zu Enttäuschung, Verbitterung und Abkapselung („innere Kündigung"); die Reaktion ist Gleichgültigkeit oder sogar ostentatives Desinteresse. Dieses Verhalten wird von den verantwortlichen Organisationsgestaltern und Entscheidungsträgern als Zeichen der Richtigkeit ihres Theorie X-Menschenbildes (miss-)verstanden. Sie fühlen sich wieder und wieder bestätigt in dem, was sie immer schon gedacht haben. Täglich erleben sie Anzeichen von mangelndem Eigeninteresse und Drückebergerei. Um die Schäden so gering wie möglich zu halten, fühlen sie sich aufgefordert, noch mehr Kontrolle und eine noch striktere Anweisungshierarchie einzuführen. Dies steigert die Enttäuschung über den Mangel an Bedürfnisbefriedigungsmöglichkeiten und führt verstärkt zu Apathie und passivem Widerstand. Statt sich zu entspannen, verfestigt oder verstärkt sich der Zirkel immer weiter. Die ganze Situation führt in der Tendenz in ein „lock-in", die Beteiligten reproduzieren ihr Verhalten, das Ergreifen einer Alternative rückt in immer weitere Ferne.

Das Hauptproblem liegt – McGregor zufolge – in der falschen Kausalattribution, Ursache und Wirkung werden von den Entscheidungsträgern und Organisationsgestaltern verwechselt. Nicht das fehlende Interesse, nicht das Streben nach Bequemlichkeit und „Opportunismus" (Drückebergerei und Betrügereien) sind der Grund für eine solche Art der Organisationsgestaltung, sondern umgekehrt, diese Art der Organisationsgestaltung und das dahinter liegende Menschenbild (Theorie X) sind die eigentliche Ursache genau dieser Verhaltensweisen. Passivität und Opportunismus sind also keine Konstanten, sondern Variablen, und ihre Ausprägung wird wesentlich von dem organisatorischen Umfeld bestimmt, d.h. vor allem auch von der Organisationsgestaltung.

McGregors Argumentation baut wesentlich auf der Maslowschen Bedürfnispyramide auf, er geht davon aus, dass die traditionellen Organisationsstrukturen in nur sehr beschränkter Weise eine Bedürfnisbefriedigung in der Arbeit ermöglichen. Dies gilt weniger für die niederrangigen, in starkem Maße aber für die höherrangigen Bedürfnisse. Jemand, der seine höherrangigen Bedürfnisse nicht befriedigen kann – postuliert McGregor –, ist in gewissem Sinne genauso ausgehungert wie jemand, der nichts zu essen hat. Und dieses Ausgehungertsein, diese „Deprivation", hat Konsequenzen, sie zeigt sich in Passivität, in der Weigerung, Verantwortung zu übernehmen usw. Es sind Symptome einer fortwährenden Enttäuschung, die sich in der Vergeudung menschlicher Kräfte und Potenziale und damit letztendlich in organisatorischer Ineffizienz niederschlagen.

McGregors Vorschlag zur Verbesserung der Situation setzt konsequenterweise dort an, wo er die Ursache für den Teufelskreis ausmacht, nämlich an dem Orientierungsmuster der Entscheidungsträger einer Organisation und der Notwendigkeit, dieses durch ein anderes, dem Entwicklungsstreben des Menschen besser entsprechendes zu ersetzen. McGregor entwickelt – erneut inspiriert von der Maslowschen Bedürfnistheorie – ein entgegengesetztes Orientierungsmuster; er nennt es Theorie Y. Hiernach streben Mitarbeiter im Grundsatz nach Selbstentfaltung und personalem Wachstum in der Arbeit, sie suchen nach der Gelegenheit, in der Arbeit ihre höherrangigen Bedürfnisse zu befriedigen. Menschen sind nicht – wie Theorie X unterstellt – von Hause aus passiv und desinteressiert; es ist die mangelnde Entfaltungsmöglichkeit in traditionell gestalteten Organisationen, die ihnen keine andere Wahl lässt (vgl. **Abbildung 7.1**).

McGregor plädiert nun dafür, die meist unbewusst vertretene Theorie X bewusst zu machen, ihre Kritikbedürftigkeit zu belegen und sie durch eine neue, erfolgversprechendere Handlungstheorie, nämlich durch Theorie Y, zu ersetzen. Der dabei leitende Kerngedanke ist, dass – analog zu den Ausführungen zur Theorie X – organisatorische Gestaltungsmaßnahmen, die in Theorie Y ihren Ausgangspunkt nehmen, sehr viel mehr den menschlichen Bedürfnissen und Erwartungen entsprechen. Theorie Y ermutigt, solche organisatorischen Bedingungen zu schaffen, die es den Organisationsmitgliedern ermöglichen, über eine Erfüllung der Unternehmensziele zugleich ihre persönlichen Ziele und Erwartungen zu erreichen („Integrationsprinzip"). Im Ergebnis werden sich gänzlich andere Verhaltensweisen zeigen; Mitarbeiter werden sich interessiert und engagiert ihrer herausfordernden Arbeit stellen, Verantwortung wird nicht mehr länger gemieden, sondern im Gegenteil gesucht. Statt eines „bösen" Zirkels pendelt sich ein „guter" Zirkel ein, mit der Folge, dass die Mitarbeiter nicht nur zufriedener, sondern auch Unternehmen sehr viel effizienter und rentabler arbeiten.

Mit der Theorie Y wurde kein Organisationsgestaltungsmodell entwickelt. McGregor verweist jedoch darauf, dass alle organisatorischen Maßnahmen, die die Selbstkontrolle fördern und eine stärkere Einbindung der Mitarbeiter in Entscheidungsprozesse ermöglichen, Schritte in Richtung auf ein Theorie Y-Management sind. Dazu gehören Maßnahmen wie Dezentralisation von Entscheidungsprozessen, Delegation von Verantwortung, Gruppenentscheidungen etc. In jedem Falle kommt es darauf an, die Aufgaben so zu gestalten, dass sich von innen heraus eine motivierte Arbeitshaltung, also eine intrinsische Motivation, entwickeln kann. Externe Leistungsanreize sind für diesen Prozess eher hinderlich.

7.2   Motivationsorientierte Arbeitsorganisation

Der Schwerpunkt motivationsorientierter Organisationsgestaltung liegt auf der Mikroebene, konkreter auf der Ebene der Arbeitsorganisation. Ausgangspunkt ist der Handlungsspielraum, den das einzelne Organisationsmitglied bei seiner Tätigkeit hat.

Eine praxisnahe Konkretisierung des Handlungsspielraums legen Hackman und Oldham vor (1980; vgl. auch resümierend Oldham/Hackman 2010). Sie unterscheiden die folgenden fünf Dimensionen:

1. Aufgabenvielfalt (Skill Variety), d.h. das Ausmaß, in dem die Ausführung einer Arbeit unterschiedliche Fähigkeiten und Fertigkeiten verlangt.

2. Ganzheitscharakter der Aufgabe (Task Identity), d.h. das Ausmaß, in dem die Tätigkeit die Erstellung eines abgeschlossenen und eigenständig identifizierbaren „Arbeitsstückes" verlangt.

3. Bedeutungsgehalt der Aufgabe (Task Significance), d.h. das Ausmaß, in dem die Tätigkeit einen bedeutsamen und wahrnehmbaren Nutzen für andere innerhalb und außerhalb der Organisation hat.

4. Autonomie des Handelns (Autonomy), d.h. das Ausmaß, in dem die Arbeit dem Beschäftigten Unabhängigkeit und einen zeitlichen und sachlichen Spielraum bei der Arbeitsausführung lässt.

5. Rückkoppelung (Feedback), d.h. das Ausmaß an Information, das der Arbeitsplatzinhaber über die Ergebnisse seiner Arbeit erhält.

Die Dimension „Bedeutungsgehalt der Aufgabe" (Task Significance) bezieht sich auf die individuelle und/oder gesellschaftliche Bewertung der jeweiligen Arbeit und der hergestellten Produkte und Dienstleistungen, sie geht weniger vom direkten Arbeitsinhalt aus. Ein hohes Ansehen einer Tätigkeit trägt mehr, ein geringes Ansehen weniger zur intrinsischen Motivation bei (Beispiel: Ärztin versus Leichenwäscherin).

Zur Erweiterung des Handlungsspielraums sind im Wesentlichen vier arbeitsorganisatorische Maßnahmen in der Diskussion. Abbildung 7.3 zeigt sie im Überblick:

Abbildung 7.3   Neue Formen der Arbeitsorganisation

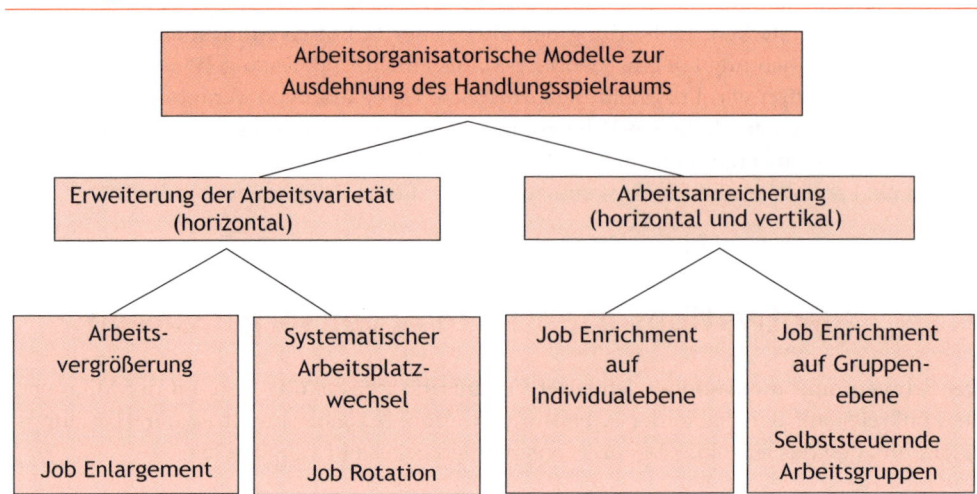

Arbeitsanreicherungsmaßnahmen beziehen sich auf den Entscheidungs- und Kontroll-spielraum und heben damit am unteren Ende der Management-Hierarchie die traditionel-le Trennung von leitender und ausführender Tätigkeit ansatzweise auf. Diese Ausweitung gewinnt umso mehr an Gewicht, je mehr sie im Sinne einer Ganzheitlichkeit angelegt ist. Die Qualität von Job Enrichment-Maßnahmen bestimmt sich weiterhin nach Art und Um-fang der erreichten neuen Aufgabenvielfalt. Es macht einen qualitativen Unterschied, ob z.B. chemotechnischen Assistenten im Labor zu ihrer bisherigen Analysetätigkeit zusätzlich die Säuberung der Geräte oder das Abfassen von Untersuchungsberichten über ihre Analysen übertragen wird. Auch bezüglich der Aufgabenvielfalt hat die erreichte Ganzheitlichkeit des Aufgabenvollzugs einen wesentlichen Einfluss auf das erreichte Niveau. Den Prozess der Arbeitsanreicherung veranschaulicht vgl. Abbildung 7.4 grafisch.

Wenn man bedenkt, dass es bei der Ausweitung des Entscheidungs- und Kontrollspiel-raums im Grunde um den Einbau von Leitungsfunktionen in die Aufgabe des Mitarbeiters geht, so wird unmittelbar deutlich, dass die Beschränkung auf die Einzelarbeitsplatzebene eine deutliche Begrenzung der Arbeitsanreicherungsmöglichkeiten darstellt. Einer solchen Beschränkung unterliegt das aus ursprünglich in Skandinavien entwickelte und zwischen-zeitlich in vielen Varianten praktizierte Modell der „teilautonome Arbeitsgruppen" nicht, das sich die Idee der Gruppenarbeit zu Nutze macht.

Wenn man bedenkt, dass es bei der Ausweitung des Entscheidungs- und Kontrollspiel-raums im Grunde um den Einbau von Leitungsfunktionen in die Aufgabe des Mitarbeiters geht, so wird unmittelbar deutlich, dass die Beschränkung auf die Einzelarbeitsplatzebene eine deutliche Begrenzung der Arbeitsanreicherungsmöglichkeiten darstellt. Einer solchen Beschränkung unterliegt das aus ursprünglich in Skandinavien entwickelte und zwischen-zeitlich in vielen Varianten praktizierte Modell der „teilautonome Arbeitsgruppen" nicht, das sich die Idee der Gruppenarbeit zu Nutze macht.

Abbildung 7.4 Prinzipien einer anreicherungsorientierten Arbeitsgestaltung

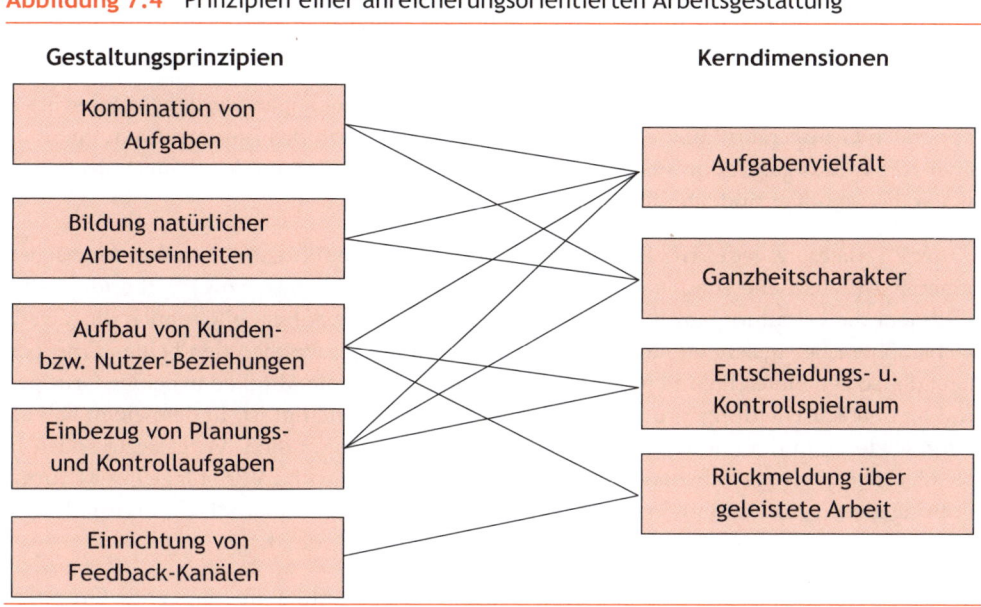

Quelle: Hackman et al. 1975, S. 62 (modifiziert)

7.3   Makroebene: Die Netzwerkstruktur

Während sich die Prinzipien der motivierenden Organisationsgestaltung auf Mikroebene primär als arbeitsorganisatorische Maßnahmen darstellen, laufen die Gestaltungsprinzipien auf der Makroebene stark auf eine Netzwerkstruktur hinaus. Ausgangspunkt dieser Gestaltungsschule sind die Arbeiten von Rensis Likert (1961; 1967).

Likert stützt seinen Ansatz weniger auf ein konkretes Bedürfnismodell, sondern auf die Ergebnisse empirischer Studien zur Erklärung organisatorischen Erfolgs. Sie weisen alle in dieselbe Richtung: Partizipatives und unterstützendes Führungsverhalten, Gruppenentscheidung, breite Kommunikationsmöglichkeiten und Einflusschancen.

Likert nimmt diese Untersuchungsergebnisse zum Ausgangspunkt für die Entwicklung eines gänzlich neuen netzwerkartigen Organisations- und Führungsmodells; er nennt es *„System 4"*. Es beruht neben dem Prinzip unterstützender Beziehungen und dem Prinzip der Teamarbeit vor allem auf dem Prinzip der multiplen überlappenden Organisationsstruktur (Netzwerk).

Als generelles Ziel für System 4 gilt: Unter voller Ausnutzung der technischen Ressourcen die Entwicklung der Organisation zu einem hoch motivierten, hoch koordinierten und hoch kooperativen sozialen System, das die Bedürfnisse und Erwartungen der Mitarbeiter in den

Leistungsprozess zu integrieren vermag (Integrationsprinzip). Die zentrale Idee von System 4 ist, dass über das Erreichen der Organisationsziele zugleich eine Erreichung der persönlichen Ziele möglich werden soll.

Auf das *Prinzip der multiplen Überlappung* soll genauer eingegangen werden. Mit der überlappenden Gruppenstruktur soll die Integration der Teams in das Gesamtsystem im Sinne einer Netzwerkorganisation sichergestellt werden. Eine Vernetzung der Teams wird in vertikaler, horizontaler und lateraler Richtung angestrebt.

Vertikale Vernetzung: Jede Arbeitsgruppe soll zunächst einmal hierarchisch mit der nächsthöheren Arbeitsebene (und dadurch mit dem gesamten Instanzenzug) verbunden sein. Nachdem die Gesamtorganisation auf Gruppenbasis aufgebaut ist, bildet auch die jeweils nächsthöhere Bezugseinheit eine Gruppe. Die Verbindung zwischen den beiden Gruppen stellt das so genannte „linking pin" her; dies ist eine Person, die Mitglied in beiden Gruppen und an den Entscheidungsprozessen in beiden Gruppen beteiligt ist; in dem einen Fall als Vorgesetzte(r), in dem anderen Fall als einfaches Gruppenmitglied. Vorgesetzte sollen in der hierarchisch vorgeordneten Gruppe die Meinungen, Ziele und Vorschläge ihrer Gruppe einbringen und zur Diskussion stellen. Auf diese Weise soll systematisch sichergestellt werden, dass auch von „unten nach oben" Einfluss ausgeübt werden kann.

Horizontale Vernetzung: In einem weiteren Schritt wird die vertikal überlappende Gruppenstruktur durch so genannte Querschnitts-Gruppen (cross-function work groups) erweitert. Diese sollen nach geographischen oder produktmäßigen Gesichtspunkten gebildet werden. Innerhalb dieser Gruppen bleibt das hierarchische Prinzip insofern gewahrt, als ihnen zum Zwecke der Abstimmung und Führung Vorgesetzte aus einem der berührten Funktionsbereiche vorstehen. Für die Mitglieder dieser Gruppen hat dies infolge ihrer Doppelmitgliedschaft in funktional-vertikalen und in Querschnitts-Arbeitsgruppen zur Konsequenz, dass sie mindestens zwei verschiedenen Vorgesetzten direkt unterstellt sind.

Das Organisationsmitglied kann seinen Einfluss über zwei unterschiedliche Kanäle geltend machen und zugleich erzwingt die Doppelmitgliedschaft, dass unterschiedliche Standpunkte eingenommen werden. Neben der funktionalen Perspektive (z.B. Produktion) ist nun auch die Querschnittsperspektive, sei es das Gesamtprodukt oder die Region, zu vertreten. Die Mitglieder der Querschnittsgruppen rekrutieren sich aus Funktionsgruppen gleicher Hierarchieebene. Nach ganz ähnlichen Prinzipien werden heute in den meisten Unternehmen Projektgruppen oder Module, speziell im F&E-Bereich gebildet.

Laterale Vernetzung: Neben der vertikalen und horizontalen Vernetzung sollen in System 4 zusätzliche lateral verknüpfte Arbeitsgruppen eingerichtet werden, die so genannten „crosslinking groups". Sie sind im Unterschied zu den Querschnittsgruppen nicht auf eine Hierarchieebene beschränkt. Die Einrichtung solcher „cross-linking groups" – man könnte sie auch als Projektgruppen bezeichnen – sieht System 4 überall dort vor, wo die vorhandenen Kommunikations- und Informationskanäle zu umständlich sind, wo für die Problemlösung ein unkonventionelles Kompetenzprofil der Gruppe erforderlich ist. Die Mitglieder der lateralen Gruppen setzen sich dementsprechend aus den unterschiedlichsten Abteilungen zusammen, gleichgültig aus welcher Hierarchieebene und aus welchem Bereich. In diesen

Gruppen ist die hierarchische Autorität weitgehend der Expertenmacht gewichen. Allerdings gilt auch für diese Gruppe das strenge Gruppenprinzip, d.h., es gibt einen formellen Vorgesetzten, der für die Funktionstüchtigkeit der Gruppe und die Verwendung der Gruppenentscheidungsmethode die Verantwortung trägt.

Der Weg zu System 4 soll über das so genannte *survey guided development* erleichtert werden, ein diagnosegestützter Entwicklungsprozess. Aus diesem Anstoß heraus hat sich in allgemeinerer Form die so genannte Führungs- und Organisationsdiagnose entwickelt, wie sie heute in vielen Unternehmen, wie z.B. IBM, Bertelsmann oder Deutsche Telekom zur Selbstverständlichkeit geworden ist und von zahlreichen Unternehmensberatungen als Standardinstrument angeboten wird.

System 4 kann ohne weiteres als Muttermodell aller modernen Teamorganisationen bezeichnet werden, wie sie in den letzten Jahren so stark favorisiert werden. In der jüngeren Diskussion werden die Voraussetzungen erfolgreicher Teamorganisation etwas anders akzentuiert, dabei spielt zum Beispiel die Notwendigkeit ausgeprägten Vertrauens eine große Rolle (etwa Eberl 2003), aber auch andere Dimensionen, wie im nächsten Abschnitt zu zeigen ist.

7.4 Laterale Organisationsmodelle: Die Netzwerkorganisation

Jüngere Entwicklungen auf dem Gebiet motivationsorientierter Organisationsgestaltung setzen zwei neue Schwerpunkte. Zum einen betonen sie stärker das Gesamtsystem als eine Art Großgruppe, d.h. die Teamprinzipien werden ausgedehnt. Dem Vertrauen und dem Teamgeist wird dabei eine herausragende Rolle zugewiesen. Ein zweiter neuer Schwerpunkt betont sehr stark die Selbstabstimmung und strebt – im Unterschied zu System 4 – generell einen Rückbau organisatorischer Regelung an. Die personale Kompetenz soll die Strukturrationalität (begrenzt) ersetzen. Verschiedene theoretische Strömungen fließen in diesen Ansätzen zusammen, man könnte die folgenden vier Kernelemente als tragendes Gerüst ansehen:

1. Empowerment

2. Horizontale Kooperation

3. Vernetzte Projektgruppen

4. Modulorganisation/ Lose Koppelung

1. *Empowerment*: Unter „Empowerment" (Manz/Sims 1987; Bowen/Lawler 1995) werden ganz generell Maßnahmen verstanden, Mitarbeitern weitreichende Kompetenzen, Befugnisse und Wissen zu übertragen. Das einzelne Organisationsmitglied soll befähigt („ermächtigt") werden, seinen Leistungsbeitrag zu einem wesentlichen Teil selbst zu bestimmen. Angestrebt wird also ein Prozess hin zu mehr Autonomie und Selbstverantwortung. Der Ansatz meint indessen mehr als Dezentralisation und Delegation von

Verantwortung; es geht primär um die Befähigung zu Eigeninitiative. Mitarbeiter sollen initiativ werden, sollen die für ihren Aufgabenvollzug relevanten Informationen aufnehmen und vor allem die Anschlüsse innerhalb des Unternehmens soweit als möglich nach eigenem Ermessen selbst herstellen (laterale Organisation). Die Neuverteilung von Kompetenzen, Informationen und Ressourcen mit dem Ergebnis des Empowerments wird vor allem durch die (Re-)Integration von Arbeitsabläufen möglich. Aufgaben, die einstmals zum Zwecke der Effizienzsteigerung eine extreme Zerteilung erfuhren, werden wieder zusammengefasst, sodass integrierte Aufgabenfolgen (in der Regel beim Kunden beginnend) entstehen. Der Prototyp hierfür ist die integrierte Auftragsbearbeitung.

Wie leicht zu erkennen, ist die Idee des Empowerments mit dem Konzept des Job-Enrichment und noch mehr mit dem der selbststeuernden Gruppen eng verwandt. Den Kern bilden hier wie dort die Mitarbeitermotivation und die Idee, dass durch die Befriedigung der höherrangigen Bedürfnisse eine wesentliche Motivations- und Leistungssteigerung erzielt werden kann. Insoweit ist das Empowerment durchaus traditionell (vgl. hierzu auch Gerum et al. 1996).

Es gibt jedoch einige entscheidende Stellen, an denen das Empowerment über die Perspektive der motivierenden Arbeitsgestaltung hinausreicht. Zunächst einmal ist es ein ganzheitlicher Ansatz, der von vornherein für das gesamte System und nicht nur für einzelne Arbeitsplätze gedacht ist. Zum zweiten betont das Empowerment nachdrücklich die Wirkung nach außen (Kundenorientierung) und die Verflechtung zwischen den Gruppen. Und schließlich stellt das Empowerment auch die Effektivität des Gesamtsystems in den Vordergrund; so vor allem die Innovationskraft und die Flexibilität.

2. *Horizontale Kooperation:* Diese Dimension zielt in erster Linie auf die Substitution von Hierarchie ab. In Kapitel 4 wurde bereits auf die wachsende Bedeutung bereichsübergreifenden Abstimmung nach eigenem Ermessen – bisweilen auch als Selbstorganisation bezeichnet – hingewiesen, ebenso wird der horizontalen Abstimmung im oben dargestellten System 4 eine zentrale Rolle zugewiesen (cross-function groups).

    Für den hier zu diskutierenden Bereich der motivationsorientierten Teamorganisation bedeutet die horizontale Selbstabstimmung vor allem, dass sich Teams auf gleicher Ebene nach Maßgabe der jeweils virulenten Schnittstellenprobleme untereinander abstimmen. Darüber hinaus sollen selbständig disponierende Teams auch Anschlüsse für problematische Sachverhalte außerhalb des Bereichs (Sparte, Tochtergesellschaft oder Unternehmung) nach eigenem Ermessen herstellen. Markantes Merkmal ist, dass die Projektteams die Zusammenarbeit selbst initiieren, so dass ein fließendes, sich immer wieder veränderndes Koordinationsmuster entsteht.

3. *Vernetzte Projektgruppen:* Ein drittes Element der lateralen Teamorganisation kann mit dem Oberbegriff „Vernetzte Projektgruppen" umschrieben werden. Die Projektarbeit wird zur dominanten Form der Arbeitsorganisation; sie gilt immer nur temporär und ist je nach Problemlage ständig neu zu bestimmen. Den Grundstock bilden interne fachliche Experten, die sich immer wieder neu zu Projektteams zusammenfinden. Innerhalb

der Teams werden Entscheidungen nach dem Kompetenzprinzip getroffen; die Teams untereinander arbeiten nach dem Vernetzungsprinzip.

4. *Modulare Organisation/Lose Koppelung*: Ein weiteres wesentliches Element der Netzwerkmodelle ist die Modularisierung. Das Konzept der Modularisierung stellt darauf ab, dass der Arbeitsprozess disaggregiert und in partiell verselbständigte, in sich weitgehend geschlossene Arbeitseinheiten untergliedert wird. Ziel einer solchen Schaffung von Modulen ist es, für das System mehr Flexibilität zu gewinnen. Die verselbständigten Teileinheiten (Module) können jetzt je nach Aufgabenstellung immer wieder neu zusammengesetzt werden. Ein System besitzt dann ein hohes Maß an Modularität, wenn die jeweiligen Rekombinationen ohne Funktionsverlust möglich sind, wenn sie sich also trotz der partiellen Verselbständigung jeweils gut miteinander kombinieren lassen (vgl. Schilling/Steensma 2001, S. 1151). Man spricht auch davon, dass modulare Organisationen „lose gekoppelt" sind. Dieses – aus den Naturwissenschaften stammende – Konzept versteht sich als Gegenpol zu dem traditionellen Organisationsideal, wonach möglichst alle Abteilungen und Stellen in einen stringenten Zusammenhang gebracht werden sollen, so dass Anweisungen von der Spitze eine reibungslose, genau vorhersagbare Umsetzung erfahren können („enge Koppelung"). Dieser an der Mechanik ausgerichteten Vorstellung setzt die lose Koppelung eine ganz andere Funktionslogik entgegen. Man versteht die Organisation als Geflecht relativ autonomer Subeinheiten, die nur okkasionell und nicht in genau spezifizierter Weise untereinander in Verbindung treten (vgl. Orton/Weick 1990).

Das Prinzip der losen Koppelung kann allerdings bei falscher Handhabung auch eine Reihe schwer kalkulierbarer Risiken mit sich bringen. Lose Koppelung kann auch „Entkoppelung" heißen, d.h. wichtige Koppelungen werden übersehen oder unterlassen. Mit anderen Worten, die lose Koppelung ist mehr als formal geregelte Anschlüsse darauf angewiesen, dass die Beschäftigten die abteilungsübergreifenden Zusammenhänge erkennen und bereit sind, Eigenziele zugunsten einer Gesamtzielsetzung zurückzustellen.

Als Beispiel für ein Unternehmen, das ein Organisations- und Führungsmodell praktiziert, welches den beschriebenen Merkmalen motivationsorientierter Teamorganisation weitgehend entspricht, kann W.L. Gore & Associates gelten. Eine Darstellung gibt Kasten 1.

Kasten 1: Das GORE-Modell

Die Firma wurde 1958 von Bill Gore und seiner Frau Vieve gegründet. Produziert werden im Wesentlichen Kunststoffe auf der Basis von PTFE (Polytetrafluorethylen). Nach Jahren hoher Prosperität und kontinuierlichen (selbstfinanzierten) Wachstums beschäftigt die Firma 2010 9.000 Mitarbeiter (Umsatz 2,5 Mrd. $) in mehr als 45 Werken weltweit – sieben davon in Deutschland. Das Unternehmen kam im Jahre 2011 zum vierzehnten Mal in Folge in die Fortune-Liste der 100 besten US-Arbeitgeber. W.L. Gore & Associates bezeichnet sich als Unternehmen ohne Hierarchie und ohne Titel, der Schwerpunkt liegt auf Empowerment und Teammanagement. Im Zentrum steht die direkte (nicht formalisierte) Interaktion und die gegenseitige Verantwortung multidisziplinärer Teams.

Um ein solches „personelles" Steuerungsmodell zu ermöglichen, gibt es in dem Unternehmen eine generelle Politik, nach der kein Werk mehr als 200 Personen beschäftigen darf. Dies ist auch der Grund, weshalb die Firma so viele Werke unterhält. Immer wenn ein Werk zu groß zu werden droht, steigt der Druck, ein neues zu gründen. Die Gründung der neuen Werke ist nicht Gegenstand eines längerfristigen Entwicklungsplanes, sondern liegt in den Händen der Mitarbeiter. Immer wieder findet sich jemand, der ein neues Werk gründen möchte.

Die Kernelemente des Gore-Modells sind

1. Selbstverantwortung.

2. Teamarbeit.

3. „Natürliche" Führung.

1. Selbstverantwortung. Das Gore-Modell geht im Einklang mit dem Human-Ressourcen-Ansatz davon aus, dass Mitarbeiter grundsätzlich nach einer Herausforderung in der Arbeit („use your freedom to grow") suchen und Verantwortung übernehmen wollen. Konkret prägt sich diese Grundüberzeugung nicht nur in angereicherten Arbeitsplätzen, sondern auch in dem Prinzip der Selbstverpflichtung aus. Mitarbeiter (dort: „Associates") übernehmen freiwillig über ihre aktuelle Aufgabe hinaus zusätzliche Selbstverpflichtungen. „Selbstverpflichtungen" (commitments) sind neue Aufgabenstellungen, für die die Mitarbeiter die entsprechende Befugnis eingeräumt bekommen, sie zu verwirklichen (empowerment).

Von allen Associates wird erwartet, dass sie solche Selbstverpflichtungen eingehen und selbst andere Associates finden, die sie – im Falle eines umfangreichen commitments – in ihrer Grundverpflichtung entlasten. Über die Gesamtleistung (bestehend aus der Grundverpflichtung und der Selbstverpflichtung) und die daran angebundene Entlohnung befindet ein „compensation team", das aus Mitarbeitern desselben Werkes besteht. Jeder Associate hat einen „Sponsor", eine Art Coach, der ihn unterstützend begleitet und auch darauf achtet, dass das compensation team eine faire Beurteilung abgibt.

Stellenbeschreibungen oder ähnliche daran anknüpfende Arbeitsbeschreibungen gibt es nicht und will man, u.a. aus Gründen der Flexibilität, auch nicht haben. Bei Gore & Associates gibt es auch keine Forschungs- und Entwicklungsabteilung, Innovation ist Aufgabe und Verpflichtung für alle. Jeder Mitarbeiter wird ermutigt, sich neue Produktideen auszudenken, zu experimentieren und ggf. eine Produktidee selbst bis zur Marktreife zu führen.

2. Teamarbeit. Bei Gore & Associates hat die direkte Kommunikation und die Abstimmung nach eigenem Ermessen absoluten Vorrang. Den Zusammenhalt soll ein Gitternetz („underground lattice") geben, in dem sich wichtige neue Informationen rasch und mühelos ausbreiten. Die Gore-Teams sind nicht formell bestimmt; sie bilden sich spontan um Projekte und spezielle Aufgabenstellungen. In Teams sind Spezialisten mit unterschiedlichen Kompetenzen vertreten. Die „Associates" können nach eigener Wahl mit anderen

Mitarbeitern Teams bilden; sie haben selbst dafür zu sorgen, dass sie über alle notwendigen Ressourcen verfügen. Teams stimmen sich untereinander durch direkte Kommunikation und permanentes Feedback ab. Dafür wurde als technische Voraussetzung ein hausinternes Kommunikationssystem installiert, das jedem Mitarbeiter erlaubt, schnell und unkompliziert mit anderen in Verbindung zu treten.

Sowohl für den Einzelnen als auch für das Team gilt das so genannte Wasserlinien-Prinzip („waterline"). Die Arbeit wird mit der Arbeit auf einem Schiff verglichen. Jeder kann selbständig arbeiten, z.B. einen neuen Service anbieten oder „Deckaufbauten" ändern, jedoch nur oberhalb der Wasserlinie. Sobald aber „Umbauarbeiten" unterhalb der Wasserlinie angestrebt werden, die also bei Unachtsamkeit das ganze Schiff gefährden können, ist eine Absprache mit erfahrenen Kollegen obligatorisch.

3. „Natürliche" Führung. Bei Gore & Associates gibt es eine Vielzahl von Führerschaften. Führung wird in erster Linie als Kompetenzführung auf der Basis anerkannter Expertenmacht verstanden. Von einer Führungskraft wird vor allem Beratung erwartet; Personen, die die Teams bei Problemen konsultieren. Die Firma will Führungskräfte nicht als Manager, als Erteiler von Anweisungen, verstanden wissen; noch sollen Führungskräfte in irgendeiner Weise die Verantwortung für andere Leute übernehmen (es gibt keine Personen mit Personalverantwortung im formalen Sinne). Führungskräfte können innerhalb von Teams diese Rolle übernehmen wie auch zwischen Teams. Immer ist Führung eine von den anderen Associates zugesprochene und damit auch rücknehmbare Funktion (mit Ausnahme der Gründerfamilie und dem „Schatzmeister"). Weil Führung nicht formal zugewiesen wird, spricht man in der Firma von natürlicher Führung; eine Führung, die sich im Laufe der Zeit quasi von selbst ergibt und unter Umständen auch von selbst wieder erledigt. Führer können zugleich „Sponsoren" sein, die beiden Rollen können aber auch von verschiedenen Personen wahrgenommen werden.

Erfolgswirksamkeit. Die Zahl der Patente pro Mitarbeiter und der Prozentanteil neuer Produkte am Umsatz ist bei Gore & Associates dreimal so hoch wie etwa bei DuPont de Nemours. Der Gewinn pro Mitarbeiter lag im Durchschnitt doppelt so hoch wie bei DuPont.

Quellen: Shipper, F./Manz, C. C.: An alternative road to empowerment, in: Organizational Dynamics 21 (1992) (3), S. 48 ff.; Loth, U.: Das Gore-Modell: Eigenständige Gruppen, Selbstverantwortung und natürliche Führung in dynamischer Unternehmenskultur, Materialien zum Vortrag auf dem 1. AWZ-Praxis-Symposium, Berlin, 10.11.1995; www.gore.com/de (Zugriff 02.02. 2011)

7.5   High Involvement Management

In den letzten Jahren mehren sich die Versuche, die sich weit verzweigenden motivationsorientierten Organisationsansätze wieder zu einem Gesamtmodell zusammenzuführen. Vorrangig sind hier die Arbeiten von Ed Lawler zu nennen (Lawler 1986, S. 191 ff. sowie Lawler/Boudreau 2009). Er spricht von einem strategischen Human-Ressourcen-Modell oder von „High-involvement management". Die wesentlichen Merkmale sind:

■ Basisphilosophie: Man kann Mitarbeitern vertrauen. Sie sind in der Lage, die Entscheidungen über ihre Arbeitsaktivitäten selbst zu treffen. Mitarbeiter eignen sich das dazu
notwendige Wissen an. Wenn Mitarbeitern die Möglichkeit eingeräumt wird, die Entscheidungen über ihre Arbeit im Wesentlichen selbst zu treffen, so zeigen sie ein erheblich größeres Engagement und der organisatorische Erfolg steigt beträchtlich.

■ Konfiguration der Organisationsstruktur: High Involvement Systeme haben eine flache
Organisationsstruktur mit einer weitgehenden Dezentralisierung der Entscheidungen.
Das Objekt-Prinzip rangiert vor dem Verrichtungs-Prinzip; überall, wo es möglich ist,
werden integrierte Prozesseinheiten mit zugewiesener Verantwortung geschaffen. Laterale Verknüpfung steht vor der hierarchischen Linie.

■ Arbeitsgestaltung: Die Arbeit ist soweit als möglich anzureichern, und zwar auf Einzel-
und/oder Gruppenarbeits-Basis.

■ Projektgruppen: Für temporäre Aufgaben sind grundsätzlich Projektgruppen zu bilden,
die funktions- und/oder hierarchieübergreifend zusammengestellt sind und sich lateral
verknüpfen. Der Aufbau einer parallelen Qualitätszirkelorganisation ist in High Involvement Organisationen überflüssig; Qualitätsfragen sind dort natürlicher Bestandteil der
täglichen Arbeit.

■ Informationssystem: High Involvement Organisationen brauchen ein gut funktionierendes Informationssystem, das sich nicht nur an finanziellen und Produktivitätsdaten
ausrichtet, sondern auch die Human-Ressourcen einbezieht. Die kontinuierliche Mit-
arbeiterbefragung (survey feedback) ist hierfür in besonderem Maße geeignet. Das Informationssystem hat sicherzustellen, dass jedes Organisationsmitglied über den Stand
der organisatorischen Entwicklung, die aktuellen Probleme und die angestrebten Ziele
informiert ist.

■ Ausgestaltung der Serviceeinrichtungen und der Arbeitsplätze: Der Sicherheits- und
sonstige ergonomische Standard an den Arbeitsplätzen ist hoch. Die allgemeinen Serviceeinrichtungen sind im Wesentlichen egalitär ausgerichtet. Weder gibt es ein spezielles Kasino für Führungskräfte, noch besondere Parkplätze. Die Büroausstattung unterscheidet sich nicht gravierend. Aufdringliche Statussymbole werden gemieden, um die
kooperative Atmosphäre nicht zu behindern.

■ Anreizsysteme: Die Entlohnung basiert im Sockel auf der Kompetenz und den erworbenen Fähigkeiten. Zusätzlich besuchte Fortbildungskurse, die die berufliche Qualifika-
tion steigern, werden honoriert. Dazu kommen Leistungsprämien, Gewinnbeteiligung
und gegebenenfalls Anteilsscheine bzw. Belegschaftsaktien. Die Grundlagen des Beloh-
nungssystems werden offen gelegt und offen diskutiert.

■ Personalpolitik: Die Personalpolitik ist flexibel ausgelegt, so dass die Mitarbeiter Spielraum für eine individuelle Anpassung bekommen. Zu derartigen Maßnahmen gehört
die Gleitzeit ebenso wie die flexible Arbeitszeit. Die Zusicherung einer Art Beschäfti-
gungsgarantie ist ein weiteres Element von High Involvement Systemen (natürlich vorausgesetzt, dass die wirtschaftliche Lage dies zulässt). Werden Entlassungen dennoch
unumgänglich, so werden die Entscheidungen gemeinsam mit den Vertretern der Be-

schäftigten getroffen (Anmerkung: Dies ist in Deutschland ohnehin gesetzlich vorgeschrieben).

■ Karrierepfade: In einer qualifizierungsorientierten Organisation spielt die persönliche Beratung für die Weiterentwicklung und die Fortbildung naturgemäß eine herausragende Rolle. Nachdem High Involvement Organisationen eher flache Strukturen aufweisen, eröffnen sich weniger Karrierechancen im Sinne hierarchischen Aufstiegs, umso mehr werden dort aber Möglichkeiten für persönliche Entwicklungskarrieren geboten.

■ Personalauswahl: Obwohl High Involvement Organisationen Entwicklungschancen für grundsätzlich Alle bieten, sind dort doch Menschen, die aus welchen Gründen auch immer mit allem Nachdruck auf unengagierten Routinetätigkeiten beharren, fehlplaziert.

■ Weiterbildungsaktivitäten: High Involvement Organisationen fußen auf selbstinteressierter Weiterentwicklung; um die herausfordernden Tätigkeiten bewältigen zu können, muss den Mitarbeitern in kontinuierlichen Weiterbildungsveranstaltungen die Möglichkeit gegeben werden, die dazu erforderliche Kompetenz zu erwerben. Dazu gehört auch die Vermittlung von Grundlagenwissen, um die ökonomische Situation der Firma richtig einordnen und Impulse für ihre Veränderung geben zu können. Eine solche starke Weiterbildungsorientierung soll in dem kompetenzorientierten Entlohnungssystem seine Entsprechung finden.

■ Führungsstil: Der Führungsstil in High Involvement Organisationen ist in erster Linie auf die Förderung der personalen Entwicklungsprozesse ausgerichtet. Die Führung gibt Ermutigung und regt zur Eigeninitiative an. Vorgesetzte sind aber auch gefordert, die Grundwerte der motivationsorientierten Führungs- und Organisationsphilosophie zu vermitteln. Die zentralen Stichworte für den Führungsstil sind: Vertrauen und Offenheit aufbauen; die relevanten Werte vermitteln; Entscheidungen dorthin lenken, wo sie am besten bearbeitet werden können und Mitarbeiter dabei unterstützen, ein Gefühl hoher Kompetenz und Selbstachtung zu erlangen.

■ Aufbau vertrauensvoller Zusammenarbeit mit den Belegschaftsvertretern: High Involvement Organisationen akzeptieren die Vertreter der Belegschaft als demokratisch legitimierte Verhandlungspartner und versuchen, mit ihnen unvoreingenommen ein partnerschaftliches Verhältnis aufzubauen.

■ Unternehmensethik: Motivationsorientierte Organisationen bauen auf Ehrlichkeit und soziale Verantwortung nicht nur im Innen-, sondern auch im Außenverhältnis.

Zwischenzeitlich gibt es zahlreiche empirische Studien, die den Effekt motivations-orientierter Organisationsgestaltung geprüft haben (eine gute Zusammenstellung bieten Pfeffer 1997, S. 169 ff. und Zatzick/Iverson 2006). Die Studien kommen insgesamt zu einem sehr positiven Bild sowohl was Flexibilität und Innovationsfähigkeit als auch was Umsatz und Rentabilität anbelangt.

Die Verbreitung motivationsorientierter Organisationsgestaltung in der Praxis ist unterschiedlich. In Skandinavien, Japan und in deutschsprachigen Ländern ist die Aufnahmebereitschaft deutlich größer als in den anglo-amerikanischen Ländern. In den letzten Jahren hat das High Involvement Management einen starken Impuls durch den Ressourcenbasierten Ansatz erfahren (vgl. Barney 1991). Angestoßen durch die Suche nach schwer imitierbaren Wettbewerbsvorteilen konzentriert sich das Interesse auf firmenspezifische Ressourcen, die sich durch eine besondere Art des Zusammenwirkens zu spezifischen Kompetenzen bündeln (vgl. Helfat/Peteraf 2003). Hier sind in erster Linie Human Ressourcen von Belang, weil sie im Zuge ihres Zusammenwirkens spezielles Wissen und besondere Praktiken („intangible assets") entwickeln, die in sich komplex und in ihrer Wirkungsweise schwer durchdringbar („kausal amorph") sind – und damit die Voraussetzung für geringe Imitierbarkeit durch Wettbewerber erfüllen (vgl. Barney/Hesterly 2008). Dies bedeutet auch, dass in High Involvement Systemen die „organisatorische Zentralität" der Human Ressourcen steigt, ihre Erfahrungen, ihr Wissen und ihre Kooperationspraktiken gewinnen strategische Bedeutung.

Übungsaufgaben

1. Weshalb ist die Selbstverwirklichung kein Defizitbedürfnis in der Theorie von Maslow?

2. Inwieweit baut der Y-Zirkel im Ansatz von McGregor auf Maslow auf?

3. Diskutieren Sie die Aussage: „Theorie Y ist mir zu gefährlich: Vertrauen ist gut, Kontrolle ist besser!"

4. Warum wird die traditionelle Organisation als die „verschwenderischste Form der Kombination von Human-Ressourcen" kritisiert?

5. Was ist die Idee des Integrationsprinzips?

6. Inwiefern sprengen „cross function groups" das Prinzip der Einheit der Auftragserteilung?

7. Was sind die Ziele von „Empowerment"? Sollten alle Unternehmen Empowerment einführen?

8. Welche Funktionen soll die „lose Koppelung" übernehmen? Inwiefern soll sie zur Flexibilisierung von Organisationen beitragen?

9. Welche Merkmale des High Involvement-Ansatzes finden Sie in dem Beispiel des Unternehmens GORE & Associates praktisch umgesetzt?

10. Diskutieren Sie folgende Aussage: „Die Human-Ressourcen-Ansätze sind nur für Gutmenschen geeignet – der Rest braucht Befehl und Gehorsam!"

Literaturempfehlungen

Dosi, G./ Nelson, R.R./Winter, S.G.: The nature and dynamics of organizational capabilities, Oxford/New York, 2000

Zeigt die Bedeutung organisationaler Kompetenzen und ihre Entstehung im Zusammenwirken der Organisationsmitglieder auf.

Frey, B./Osterloh, M.: Managing Motivation, 2. Auflage, Wiesbaden, 2002

Behandelt insbesondere Fragen der intrinsischen Motivationund ihre Bedeutung für organisationales Handeln.

Lawler, E.E. III., Talent: Making people your competitive advantage, NY, 2008

Jüngste Fassung der Ideen des High Involvements-Managements und Demonstration anhand von Beispielen, wie gutes Human-Ressourcen-Management zum Wettbewerbsvorteil geraten kann.

Literatur

Barney, J. (1991): Firm resources and sustained competitive advantage, in: Journal of Management 17 (1), S. 99.

Barney, J. B./Hesterly, W. S. (2008): Strategic management and competitive advantage, 2. Aufl., Upper Saddle River, NJ.

Bowen, D. E./Lawler, E. E. I. (1995): Empowering service employees, in: Sloan Management Review 36 (2), S. 73-84.

Eberl, P. (2003): Vertrauen und Management. Studien zu einer theoretischen Fundierung des Vertrauenskonstrukts in der Managementlehre, Stuttgart.

Gerum, E./Schäfer, I./Schober, H. (1996): Empowerment – viel Lärm um nichts?, in: WIST Wirtschaftswissenschaftliches Studium 25 (10), S. 498-502.

Hackman, R. J./Oldham, G. R. (1980): Work redesign, Reading, Mass.

Hackman, R. J./Oldham, G. R./Janson, R./Purdy, K. (1975): A new strategy for job enrichment, in: California Management Review 17 (4), S. 57-71.

Helfat, C. E./Peteraf, M. A. (2003): The dynamic resource-based view: Capability lifecycles, in: Strategic Management Journal 24 (10), S. 997-1010.

Kanfer, R. (1992): Work motivation: New direction in theory and research, in: Cooper, C. L./ Robertson, J. T. (Hrsg.): International Review of Industrial and Organizational Theory, S. 1-53.

Lawler, E. E. (1986): High-involvement management, San Francisco.

Lawler, E. E./Boudreau, J. W. (2009): What makes HR a strategic partner?, in: People & Strategy 32 (1), S. 14-22.

Lawler, E. E. I./Ulrich, D. (2008): Talent: making people your competitive advantage, San Fransisco.

Likert, R. (1961): New patterns of management, New York.

Likert, R. (1967): The human organization: Its management and value, New York.

Manz, C. C./Sims, H. P. (1987): Leading workers to lead themselves: The external leadership of self-managing work teams, in: Administrative Science Quarterly 32 (1), S. 106-128.

Maslow, A. H. (2002): Motivation und Persönlichkeit, 12. Aufl., Reinbek.

McGregor, D. (1960): The human side of enterprise, New York.

Oldham, G. R./Hackman, J. R. (2010): Not what it was and not what it will be: The future of job design research, in: Journal of Organizational Behavior 31 (2-3), S. 463-479.

Orton, J. D./Weick, K. E. (1990): Loosely coupled systems: A reconceptualization, in: Academy of Management Review 15 (2), S. 203-223.

Pfeffer, J. (1997): New directions for organization theory: Problems and prospects, New York, Oxford.

Roethlisberger, F. J./Dickson, W. J. (1939): Management and the worker: An account of a research program conducted by the Western Electric Company, Hawthorne Works, Chicago et al.

Salancik, G. R./Pfeffer, J. (1978): A social information processing approach to job attitudes and task design, in: Administrative Science Quarterly 23 (2), S. 224-253.

Schilling, M. A./Steensma, H. K. (2001): The use of modular organizational forms: An industry-level analysis, in: Academy of Management Journal 44 (6), S. 1149-1168.

Zatzick, C. D./Iverson, R. D. (2006): High-involvement management and workforce reduction: Competitive advantage or disadvantage?, in: Academy of Management Journal 49 (5), S. 999-1015.

Teil 3
Informale Organisation

8 Informelle Handlungsmuster in Organisation

8.1   Emergente Ordnung

Bereits bei der Diskussion verschiedener Formen moderner Arbeitsorganisation als auch bei den motivationsorientierten Organisationsmodellen ist auf Muster des Zusammenwirkens im organisatorischen Alltag hingewiesen worden, die für die Abstimmungsleistung und die Funktionstüchtigkeit der gesamten Organisation große Bedeutung haben, obwohl sie nicht das Ergebnis formaler Organisationsgestaltung sind. Es handelt sich dabei um Praktiken, Kooperationen, Routinen usw., die sich im Laufe der Zeit in Organisationen herausbilden und häufig untereinander verknüpft sind. Gemeint sind ganz generell Handlungsmuster, die sich in Organisationen entwickeln und außerhalb oder neben den Erwartungsbahnen der formalen Struktur bewegen. Bisweilen wird diesen nicht offiziell geplanten Steuerungskräften sogar eine höhere Bedeutung für den Erfolg einer Organisation zuerkannt als den formalen Strukturen und Instrumenten. Eine Beschäftigung mit den Bedingungsfaktoren organisatorischen Erfolgs macht daher auch eine Auseinandersetzung mit diesen ungeplant entstandenen Prozessen notwendig.

Aus einer steuerungsbezogenen Perspektive werfen diese Phänomene Fragen besonderer Art auf. Wie soll mit Praktiken umgegangen werden, die einerseits für den Leistungsprozess von eminenter Bedeutung sind, andererseits aber gar nicht offiziell vorgesehen und genehmigt sind? Wie können solche Prozesse einer Einflussnahme zugänglich gemacht werden?

Eine Reihe neuerer Ansätze betrachtet diese informalen Handlungsmuster aus einer viel radikaleren Perspektive als das hier anklingt, indem man die Grenze zwischen formalen Regeln und informalen Entwicklungen fallen lässt. Das Interesse – wie eingangs schon gesagt – gilt nur noch regelhaftem (organisatorischen, institutionellen) Verhalten, ob dieses durch formale Anordnung oder informell gebildet wurde, erscheint aus dieser Perspektive nicht mehr länger von großer Bedeutung. Das gilt insbesondere für die evolutorische Ökonomik (insbesondere Nelson/Winter 1982), für die neuere Institutionenökonomik (insbesondere North 1990) ebenso wie für die Strukturaktionstheorie (Giddens 1984) und die hierzu verwandte Practice-Schule (etwa Gherardi 2006). Regeln, Routinen und Praktiken werden nur noch in ihrer Funktionsweise erklärt, nämlich die Steuerung des Verhaltens nach bestimmten Mustern. Nach North (1990) sind solche Verhaltensregelungen Institutionen in Kontexten jeder Art, die er in Anspielung auf die Spieltheorie „the rules of the game" nennt. Bezeichnet wird damit ein stabilisierter Satz von Erwartungen (Normen). Die Entstehung dieser Regeln spielt im Grundsatz keine Rolle, sie werden aber im Wesentlichen emergent erklärt, also im Sinne eines ungeplanten evolutionären Prozesses (bahnbrechend v. Hayek 1994). Praktiken entstehen auf unvorherschbare Weise und werden je nach Kontext und Funktionalität stabilisiert bzw. kommen in ein Gleichgewicht.

Folgte man diesem Weg, so würde sich die oben formulierte Gestaltungsfrage nach dem Verhältnis von formellen und informellen Strukturen nicht mehr stellen. Dies erscheint jedoch eine zu einfache Sicht organisatorischer Prozesse zu sein: Mit dem Ignorieren der Grenzen zwischen Formalem und Informalem gehen Unterscheidungen verloren, die für eine Steuerungsperspektive von hoher Relevanz sind. Formale Strukturen sind Regeln besonderer Art mit eigenen Wirkungsmustern; sie werden ausdrücklich geschaffen zur Steuerung des Verhaltens der Organisationsmitglieder und zu diesem Zwecke via Arbeitsvertrag mit dem Autoritäts- und Herrschaftssystem verknüpft. Mit anderen Worten, sie werden offiziell in Kraft gesetzt und ihre Anerkennung bzw. Befolgung ist schlicht Bedingung für die Mitgliedschaft. Es handelt sich also um eine Art befohlener Verhaltensmuster. Im Unterschied dazu ist die Einhaltung informaler Regeln keineswegs vertraglich gesichert und damit auch nicht erzwingbar. Darüber hinaus entstehen informale Praktiken häufig erst in Auseinandersetzung mit der formalen Welt, sie können sie ergänzen, sie unterlaufen, sie scheitern lassen, sie verändern usw. Mit anderen Worten, das formale Regelgerüst wird von den informalen Praktiken in verschiedenster Weise überlagert. Informales und Formales sind also dicht verwoben, doch ist von der Logik der Analyse her klar, Informales kann man nur sehen, wenn es Formales als Referenzrahmen gibt.

Auf diese dialektische Perspektive kann eine differenzierte Organisationsanalyse deshalb nicht verzichten. Dies wäre genauso einseitig wie in der klassischen Organisationslehre, die ihr Augenmerk ausschließlich auf das formale Strukturgefüge und seine Konstruktionsprinzipien gerichtet hat. Schon diese kurzen Bemerkungen verweisen darauf, dass für eine treffende Organisationsanalyse nicht nur die Kenntnis des formellen und des informellen Bereichs erforderlich ist, sondern auch und insbesondere das *Verhältnis* von formellen und emergenten Handlungsmustern zueinander.

8.2   Informale und formale Organisation

Den Ausgangspunkt für die Beschäftigung mit informalen Praktiken im organisatorischen Alltag bildeten die Hawthorne-Experimente mit ihrer Dokumentation informeller Gruppenprozesse (Homans 1950). Schon früh konnte man erkennen, dass die informale Organisation eine Verhaltensordnung bezeichnet, mit eigenen Normen und Kommunikationsstilen, mit eigenen Statusstrukturen (d.h. in der informellen Organisationswelt wird Status nach anderen Attributen vergeben als in der formellen Welt), mit eigenen Führungsstrukturen, mit eigenen Sanktionsmustern usw. Zunächst hatte man insgesamt eine sehr ablehnende Haltung gegenüber den informellen Entwicklungen eingenommen, man sah in ihnen einen Störfaktor, eine latent aufständische, subversive Kraft. Diese Einschätzung kam nicht von ungefähr, machten sich doch die beobachteten informellen Organisationspraktiken anheischig, eigene Ordnungsprinzipien zu etablieren, gleichgültig, ob bewusst oder unbewusst, ohne dafür auch nur im geringsten legitimiert zu sein. Das Ordnungsmonopol liegt bei der Organisationsspitze, und seine Akzeptanz wird über den Arbeitsvertrag abgesichert. Aber mehr noch, es ist nicht nur diese latente Anmaßung, die irritiert, sondern auch der zum Teil konfliktäre Geltungsanspruch. Nicht selten überlagern die informellen Erwartungen die formellen oder setzen diese partiell außer Kraft. Man denke nur an die informellen Normen, die gewerbliche Gruppen typischerweise setzen, um die Produktivität zu regulieren.

Später – vor allem angestoßen durch die Hawthorne-Experimente – hat man diese einseitig negative Sichtweise aufgegeben und informelle Praktiken als willkommene Ergänzung zur formellen Welt gesehen (vgl. auch Litwak 1985). Emotionale Defizite der formalen Welt sollten beispielsweise durch sympathie-getönte Kontakte im Informalen ausgeglichen werden. Heute steht mehr eine Betrachtung der gesamten Organisation und ihrer Funktionsmechanismen im Vordergrund beginnend mit Barnard (1938). Man studiert die informellen Praktiken – wie bereits angesprochen – stärker in ihrer *Interaktion* mit der formalen Organisation. Nicht selten sieht man sie als unvermeidbares Korrektiv formaler Organisationsgestaltung.

Es war vor allem Luhmann (1995), der gezeigt hat, dass die konsequente und konsistente Formalisierung einer Organisation zwangsläufig eine Engführung der Systemausrichtung bedeutet, die angesichts einer komplexen Umwelt zur Bestandsbedrohung wird. Formale Regelsysteme pochen immer, ihrer inneren Logik entsprechend, auf stabile Routine und Eindeutigkeit. Die informelle Organisation öffnet dagegen den Weg zu anderen Orientierungen, zur flexibleren Handhabung formeller Regeln, zur Bewältigung widerspruchsvoller Anforderungen aus der Umwelt usw. Beide Ordnungsmuster stehen sich für gewöhnlich nicht feindselig gegenüber (obwohl dieser Fall nicht ausgeschlossen werden kann), sondern bilden eine Art funktionale Symbiose im Hinblick auf den Systemerhalt und die Leistungsfähigkeit eines Systems.

Im Organisationsalltag finden viele Organisationen einen effektiven Umgang mit dieser Doppelwelt, der auf eine Art Doppelspiel hinausläuft. Die Organisationsmitglieder sind dabei nicht einem lähmenden Ordnungspatt ausgesetzt, wie man vor dem Hintergrund der Ordnungsprinzipien der klassischen Organisationslehre vermuten würde, sondern bewegen sich für gewöhnlich relativ sicher zwischen diesen beiden Ordnungswelten hin und her. Problemstellungen werden je nachdem in der einen oder der anderen Ordnungswelt abgearbeitet; durch die zeitliche Entzerrung verschiedener Situationen können die Diskrepanz und die Widersprüchlichkeit der Orientierungsmuster gemildert werden (Luhmann 1995). Der Wechsel zwischen den Ordnungswelten bleibt auf die Dauer kein heimlicher Akt, sondern wird fast zur regelmäßigen Erwartung der Systemmitglieder untereinander. Das Durchschauen des Wechselverhaltens gehört zu den Regeln, die man beherrschen muss, will man effektiv in der Organisation agieren. Der Werksleiter erkundigt sich bei den Planern, ob für ihn „ein bisschen Geld da sei", und stellt danach einen formellen Investitionsantrag; der Projektleiter erläutert seinem Team das neue Termingerüst der Geschäftsleitung und bedeutet, dass er dies für unrealistisch halte; Abteilungsleiter tauschen Informationen auf der Basis „kollegialer Vertraulichkeit" aus; die Aufsichtsratsvorsitzende trifft sich im Vorfeld der nächsten Sitzung mit dem stellvertretenden Vorsitzenden (von der Arbeitnehmerbank) und bespricht alle die Punkte, die in der Sitzung noch nicht angesprochen werden können usw. Auf diese Weise wird eine wesentlich geschmeidigere und vollständigere Problembearbeitung möglich als mit einem strengen Regelverhalten nach der formalen Organisation.

Der Wechsel zwischen der formalen und informalen Ordnung bedeutet aber häufig auch, dass den formalen Erwartungen nicht entsprochen wird, jedenfalls zu einem gewissen Teil. Der ganze Bereich der informalen Organisation wirft damit zugleich die Frage nach der Regeltreue bzw. der Abweichung von der offiziellen Norm auf (Ortmann 2003). Daraus ergibt sich eine paradoxe Situation, Organisationen etablieren zur Lösung ihrer Probleme eine formale Struktur (z.B. eine divisionale Organisation oder eine Projekt-Organisation), und sie müssen zugleich zur Erreichung der Leistungsziele ein Abweichen von just diesen Regeln akzeptieren, wenn nicht sogar stillschweigend fördern.

8.3   Typen informeller Handlungsmuster

Brauchbare Illegalität

Eine interessante Situation entsteht überall, wo sich die Abweichung von einer Regel für die Organisation keineswegs ungünstig auswirkt. Luhmann (1995, S. 304 ff.) spricht in diesem Zusammenhang treffend von *„brauchbarer Illegalität"*, also einem Verhalten, das formale Regeln einer Organisation verletzt und insofern „illegal" ist, gleichwohl aber in seinem Effekt der Organisation nützt. Brauchbare Illegalität bezeichnet also die Grauzone funktionaler Regelverletzung: Der „kleine Schwindel", der den Verkauf gefördert hat; das nicht erlaubte Treffen mit Kollegen der Konkurrenz, das aber neue Informationen zutage fördert; die Ignorierung des Dienstweges, um Prozesse zu beschleunigen usw. Kriminalserien im Fernsehen werden immer häufiger zum Ort, an dem brauchbare Illegalität virtuos praktiziert und als gängige Praxis in deutschen Polizeiorganisationen vorgeführt wird. Brauchbare Illegalität heißt also, dass die formale Organisation keineswegs außer Kraft gesetzt ist, ihre Regeln aber nur eingeschränkt zur Richtschnur des faktischen Handelns genommen werden. Um Erfolg zu erzielen, werden die formalen Regeln ignoriert bzw. durch andere Handlungsorientierungen ersetzt.

Wenn es brauchbare Illegalität gibt, so muss es logischerweise auch unbrauchbare Illegalität geben. Wo ist die Grenze zu ziehen? Es dürfte zunächst einmal klar sein, dass in diesem Kontext Brauchbarkeit auf die Organisation und nicht auf das kalkulierende Individuum gemünzt ist. Brauchbar ist ein illegales Handlungsmuster dann, wenn es der Organisation Vorteile bringt (im Vergleich zu einem rein formalen Handeln). Der Begriff der Vorteilhaftigkeit impliziert ein Werturteil und verweist auf das Zielsystem der jeweiligen Organisation, in dessen Lichte die Beurteilung erfolgt. Es ist also durchaus vorstellbar, dass die Frage, ob eine illegale Handlungspraktik „brauchbar" ist, strittig bleibt, weil im Rahmen des Beurteilungsprozesses verschiedene Zielmaßstäbe verwendet werden.

Aus organisatorischer Sicht wirft die Unterscheidung in brauchbare und unbrauchbare Illegalität ein weiteres Problem auf. Ob eine Regelverletzung brauchbar ist, kann typischerweise erst ex post festgestellt werden. Nicht selten bleibt es damit das Risiko der Mitarbeiter, ob sie die Regelabweichung wagen oder nicht.

Zur Beurteilung der brauchbaren Illegalität darf auch nicht nur die Einzelaktion und ihre Wirkung betrachtet werden, die Regelverstöße finden in einem organisatorischen System statt, d.h. Regelverstöße werden von den anderen Organisationsmitgliedern beobachtet und haben daher oft weiterreichende Wirkungen als angenommen. So kann etwa ein tolerierter Regelverstoß rasch Imitatoren finden und somit eine ganze Kette von Regelverstößen nach sich ziehen. Im Extremfall kann es sogar zu einer eskalierenden Abweichungsspirale kommen, die die Relevanz der formalen Ordnung in Frage stellt. In jedem Fall ist die Glaubwürdigkeit des formalen Regelapparats bedroht.

Alle diese zuletzt genannten Überlegungen führen aus der Perspektive der Leitung zu der Frage, wie mit diesem widersprüchlichen Handlungskomplex am zweckmäßigsten umgegangen werden kann. Dabei lassen sich zwei Problemkreise unterscheiden, nämlich wie konkret auf Fälle brauchbarer Illegalität reagiert werden soll, und zum anderen allgemeiner, ob bereits ex ante ein Bereich akzeptabler Regelverstöße umrissen werden kann.

Eine Ex-ante-Regelung des Informalen kommt der reichlich paradoxen Aufgabe gleich, Regelverstöße durch Regeln bestimmen zu wollen – und doch entwickeln sich in Organisationen unsichtbare Ordnungen, die hier begrenzen und Eskalationsspiralen verhindern (Crozier/Friedberg 1979). In Kapitel 10 wird von Unternehmenskultur die Rede sein, und sie lässt sich genau als eine solche unsichtbare Ordnungskraft verstehen. Eine formale Regelung im Sinne einer präzisen Bestimmung der akzeptierten Abweichung ist indessen schwierig. Problematisch bleibt eine solche Steuerung aber grundsätzlich, weil eine Abweichung von Vorgesetzten oder ganz allgemein von der Hierarchie gar nicht formell erwartet werden kann.

Die andere Frage ist, wie die Organisation, in der es zu einem Akt brauchbarer Illegalität gekommen ist, darauf reagieren soll.

Hier kann man grundsätzlich drei Reaktionsmuster unterscheiden:

1. Ignorieren

2. Offene Toleranz und Augen zudrücken

3. Bestrafen

1. *Ignorieren*, also das absichtliche Wegschauen, scheint nur dort praktikabel, wo die Abweichung nur der Vorgesetzten bekannt wird. Wenn die Abweichung von der Regel für viele sichtbar wurde, dann wird die Organisation von ihren Organisationsmitgliedern beobachtet, d.h. es wird eine Reaktion erwartet.

2. *Tolerieren und Augen zudrücken* sind nur so lange denkbare Reaktionsfiguren, wie es sich um kleinere Regelverstöße (Bagatelle) gehandelt hat oder wenn es sich um Regeln handelt, die ohnehin schon kaum mehr jemand beachtet hat. Je stärker der Verstoß und je größer die Gefahr einer Abweichungsspirale, desto eher muss von Seiten der Leitung interveniert werden.

3. Formell stehen in jeder hierarchischen Ordnung immer *Sanktionen* für den Regelverstoß bereit bis hin zur Entlassung. Der Einsatz solcher Maßnahmen ist jedoch insofern deutlich begrenzt, als der Erfolg, also die erwiesene Brauchbarkeit, nicht selten von den Organisationsmitgliedern als legitimierend und jedwede Strafe als ungerecht und unsinnig erlebt wird. Warum wird die Kollegin bestraft, wo sie doch so erfolgreich war? Wiederum darf nicht nur die Einzelreaktion beachtet werden, sondern die Wirkung der Reaktionsweise auf das Gesamtsystem. Es geht eben um Handeln in Organisationen.

Nun sind allerdings große symbolträchtige Fälle brauchbarer Illegalität eher die Ausnahme, vieles lässt sich im Organisationsalltag am „Rande der Legalität" abhandeln oder durch Interpretation der Handlungsweisen in diese für die formale Ordnung weniger problematische Zwischenzone verlagern (Luhmann 1995, S. 311).

Eine interessante Querverbindung ergibt sich, wenn man die brauchbare Illegalität in den Kontext moderner Vernetzungskonzepte stellt. Nicht selten ist die interne Vernetzung in

Organisationen, die heute – wie oben dargestellt – als wichtiges Element moderner Unternehmensführung gilt, das Ergebnis brauchbarer Illegalität. Organisationsmitglieder machen sich auf den Weg, Abstimmungen nach eigenem Ermessen herbeizuführen, ohne dazu offiziell legitimiert zu sein oder noch deutlicher, obwohl solche Aktivitäten außerhalb der Kompetenzen liegen. Kasten 1 zeigt die gemeinten Zusammenhänge plastisch auf.

Kasten 1: Informelle Netzwerke in Hierarchien

„Das Organisationsschema entwickelte sich ursprünglich aus dem Bedürfnis nach Ordnung. Es diente als Rahmen für die Optimierung vielfältiger Funktionen, sollte Kompetenzbereiche festlegen und abgrenzen, die Ressourcen zuweisen, den Wissensbesitz, die Kommunikationskaskaden und das Management von Leistung, Vergütung und Karriere regeln.

Die heutigen technischen Möglichkeiten und der zunehmend individualistische Ansatz bei der Karriereplanung lassen jedoch viele dieser Funktionen überholt erscheinen oder liefern alternative Methoden für den Umgang mit ihnen – Methoden, die weniger hierarchieabhängig sind.

So haben etwa inzwischen Techniken wie E-Mail, Voice-mail, Instant Messaging und Internet die interne Kommunikation von ihrer Mittelbarkeit befreit, sodass Missverständnisse durch Übermittlungsfehler beim Weiterleiten von Botschaften über mehrere Ebenen hinweg seltener geworden sind (…).

Nehmen wir zum Beispiel eine Umstrukturierung, bei der die Verantwortung für unternehmensweite IT-Initiativen, die vorher bei mehreren strategischen Unternehmensbereichen lag, auf ein gemeinsames Servicezentrum übertragen wird. Die strukturelle Änderung ist logisch, weil sie Doppelarbeit verringert, Größenvorteile bringt und eine attraktivere Arbeitsumgebung für professionelle IT-Manager darstellt. Keine Umstrukturierung ist jedoch vollkommen, und es besteht daraus die Gefahr, dass die neue Abteilung wichtige Entscheidungen von der Arbeit weg verlagert, sich zu einem internen Monopol entwickelt, die innerbetriebliche Reaktionsfähigkeit verschlechtert und danach anderen Abteilungen einen perversen Anreiz dafür liefert, sich an dem gemeinsamen Servicezentrum vorbeizumogeln (…).

Wir erleben heute, dass aus der reorganisationsbedingten Verwirrung und dem damit zusammenhängenden Zynismus der Mitarbeiter neue Formen des Zusammenschlusses entstehen, die in gewisser Weise dem Erstarken der Gewerkschaftsbewegung im Industriezeitalter ähneln. Führungskräfte aus dem mittleren Management und sogar Topmanager entwickeln sich zu begeisterten Mitgliedern von Netzwerken, Gruppen ehemaliger Studienkollegen und Berufsverbänden. Diese vernetzten Gruppen bilden eine – oft virtuelle – Umgebung für Kommunikation, Ideenaustausch und Interaktion, oft zum Nutzen aller Beteiligten. Damit übernehmen sie Aufgaben, die früher dem Arbeitgeber zufielen: Sie verstärken Identitätsbewusstsein und Gemeinschaftsgefühl der Mitglieder und unterstützen sie (…).

Quelle: Auszüge aus Oxman, J./Smith, B. Letztes Stadium, in: Wirtschaftswoche, 25.03.2004, Nr. 14

Kollegialität

Einen ähnlichen, wenn auch bei weitem nicht so brisanten informellen Handlungskomplex umreißt der geläufige Begriff der *Kollegialität*, der ebenso auf ein dynamisches Wechselspiel zwischen Erfüllung formaler Regeln und informalen kollegialen Verhaltenserwartungen verweist (Luhmann 1995, S. 314). Auch bei der Kollegialität handelt es sich um informale, prinzipiell nicht formalisierte, aber doch erfolgskritische Verhaltenserwartungen unter Personen gleicher Position, unabhängig von der konkreten Einzelperson. Es handelt sich um ein emergentes Normgefüge, das bestimmte Verhaltensweisen zur unausgedrückten Erwartung macht (gegenseitige Unterstützung, Weitergabe vertraulicher Informationen, Freundlichkeit im Umgang, auch wenn nicht persönlich bekannt, usw.) und auf diese Weise eine vereinfachte Problembeurteilung wie auch einen flexiblen Umgang mit den formalen Regeln ermöglicht. Kollegialität entspringt nicht persönlicher Sympathie, sondern ist ein personenunabhängiger vordefinierter Handlungsrahmen, den man erwarten kann, ohne die Interaktionspartner zu kennen. Kollegialität bezieht sich auf Personen gleicher Hierarchieebene. Es handelt sich also um eine informelle Regelung der Beziehung unter Gleichen. Kasten 2 zeigt die Bedeutung der Kollegialität in einem Berufsstand.

Kasten 2: Kollegialität in der Ärzteschaft

Die Bundesärztekammer versucht die informalen Regeln der Kollegialität zu verbalisieren und in einer Art Berufsordnung niederzulegen:

„Kollegialität

Die Regeln der ärztlichen Kollegialität bestehen im Interesse der Patienten. Sie sollen den Patienten vor einem unlauteren Wettbewerb unter Ärzten oder vor unsachlichen Auseinandersetzungen in seiner Gegenwart schützen. Die Ärzte sind berechtigt, auf die von ihrer Berufsorganisation anerkannten beruflichen Qualifikationen hinzuweisen.

Ein Arzt, der aufgefordert wird, einen schon bei einem seiner Kollegen in Behandlung befindlichen Patienten zu behandeln, sollte versuchen, sich im Interesse des Patienten, soweit dieser nicht dagegen ist, mit diesem Kollegen in Verbindung zu setzen.

Es widerspricht nicht dem Gebot der Kollegialität, wenn der Arzt der zuständigen Standesorganisation Verstöße gegen die Regeln der ärztlichen Ethik und der beruflichen Kompetenz mitteilt, von denen er Kenntnis erhalten hat."

Quelle: www.Bundesaerztekammer.de (Zugriff am 27.7.2011)

8.4   Prekäre Interaktion

Alle diese beschriebenen informellen Phänomene und Handhabungspolitiken lassen zugleich deutlich werden, dass sie aus einer anderen Organisationswelt als der klassischen Organisationsgestaltung kommen. Das formale Regelsystem, der Geschäftsverteilungsplan, das Organigramm usw. und gleichlaufend die klassische Organisationslehre schließen Tolerieren von Abweichung, „Grau-Zonen" u.Ä. prinzipiell aus. Insofern kann in dieser Logik

Informelles, wenn überhaupt, dann nur als Störung gedacht werden. Um die Funktionalität des Informellen einzufangen und in seinem Wechselspiel mit dem Formellen zu erfassen, ist eine erweiterte Betrachtungsperspektive erforderlich, in der Organisationen mit widersprüchlichen Zielsetzungen und divergenten Rationalitäten aufscheinen können. Die Systemtheorie bietet einen solchen erweiterten Rahmen, in dem sie die Strukturen nur als ein letztlich variierbares Element des Systems begreift – und nicht System und Struktur in eins setzt (Luhmann 1995). Erst in einem solchen erweiterten Rahmenkonzept kann der informale Bereich systematisch verankert und einer Erklärung zugänglich gemacht werden, die über einen Störungsbefund hinausgeht. Und nur diese Perspektive erlaubt es zu zeigen, dass die formale Ordnung trotz des Ordnungsmonopols eben nur eine Teilordnung ist, und dass Organisationen zur effektiven Leistungserfüllung und Bestandssicherung zusätzlicher inoffizieller Regelsysteme bedürfen. Sie brauchen es, um Flexibilität zu garantieren, um sicher zu sein, dass dort, wo das formale Reglement versagt, eine Art Schattenordnung da ist, die in die Bresche springen kann. Sie brauchen es auch, um Aufgaben zu erfüllen, die sich mit den offiziellen Zielen allein nicht abdecken lassen oder gar nicht in offizielle Stellenbeschreibungen einfüllen lassen, kurz: um mit widersprüchlichen Erwartungen umgehen zu können.

Es gehört zur Logik formaler Organisation, dass sie keine Widersprüche bearbeiten kann. Die formale Logik beruht auf Eindeutigkeit und Konsistenz (u.a. „Einheit der Auftragserteilung", „Einheit der Leitung"). Im Organisationsalltag begegnen uns aber täglich Widersprüche:

■ Effizientes Routinehandeln versus innovative Exploration neuer Handlungsmöglichkeiten

■ Schaffung eines kohäsiven Gesamtsystems versus Erfüllung von Differenzierungsanforderungen (erinnert sei hier an das die Klassikerstudie von Lawrence & Lorsch, (vgl. oben, Kapitel 5)

■ Kosteneffizienz (Betriebsgrößenersparnisse, Lernkurve usw.) versus Kundenorientierung mit individualisierter Produktdifferenzierung.

■ Sicherstellung von Stabilität versus kontinuierliche Anpassung usw.

Die Kombination der formalen und der informalen Organisationswelt eröffnet jedenfalls teilweise die Möglichkeit, diese Widersprüche bearbeitbar zu machen, indem einmal diese und dann wieder jene Perspektive betont und der Zwang zur Kohärenz aufgegeben wird. Die Referenzebene Formalität oder Informalität wird je nach den funktionellen Erfordernissen gewählt und gewechselt. Der Übergang selbst ist nicht wieder formal regelbar, er wird in die Hände des erfahrenen Organisationspraktikers gestellt, der sich durch die Klippen durchzuwinden weiß (Luhmann 1995). Es entsteht ein Geflecht von Praktiken, auch von Metapraktiken, die darüber informieren, wie man diese delikate Balance am zweckmäßigsten handhaben kann. Bei Konflikten bildet allerdings die formale Ordnung immer die letzte Instanz und bietet insoweit auch Schutz. Es sei hier noch einmal auf das Kapitel zur Unternehmenskultur verwiesen, die solche Praktiken bündelt.

Somit steht an der Basis einer jeden Organisation eine funktionale Paradoxie: Die formale Ordnung kann nur so funktionieren, dass sie vieles von dem, was sie offiziell ausschließt, doch zulässt, ja zulassen muss, jedenfalls bis zu einem gewissen Grade (vgl. hierzu mit weiteren Beispielen Ortmann 1999; 2003).

Bei der Betrachtung der informalen Ordnung und ihrer Interaktion mit der formalen Regelwelt wurde sehr stark auf den Funktionsbeitrag der informalen Prozesse abgestellt. Persönliche Interessen und Macht spielten dabei so gut wie keine Rolle. Das darf nicht dahingehend missverstanden werden, dass diesen Phänomenen keine Relevanz zukäme. Kapitel 9 beleuchtet vornehmlich diese politische Seite von Organisationen, die sich vielfach auch als die „dunkle Seite" bezeichnet findet.

Übungsaufgaben

1. „Informelles zerstört die rationale Ordnung." Nehmen Sie zu dieser Aussage Stellung.

2. Sollte man heute noch zwischen formellen und informellen Regeln trennen?

3. Informelle Regeln entstehen „emergent". Was hat man sich darunter vorzustellen. Geben Sie ein praktisches Beispiel.

4. Inwiefern kann „Illegalität" brauchbar sein?

5. „Brauchbare Illegalität wird es immer geben, man sollte sie aber so weit als möglich eingrenzen." Diskutieren Sie diese Aussage.

6. Welche Konsequenzen hat es, wenn brauchbare Illegalität von anderen Organisationsmitgliedern beobachtet wird?

7. Welcher Zusammenhang lässt sich zwischen informellen intraorganisatorischen Netzwerken und Formen brauchbarer Illegalität herstellen?

8. Weshalb kann Kollegialität nicht angeordnet werden?

9. Inwiefern kann Informalität Flexibilität fördern?

10. Welche praktischen Möglichkeiten gibt es, Formalität und Informalität zu kombinieren?

Literaturempfehlungen

Ortmann, G.: Regel und Ausnahme: Paradoxien sozialer Ordnung, Frankfurt a.M., 2003

Zeigt die Paradoxie des Organisierens im Lichte formeller und informeller Kräfte sehr plastisch auf.

Podsakoff, P. M./MacKenzie, S. B./Paine, J. B./Bachrach, D. G.: Organizational citizenship behaviors: A critical review of the theoretical and empirical literature and suggestions for future research, in: Journal of Management, Vol. 26 (3), 2000, S. 513–563

Verweist auf eine spezielle Variante informellen Verhaltens, nämlich die nicht angeordnete (also freiwillige) Unterstützung der Kollegenschaft.

Wald, A.: Netzwerkstrukturen und -effekte in Organisationen. Eine Netzwerkanalyse in internationalen Organisationen, Wiesbaden, 2003

Zeigt sehr deutlich die Interaktion von formalen und informalen Strukturen für die Bildung von organisatorischen Netzwerken

Literatur

Barnard, C. I. (1938): The functions of the executive, Cambridge, Mass.

Crozier, M./Friedberg, E. (1979): Macht und Organisation, Königstein.

Gherardi, S. (2006): Organizational knowledge: The texture of workplace learning, Malden, Mass.

Giddens, A. (1984): The constitution of society. Outline of the theory of structuration, Cambridge.

Hayek , F. A. v. (1994): Freiburger Studien, Tübingen.

Homans, G. C. (1950): The human group, New York et al.

Litwak, E. (1985): Helping the elderly: The complementary roles of informal networks and formal systems, New York.

Luhmann, N. (1995): Funktionen und Folgen formaler Organisation, 4. Aufl., Berlin.

Nelson, R. R./Winter, S. G. (1982): An evolutionary theory of economic change, Cambridge, Mass.

North, D. C. (1990): Institutions, institutional change and economic performance, Cambridge.

Ortmann, G. (1999): Organisation und Dekonstruktion, in: Schreyögg, G./Koch, J. (Hrsg.): Organisation und Postmoderne. Grundfragen – Analysen – Perspektiven, Wiesbaden, S. 157-196.

Ortmann, G. (2003): Regel und Ausnahme. Paradoxien sozialer Ordnung, Frankfurt a. M.

9 Politische Prozesse in Organisationen

9.1 „Politische Prozesse" als informelles Handlungsgefüge

Politische Prozesse in Organisationen, z.T. auch *Mikropolitik* genannt, bezeichnen die informellen Prozesse um Macht und Einfluss, wie sie typischerweise hinter den Kulissen der formalen Organisation stattfinden. Zentraler Fokus sind die verdeckten Maßnahmen, die von Organisationsmitgliedern ergriffen werden, um die eigenen Interessen, die Interessen der Abteilung, der Division usw. durchzusetzen.

Theorien politischer Prozesse thematisieren, wie sich die verschiedenen Interessen bilden, wie Organisationsmitglieder versuchen, diese – auch gegen Widerstreben – durchzusetzen, zu welchen Koalitionen es dabei kommt, welche Konflikte entstehen, welche Verhandlungsstrategien gewählt werden usw. Alle diese Fäden, Intrigen und Verbindungen werden im Hintergrund gezogen, sind also nicht offen sichtbar und entfalten sich jenseits aller formalen Strukturen. Grundsätzlich scheuen politische Prozesse das Licht. Über ihre Existenz wird in Organisationen dennoch sehr viel gesprochen und noch mehr spekuliert, gleichwohl spielen sie in der offiziellen Sphäre keine Rolle. Sie tauchen nicht in Protokollen auf, für sie gibt es kein Mitgliederverzeichnis o.Ä. Im Resultat sind aber die politischen Prozesse und die von ihnen verhandelte Mikropolitik für das organisatorische Leben dennoch von nicht unerheblicher Bedeutung. Viele Entscheidungsprozesse, wenn auch von Organisation zu Organisation variierend, sind durch sie nachhaltig geprägt.

Politische Prozesse sind ein alltägliches informelles Phänomen in Organisationen. Die *Hintergrundmotive* für das Betreiben politischer Prozesse sind vielfältig: Karrieremotive, Machtstreben, Angst vor Gesichtsverlust, Prestigestreben, die Förderung eigener Ideen usw. Divergierende Interessen und *knappe Ressourcen* werden als die letztlich bewegenden Kräfte angesehen, die politische Prozesse in Gang setzen und in Bewegung halten. Aus dem eben Gesagten erschließt sich bereits, dass für die Analyse politischer Prozesse drei Konzepte von herausragender Bedeutung sind, nämlich *Interessen, Konflikt/Ressourcenkonkurrenz* und *Macht* (Morgan 2006, S. 149 ff.).

Der politische Prozessablauf wird dementsprechend beschrieben als *Anspruchsentstehung* (Interessen) bei verschiedenen Organisationsmitgliedern, als *Konfliktbildung*, resultierend aus zu knappen Ressourcen, um alle Ansprüche erfüllen zu können, und schließlich als *Mobilisierung von Unterstützung* und den Aufbau von *Macht* zur Durchsetzung der erhobenen Ansprüche (Burns 1961; Pettigrew 1973). Wesentliche Voraussetzung dafür, dass Entscheidungen politisch werden, ist ein Spielraum bzw. ein nicht-determinierter Entscheidungsverlauf. Es ist die Idee dieses Ansatzes, dass alle Beteiligten eine gewisse Chance sehen, ihre Ansprüche (jedenfalls teilweise) realisieren zu können. Das Konzept des politischen Entscheidungsprozesses schiebt deshalb die hierarchisch-formale Kompetenzstruktur zur Seite; dort ist ja entweder das Ergebnis der Entscheidung schon festgeschrieben (so z.B. im Falle der konditionalen Programmierung), oder aber eine Stelle/ein Gremium hat die unstrittige Befugnis, die fragliche Entscheidung zu treffen. Insofern ist der politische Prozessansatz „subversiv", sein Schauplatz liegt im Schatten der formalen Struktur, wobei wie bei allen informalen Prozessen sie den Referenzrahmen bildet und das Verhältnis klar als ein interaktives anzusehen ist.

Es ist das Element der Ungewissheit über den Ausgang und die Abhängigkeit von geschicktem Taktieren, die viele Autoren bei politischen Prozessen von *„Spielen"* reden lässt (Allison/Zelikow 1971; Crozier/Friedberg 1979). Damit soll zum einen darauf verwiesen werden, dass politische Prozesse Akteure voraussetzen, die einen gewissen *Handlungsspielraum* haben (um eigene Ansprüche zu formulieren und eine Durchsetzungsstrategie wählen zu können). Zum anderen macht der Spielbegriff aber auch deutlich, dass politische Prozesse *regelbestimmt* sind, d.h. die Akteure bewegen sich auf der Basis impliziter, dennoch aber klar definierter Spielregeln, die den Rahmen abstecken, aber nicht das Handeln determinieren (vgl. Ortmann 1988, S. 20 ff.).

Politische Prozesse werden zu wesentlichen Teilen über die Möglichkeit entschieden, Macht zu akkumulieren. Der Machtaspekt ist deshalb ein Kern-Bestandteil des „Politischen", genauer die Möglichkeit, den eigenen Anliegen in politischen Prozessen Gehör zu verschaffen und Nachdruck zu verleihen (Pettigrew 1973; Morgan 2006). Macht verschafft Zugang zu den „Spielen", Macht eröffnet Gewinnchancen, Macht dehnt den Manövrierspielraum politischer Arenen aus usw. Bei dem Verweis auf die Bedeutung des Machterwerbs ist weniger an die formal-legitime Autorität in Unternehmen zu denken – sie soll ja eigentlich in der Lage sein, politische Prozesse zu erübrigen –, sondern an inoffizielle (nicht bürokratisch legitimierte) Macht; wobei für politische Entscheidungen *horizontalen Machtbeziehungen* zwischen Subsystemen (z.B. zwischen Produktion und Vertrieb) häufig eine Schlüsselrolle zukommt.

Unter Macht wird dabei zumeist im Anschluss an Max Weber (1972, S. 28) die Möglichkeit verstanden, in den Handlungsraum anderer, auch gegen deren Widerstreben, zur Erreichung eigener Ziele einzugreifen; oder negativ ausgedrückt: die Möglichkeit, das Ansinnen (die Weisungen) anderer, das Handeln an ihren Interessen auszurichten, zurückzuweisen (Luhmann 1988).

Macht setzt logisch zunächst einmal Handlungsspielräume auf beiden Seiten voraus, durch den Einsatz von Macht wird der Spielraum eines Akteurs dann drastisch begrenzt und bestimmte Wirkungen dadurch wahrscheinlicher. Macht ist jedoch nicht deterministisch, sondern immer nur stochastisch (vgl. Luhmann 1988). *Politisches Handeln* umgreift die *gezielte Mobilisierung* und den *kalkulierten Einsatz* von (Verhandlungs-)Macht zur Durchsetzung eigener Interessen. Die potenzielle Durchsetzbarkeit von Ansprüchen in politischen Prozessen gründet sich auf verschiedene Machtquellen (Expertenmacht, Informationskontrolle, Beziehungen etc.), darauf wird unten im Einzelnen einzugehen sein.

Ein weiterer zentraler Aspekt politischer Prozesse ist die *Legitimität* (Pettigrew 1977; Neuberger 2006). Politische Prozesse stellen darauf ab, Legitimität für bestimmte Ideen, Werte und Lösungen zu schaffen. Die Spieler versuchen, durch Konstruktion von Symbolen und die Deutung von Situationen die eigenen Anliegen mit Legitimität zu versorgen und die Anliegen der Opponenten zu „delegitimieren". Obgleich für das Legitimationsverständnis in Organisationen das Normensystem der Umwelt das Gerüst abgibt, entwickeln sich doch innerhalb von Organisationen und dort wieder innerhalb spezifischer Subsysteme eigene Interpretations- und Wertesysteme, wie in dem nachfolgenden Kapitel zur Unternehmenskultur noch deutlich werden wird.

Der Rekurs auf unternehmensspezifische Traditionen oder Werte, sei es durch den Ausweis, dass das eigene Anliegen in Übereinstimmung damit steht, oder sei es, dass das Anliegen der Opponenten in die Zone der Wertverletzung und Inkongruenz gezogen wird, ist Bestandteil politischer Prozesse. Pettigrew (1977, S. 84) nennt dieses Element des politischen Prozesses „the management of meaning". Vor dem Hintergrund der geschilderten Elemente soll nun der Charakter von politischen Prozessen näher beleuchtet werden.

9.2   Struktur politischer Prozesse

Die folgende Darstellung ist nach fünf Fragen gegliedert (vgl. Allison 1971, S. 164 ff.):

(1) Wer sind die Teilnehmer?

(2) Was sind die Ziele der Teilnehmer?

(3) Wer gewinnt?

(4) Was bestimmt den Spielverlauf?

(5) Welche Bedeutung kommt dem Kontext zu?

(1) Wer sind die Teilnehmer?
Entscheidungen in Organisationen – zumal dann, wenn sie eine größere Reichweite haben – sind, typischerweise *kollektive Entscheidungen*. Mehrere Personen, teils über verschiedene Hierarchieebenen hinweg, sind an der Entscheidungsfindung beteiligt. Für die Analyse politischer Entscheidungen stellt sich daher zunächst die Frage nach dem Teilnehmerkreis.

Teilnehmer sind zunächst einmal solche Stelleninhaber, denen offiziell die Kompetenz für die fragliche Entscheidung zugeordnet ist, einschließlich der Vertreter von Interessen, die ein Recht auf Entscheidungsteilhabe besitzen (z.B. Betriebsrat oder Frauenbeauftragte). Ferner gehören dazu Personen, die nach inoffiziellen Regelungen zu der Entscheidung gehört werden (Vertraute, Assistenten usw.) sowie Personen, die mit der Entscheidungsvorbereitung betraut sind oder die relevante Vorentscheidungen treffen (z.B. Stäbe, Projektgruppen, Informanten). Zu den Genannten treten schließlich die *Spieler* hinzu, die sich Zugang zu dem Entscheidungsprozess verschaffen, weil ihre Interessen betroffen sind. Dies sind in erster Linie interne, es können aber auch externe Spieler sein, also Personen, die keine formale Mitgliedschaftsrolle in dem fraglichen Unternehmen bekleiden, so z.B. Vertreter von Interessengruppen, von Banken, von relevanten Zulieferern, von Abnehmern, von Kooperationspartnern. Andere Externe (Konkurrenten, Presse, Staat, kritische Öffentlichkeit) bilden konzentrische Kreise um die Spielarena und markieren die „Umweltbegrenzungen", innerhalb derer das Spiel entfaltet wird (Allison/Zelikow 1971).

Wer an einem bestimmten Entscheidungsprozess teilnehmen wird, kann im Voraus nicht genau bestimmt werden. Weder Auszeichnungen durch die Organisationsstruktur noch die Zugehörigkeit zur Machtelite der betreffenden Organisation lassen eine sichere Prognose zu.

(2) Was sind die Ziele der Teilnehmer?

Wodurch sind die Meinungen und Haltungen geprägt, die Teilnehmer in den Entscheidungen vertreten? Woraus erklären sich Disparitäten und Konflikte zu den Zielen anderer Teilnehmer? Hier ist grundsätzlich zwischen zwei Klassen von Einflussfaktoren zu unterscheiden, nämlich zwischen *organisationsbedingten* und *individuellen*. Was die organisationsbedingten Einflussfaktoren betrifft, so ist dabei zunächst einmal die Position (Stelle) von Bedeutung, die der einzelne Teilnehmer in der *Hierarchie* innehat. Die Hierarchie verleiht formale Entscheidungskompetenzen. Die Zugehörigkeit zu bestimmten Bereichen gibt darüber hinaus in bestimmtem Umfang vor, welche Ziele der einzelne Positionsinhaber vertreten wird. Der Marketingleiter wird die Marketinginteressen ins Spiel bringen, der IT-Leiter die (mangelnde) IT-Ausrüstung usw. Dies ist vor allem relevant, weil im Zuge der Arbeitsteilung und der Subsystembildung die Subzielidentifikation tendenziell vor die Gesamtzielorientierung tritt. Das *Subsystem* entwickelt in der Regel eine eigene Identität und eigene Gruppenzwänge. All dies bringt (differente) Vororientierungen, Rigiditäten und Prioritäten mit sich, die das Verhalten der Teilnehmer (mit)prägen. Die Marketingleiterin z.B. sieht die anstehende Investitionsentscheidung vor dem Hintergrund ihrer Absatzprobleme mit dem betreffenden Produkt, während der Produktionsleiter unbedingt einen Ersatz der „alten Gurke" anstrebt.

Neben organisationsbedingten Motiven spielen natürlich auch individuelle Interessen eine gewichtige Rolle, wie etwa *Karrierestreben* oder Einkommensinteressen. Von Relevanz sind hier aber auch Freundschaften, alte Loyalitäten oder Gesichtswahrung. Von besonderer Bedeutung erweist sich immer wieder das Rachemotiv (vgl. dazu Kasten 1).

Schließlich sind auch auf einer tiefer liegenden Ebene die fundamentalen gesellschaftlichen Interessenkonflikte zwischen Kapital und Arbeit oder zwischen Ökonomie und Ökologie bestimmend für Positionen in politischen Prozessen.

Die Zielkonflikte haben dementsprechend auch verschiedene Ursachen. Neben der klassischen Frage des Zugriffs auf beschränkte Ressourcen gibt es auch direktere Konfliktmotive, wie persönliche Feindschaften, alte „Rechnungen" oder ideologischen Zwist.

Spiele werden gespielt, um Ergebnisse zu erreichen bzw. Handlungen festzulegen. Die Ergebnisse befördern oder behindern die Vorstellungen der Akteure und sind in unterschiedlichem Maße instrumentell für die persönlichen Ziele der Akteurin, für das Wohlergehen ihrer Freunde und die Interessen der Gruppen, denen sie angehört. Man darf sich den Akteur aber nicht zu eindeutig und konsistent vorstellen. Individuen, Gruppen und Organisationen verfolgen eher ein *komplexes Konglomerat* von Zielen und Werten, das in seiner Struktur von den Spielern selbst nicht vollständig durchschaut wird. Die „begrenzte Rationalität" (Simon 1945; Lindblom 1959) gilt auch für den Akteur in einem politischen Prozess. Das Teilnahme-

Verhalten von Akteuren in politischen Prozessen lässt sich nicht auf der Basis des Rational-schemas prognostizieren.

Kasten 1: Die Rache

„Die Rache hat einen schlechten Leumund. Der Wunsch nach Vergeltung ist ein sehr menschliches Gefühl, jeder kennt das Bedürfnis, für ein erlittenes Unrecht Genugtuung zu erfahren. Die Schwestern der Rache sind die Heimtücke, die List und die Verstellung, das macht die Rache suspekt. Außerdem ist sie ein gefährliches Gefühl. Wer sich der Rachsucht überlässt, den kann sie ganz in Beschlag nehmen und selbst zugrunde richten.

In der Politik hat die Rache nichts zu suchen, das ist jedenfalls die öffentlich geäußerte Auffassung der Beteiligten. Vom Politiker wird erwartet, dass er sich für andere einsetzt, Großes und Gemeinnütziges zustande bringt; die Rache hingegen gilt als selbstsüchtig, als zu subjektiv und selbstbezogen für die politische Arena.

Statt von Rache reden Politiker von der Notwendigkeit, einer Position zum Durchbruch zu verhelfen, von ihrem Gewissen, das ihnen keine andere Entscheidung erlaube, oder dem Gemeinwohl, dem sie verpflichtet seien (…)

Die Politik kennt zwei Modelle der Rache: Die gängigste Variante ist der Angriff aus dem Verborgenen. Das Objekt der Rache strauchelt, die Schwäche wird ausgenutzt, dem Stolpernden ein entscheidender Stoß versetzt. Daneben hat sich der als Eklat inszenierte Rücktritt eingebürgert, die öffentliche Selbstentleibung, bei der gerade die Widersacher blamiert dastehen (…)

Am Anfang jedes Rachefeldzugs steht eine Verletzung, die einem zugefügt wurde. Man findet sich beschädigt, unfähig, gleich zu antworten, also sinnt man auf Wiedergutma-chung, einen Weg, wie man es demjenigen, der am eigenen Unglück schuld ist, heimzah-len kann. So gedeihen die bösen Gefühle, bis sie einen beherrschen (…)

Die Rache entspringt einem elementaren Bedürfnis nach Gerechtigkeit. Der Ruf nach Ra-che ist ja nichts anderes als der Impuls, für erlittenes Unrecht Genugtuung zu erlangen. Nichts anderes sagt die Überlieferung des Rachegedankens im 2. Buch Mose: „Auge für Auge, Zahn für Zahn, Hand für Hand, Wunde für Wunde", heißt es dort…

Die Rache ist auch eine Antwort auf die Jahre im Graben. Sie gedeiht im Stillen, wächst und wächst, bis sie den ganzen Menschen einnimmt. Man darf sie nicht zu lange lodern lassen, sonst verzehrt sie einen."

Quelle: Auszüge aus Der Spiegel, Nr. 49/6.12.2010, S. 42-50

(3) Wer gewinnt?

Die Möglichkeit, den eigenen Standpunkt und die eigene Sichtweise des Problems nach-haltig im Entscheidungsprozess zur Geltung zu bringen, ist neben objektiven Merkmalen der Situation (Zeitdruck, Art des Problems, Marktzwänge etc.) eine Frage des Beeinflus-sungsvermögens und damit hauptsächlich eine Frage der *Macht*. Das Prinzip der diskur-siven Überzeugung, die wohl Einfluss, nicht aber Macht kennt, spielt im Paradigma des politischen Prozesses keine Rolle. Macht wird hier als Ressource verstanden, die Akteure brauchen, um handlungsfähig zu sein (Friedberg 1995, S. 255 ff.).

Welche Faktoren sind es, die das Kräfteverhältnis der Spieler bestimmen? Neben dem formalen Autoritätssystem, das die politischen Prozesse vorprägt, finden sich zahlreiche weitere Machtquellen. Erinnert sei hier nur an den fast schon klassisch zu nennenden Katalog von French/Raven (1959), der als potenzielle Machtquellen unterscheidet: Belohnung, Bestrafung, Persönlichkeitswirkung (Charisma, Rhetorik), Wissen und formale Legitimation. Die meisten dieser Ansätze, so auch der von French/Raven, haben primär dyadische Beziehungen im Visier und vernachlässigen die für den „politischen Blick" relevanten systemischen Zusammenhänge. Hier kommt eine Reihe weiterer Quellen ins Spiel, wie etwa die Zugehörigkeit zu mächtigen organisationsinternen Netzwerken („Seilschaften") oder durch im Laufe der Zeit erworbene Reputation. Auf einen anderen erhellenden systemischen Zusammenhang fokussiert ein Forschungsansatz, der die Entstehung horizontaler Macht im Sinne hierarchieunabhängiger Machtbasen erklärt.

Ausgangspunkt ist die Studie von Crozier (1963), in der die Entstehung von (nicht-formaler) Macht aus dem Vermögen erklärt wird, für die Organisation relevante *Unsicherheitsquellen zu kontrollieren*. In dem untersuchten Industriebetrieb hatte sich gezeigt, dass die Gruppe der Wartungs- und Instandsetzungsarbeiter die dort kritischste aller Unsicherheitsquellen, nämlich die Unterbrechung des mechanisierten Arbeitsflusses, am ehesten kontrollieren konnte; dieses Vermögen erwies sich als die entscheidende Ressource beim konkurrierenden Aufbau von Macht.

Hickson et al. (1971) präzisieren diese Überlegungen; die Verteilung der (informalen) *Macht zwischen funktional interdependenten Subeinheiten* bestimmt sich hier nach drei Faktoren:

1. Dem Vermögen, organisatorische Unsicherheit zu begrenzen.

2. Der Nicht-Substituierbarkeit der Subeinheit bzw. ihrer Kompetenz, Unsicherheit zu begrenzen (Monopol für Spezialwissen).

3. Der Zentralität, die das Unsicherheitsproblem für den Leistungserfolg (aus der Sicht aller Beteiligten) hat.

Lachman (1989) fügt später als weitere Dimension die Machtstellung in der Vergangenheit hinzu und inwieweit diese Stellung fest verankert werden konnte.

Insgesamt gilt es zu sehen, dass die Definition und das Ausmaß der Unsicherheit sowie die Reduktionsleistung sehr stark von der Perzeption der beteiligten Einheiten abhängen; erst ein gemeinsam geteilter Bezugsrahmen schafft die Grundlage, um eine Situation als „unsicher" zu identifizieren und ihrer Reduktion einen hohen Stellenwert zuzuweisen.

(4) Was bestimmt den Spielverlauf?

Politische Prozesse laufen nicht völlig willkürlich und zufallsbestimmt ab; sie unterliegen definitionsgemäß *Regeln*. Dabei gibt es unterschiedliche Arten von Regeln, so etwa Zugangsregeln, Verlaufsregeln, Gewinnregeln oder Abbruchregeln. Zur Frage, wie das Spiel am besten geführt werden muss, so dass die endgültige Entscheidung möglichst viele Elemente der eigenen Vorstellungen und Ziele beinhaltet, lässt sich eine Reihe von Strategien und Taktiken unterscheiden. Speziell auf *Verhandlungen* bezogene Strategien sind Gegenstand eines breit ausgebauten und z.T. hoch formalisierten Forschungszweiges, nämlich der Verhandlungsforschung (Lewicki et al. 2002). Sie ist in wesentlichen Teilen mit der klassischen Entscheidungs- und Spieltheorie verbunden. Untersucht werden vor allem dyadische Prozesse und die Entscheidung über Kooperationen, d.h. die Bildung von Gewinngemeinschaften.

In diesen Aushandlungsverfahren spielen die bekannten *Verhandlungstaktiken* (Neuberger 2006) eine große Rolle, wie etwa:

- *Bluff* (z.B. Rekurs auf eine fiktive anderweitige Option, vorgetäuschte Rigidität, Spielen um Zeit),

- *Drohung* (negative Sanktionen werden angedroht für den Fall, dass der Opponent nicht das gewünschte Verhalten zeigt),

- *Versprechungen* (die Einwilligung oder das gewünschte Verhalten wird mit der Aussicht auf positive Sanktionen herbeizuführen versucht),

- *Politik der vollendeten Tatsachen*,

- Rekurs auf *Reziprozität* (Einforderung oder Inaussichtstellung von Gegenleistungen) und schließlich die

- Bildung von *Koalitionen* zur Mobilisierung der notwendigen Unterstützung.

Besondere Prominenz hat in diesem Zusammenhang das *Don Corleone-Prinzip* erlangt (Bosetzky 1974), wonach man sich zwar von dem „do ut des" („Ich gebe, damit auch du gibst") leiten lässt, aber auf keinen Fall eine sofortige Rückzahlung haben möchte. Von Interesse ist vielmehr, bei dem Empfänger eine „moralische Schuld" aufzubauen, die später zu einem noch ungewissen Zeitpunkt abgerufen wird. Durch die großzügige Verteilung guter Taten entsteht ein Netz von dankbaren Schuldnern, das dann im entscheidenden Moment zum Einsatz gebracht wird. Eine andere viel beschriebene Taktik ist die gezielte *Kränkung* zur Schwächung des Gegners: Personen werden bewusst „übersehen", ihre gute Absicht wird bewusst missverstanden, man bezweifelt ihre Offenheit usw. Eine große Aufmerksamkeit gilt in diesem Zusammenhang *erotischen Beziehungen*. Sie werden einerseits zum Machterwerb eingesetzt (Erlangung von Vergünstigungen) und andererseits gibt es indirekte Effekte. Erotische Beziehungen sind zumeist organisationale Geheimnisse (Sievers 1974) und damit Gegenstand interessierter Beobachtung. Geheimnisse ziehen fast immer Mitwisser nach sich und somit Leute, die potenziell erpressen können. Insofern sind geheime erotische Beziehungen zwischen Organisationsmitgliedern, speziell unterschiedlicher Hierarchiestufen, hoch „politisch", das Wissen um sie ist ein beliebtes Mittel, um Vorteile in politischen Prozessen zu erlangen.

(5) Welche Bedeutung kommt dem Kontext zu?

Für die Erklärung von Spielverläufen sind schließlich nicht nur intraorganisationale, sondern auch *interorganisationale* Prozesse und Verhandlungen relevant. Die Einwirkung externer Parteien, sei es in Form einer Beratungsgesellschaft, einer regulierenden Behörde oder einer Partnerschaft (z.B. bei Gemeinschaftsunternehmen), ist keine Seltenheit. Sie trägt durch das Aufeinandertreffen zweier unterschiedlicher Systeme mit anderer Vergangenheit, anderen Werten, anderen Standardprozeduren usw. eine gesonderte Dynamik in die Verhandlungen hinein (vgl. Elg/Johansson 1997).

Obgleich das Ergebnis politischer Entscheidungsprozesse zumeist Kompromisslösungen sind, gibt es gewöhnlich doch *Gewinner*(-koalitionen) und *Verlierer*(-koalitionen). Die Spielregeln garantieren aber für gewöhnlich, dass eine Niederlage nicht so verheerend empfunden wird, dass sie zum Auszug der Verlierer aus der Spielarena führen müsste. Neue Probleme tauchen auf, der oder die Verlierer können sich sammeln, nach neuen Koalitionspartnern Ausschau halten, um die nächste Runde für sich zu entscheiden. Gewinnen und Verlieren sind *temporäre Zustände*. Ferner werden in der Regel mehrere Spiele gleichzeitig gespielt, wer hier gewinnt, mag dort verlieren. Zwar sind die emergenten Entscheidungen dem Inhalte nach schwer vorherzusagen, eine völlige Beliebigkeit ist indessen schon aufgrund der immer virulenten Markt- und Liquiditätszwänge ausgeschlossen. Das politische Spiel ist also im Ergebnis nicht so chaotisch, wie es erscheinen mag.

Dass die Entscheidungs-Turbulenz meist doch nicht so hoch ist, wie die politischen Ansätze suggerieren, zeigen Längsschnitt-Studien verschiedener Art, so etwa zur Budgetierung, die über Jahre hinweg ähnliche Verteilungsmuster finden (Helfat 1994). Allgemeiner gesagt, die große Beharrungstendenz, die vielen Organisationen zu eigen ist, kann dieser Ansatz nicht erklären. Jüngere Studien zur Pfadabhängigkeit und zur strukturellen Trägheit von Organisationen betonen gerade die Tendenz zur Stabilität durch Reproduktion eingefahrener Verhaltensmuster und Routinen (Hannan/Freeman 1984; Sydow et al. 2009).

9.3 Praktische Implikationen der politischen Prozessperspektive

Zunächst steht jeder, der in der Praxis politische Prozessdeutungen verwendet, vor einem *Paradoxon*. Einerseits ist dieses Deutungsmuster vielen Menschen geläufig und findet auch im Alltagsbereich vielfältige Verwendung – man denke etwa an die betriebsinternen Deutungen des Entscheidungsgeschehens, die typischerweise die Neubesetzung einer wichtigen Führungsposition oder das Ausscheiden einer Führungskraft begleiten. Auf der anderen Seite müssen jedoch mit diesem Schema erstellte Deutungen in gewisser Weise das Licht der Öffentlichkeit scheuen. Niemand möchte in der Öffentlichkeit eine solche Deutung auf sich angewandt wissen und auch keine Organisation möchte in den Ruch kommen, Entscheidungen „politisch" zu treffen. Allenfalls ist es in der öffentlichen Meinung akzeptiert, Niederlagen, Misserfolge und illegale Akte politisch zu deuten (wovon die Wirtschaftspresse auch ausgiebig Gebrauch macht); zu sehr lastet auf dem „Politischen" der Geruch des Schmutzigen und des Niederträchtigen (Burns 1961; Neuberger 2006).

Diese Diskrepanz gilt ebenso für die organisationsinterne Öffentlichkeit. Es gehört zu einer wichtigen Spielregel, politische (Fremd-)Deutungen des eigenen Handelns strikt zurückzuweisen und stattdessen die Verpflichtung auf das Gesamtziel als eigentlichen Handlungstreiber herauszustellen, selbst aber – zumindest gelegentlich – politische Deutungen des Gegnerverhaltens durchaus in das Spiel hineinzutragen. Diese teils unbeabsichtigten, teils „strategischen" Fehldeutungen der Teilnehmer sind es auch, die die Rekonstruktion politischer Prozesse in wissenschaftlichen Studien erheblich erschweren. Dies gilt in gesteigertem Maße dann, wenn der zu untersuchende politische Prozess von den Teilnehmern als noch nicht abgeschlossen betrachtet wird; jede Analyse eines Dritten wird dann (ungewollt) selbst Bestandteil des Prozesses mit einer eigenen Dynamik.

Generell gilt es noch anzumerken, dass die wissenschaftlichen Vertreter dieses Ansatzes politische Prozesse nicht – jedenfalls in der Regel nicht – negativieren, sondern es als unvermeidlichen Bestandteil jeder Organisation oder aus funktionalistischer Perspektive sogar als unverzichtbare Beiträge zum Erhalt der Leistungs- und Innovationsfähigkeit von Organisationen begreifen (Neuberger 2006). Im Unterschied zur informellen Organisation fehlen hier allerdings ausgearbeitete Analysen, wie sie die oben dargelegte „brauchbare Illegalität" bietet, d.h. also eine Unterscheidung in Bereiche, in denen eine Politisierung für die Organisation von Nutzen und in solche, in denen sie „unbrauchbar", also schädlich ist. Die potenziellen Dysfunktionen politischer Prozesse sind unübersehbar:

1. Die fortwährende Ausdeutung organisatorischer Handlungen als politisch schafft im praktischen Handeln einer Organisation ein Klima des *Misstrauens* und der *Feindseligkeit*. Menschliche Beziehungen werden ausschließlich unter instrumentellen Gesichtspunkten interpretiert: „Bist du zur Verwirklichung meiner Ziele nützlich oder nicht". Solche Haltungen drohen das Organisationsklima zu vergiften. Zynismus macht sich breit.

2. Ebenso problematisch ist die fast immer unterlegte quasi-naturgesetzliche These, politische Prozesse seien unvermeidlich, weil sie der „Natur" des Menschen und der Dynamik von Organisationen entsprächen. Die Gefahr dieser These liegt nicht in ihrer Naturalisierung organisationalen Verhaltens, sondern in ihrer legitimierenden Kraft. Jede Politisierung wird damit de facto gerechtfertigt, ist dies ja letztlich doch nur Ausfluss natürlicher Kräfte.

3. Die politische Prozesstheorie ist monothematisch. Jede Bemühung, andere Handlungsmotive als politische in und von Organisationen zur Geltung zu bringen, wird ausgeschlossen. Jeder Appell, andere Wege zu gehen, muss wieder als Ausdruck „politischen" Wollens und Strebens gedeutet werden. Das bedeutet einen Zirkel, der für Neues oder Visionen keinen Platz mehr lässt.

4. Denken und Handeln in politischen Prozessen wirkt blockierend. Alles ist dem Verdacht ausgesetzt, nur vorgeschoben zu sein; jeder ist aufgerufen, nach den eigentlichen Motiven zu suchen. Das vorherrschende Deutungsmuster warnt davor, dass von den anderen Mitarbeitern ständig eine Bedrohung ausgehen kann; man muss jederzeit damit rechnen, einer Intrige zum Opfer zu fallen oder zumindest für unbekannte Zwecke „instrumentalisiert" zu werden. Offene Kooperationsformen, wie sie etwa in den modernen Teamorganisationen vorgesehen sind, scheiden damit als Gestaltungsprinzipien völlig aus.

Diese Dysfunktionen verweisen mit Nachdruck darauf, einen angemessenen Umgang mit der Politisierung organisatorischer Prozesse zu finden. Es kommt im Wesentlichen darauf

an, politische Prozesse zu kanalisieren, die Organisation vor politischen Exzessen zu schützen und Alternativen aufzuzeigen. Nicht Konfliktunterdrückung, sondern nur bewusster
Umgang mit dem Konflikt kann dieser Seite des organisatorischen Lebens gerecht werden
(Morgan 2006). Um dies erfolgreich tun zu können, müssen die Verantwortlichen in der
Lage sein, verfolgte Interessen zu erkennen, die dahinter liegenden Konflikte zu verstehen,
vorhandene (informelle) Machtstrukturen zu identifizieren und die situationale Dynamik
zu erfassen.

9.4 Betrug in Organisationen: Die Prinzipal-Agenten-Beziehungen

Einen Sonderfall politischer Prozessanalysen stellt der Prinzipal-Agenten-Ansatz dar (vgl.
Ross 1973; Grossmann/Hart 1983; Richter/Furubotn 2003). Der Ansatz thematisiert ganz generell prekäre Vertragsbeziehungen und wird häufig auch auf Organisationen angewendet.
Organisationale Beziehungen werden als Vertragsbeziehungen interpretiert, die Organisation definiert sich dann als ein Geflecht von Verträgen.

Der Prinzipal-Agenten-Ansatz angewendet auf Organisationen konzentriert sich ähnlich
wie der mikropolitische Ansatz auf informelles und schwer vorhersehbares Verhalten. Die
Steuerungskraft formaler Organisationsstruktur wird von diesem Ansatz sehr gering veranschlagt, man geht generell davon aus, dass sie für das Verhalten der Organisationsmitglieder irrelevant ist, obgleich Strukturen nicht völlig ohne Bedeutung sind (vgl. Hart 1995).
Im Zentrum stehen vielmehr, wie beim mikropolitischen Ansatz auch, informale Phänomene wie der heimliche Betrug, die egoistische Interessendurchsetzung, die geschickte Täuschung usw. Es handelt sich also auch um einen Ansatz, der bei Interessenkonflikten seinen
Ausgangspunkt nimmt.

Im Zentrum der Aufmerksamkeit steht ein Interessenkonflikt zwischen Auftraggeber (Prinzipal) und Auftragnehmer (Agent). Thematisiert wird das Problem, dass der Auftragnehmer im Zuge der Auftragserfüllung eine sehr viel intimere Kenntnis der Leistungsumstände
erhält als der Auftraggeber, dadurch entsteht eine Informationsasymmetrie *zuungunsten*
des Auftragsgebers. Nachdem der Prinzipal die Informationsasymmetrie nicht beseitigen
kann, nicht zuletzt wegen exorbitanter Kontrollkosten, entsteht ein Handlungsspielraum,
den der Agent zu seinen Gunsten nutzen kann. Brisant wird diese Informationsasymmetrie
bzw. der dadurch entstehende Handlungsspielraum vor allem deshalb, weil generell von
opportunistischem Verhalten ausgegangen wird. Mit anderen Worten, von dem Agenten
wird angenommen, dass er nicht nur vom Eigennutz getrieben ist, sondern seine Interessen
schonungslos und ohne jeden moralischen Skrupel verfolgt, dass man also mit Lügen, Be-
trügen, Täuschen u.a.m. rechnen muss („self interest seeking with guile", Williamson 1983,
S. 47). Später wird eingeschränkt, dass nicht sicher ist, ob sich jedermann tatsächlich so ver-
hält, man aber auf Grund der grundsätzlichen Ungewissheit über die Motive von Menschen
zumindest jederzeit mit solchen Verhaltensweisen rechnen muss (vgl. die Unterscheidung
zwischen „potential" und „actual opportunism" Williamson 1993). Im Rahmen der unter-

suchten dyadischen Auftragsbeziehung werden entsprechend den Phasen der unvollkommenen Vertragsbeziehung drei Arten von Informationsverzerrungen unterschieden:

1. *Versteckte Mängel (hidden characteristics)* bei Vertragsabschluss, d.h. der Agent verschweigt arglistig bestimmte Mängel oder Risiken, die dem Prinzipal auf diese Weise verschlossen bleiben. Die Folge davon sind potenzielle Fehlentscheidungen, wie z.B. eine Fehlauswahl der Vertragspartner (*adverse selection*).

2. *Versteckte Handlungen während des Leistungsprozesses (hidden action)*, d.h. im Zuge der Leistungserfüllung erringt der Agent für den Prinzipal nur schwer einsehbare oder nur schwer verstehbare Handlungsfreiräume, die er für betrügerische Absichten nutzen kann.

Logisch eng verwandt ist die *Versteckte Information (hidden information)*, d.h. der Agent verfügt durch die Nähe zum Aktionsgefüge über relevante Leistungsinformationen, die dem Prinzipal verborgen bleiben. Der Agent nutzt diesen Informationsvorsprung, um den Prinzipal arglistig zu täuschen (*moral hazard*).

3. *Versteckte Ziele (hidden intention)*, d.h. der Agent hat schon bei Vertragsabschluss bestimmte Absichten, die dem Prinzipal verborgen bleiben. Er lockt den Prinzipal in eine Falle, indem er ihn etwa zu einer irreversiblen Investition drängt, und nützt dann die vom Prinzipal erst hinterher entdeckte Abhängigkeit mit erpresserischen Aktionen aus (*hold up*).

Im Kern geht es also um ein Betrugsproblem, der Prinzipal kann sich nie sicher sein, ob ihn nicht der Agent übervorteilt, d.h. seinen Informationsvorsprung zu seinen Gunsten ausnutzt, dementsprechend konzentriert sich diese Theorie auch auf Hinweise zur Eindämmung des Agentenbetrugs, die neben der formalen Ordnung stehen.

Im Zentrum der Maßnahmenplanung stehen die *Agenturkosten*, d.h. die Differenz der Delegationskosten, wie sie unter vollkommener Information und wie sie unter asymmetrischer Information/Betrug entstehen (Jensen/Meckling 1976). Je höher die (nur theoretisch bestimmbaren) Agenturkosten sind, umso stärker ist der Handlungsdruck des Prinzipals. Um sein Betrugsrisiko bzw. seine Wohlfahrtseinbußen zu verringern, wird dem Prinzipal eine Reihe von Maßnahmen empfohlen; so etwa verbesserte Ausleseverfahren einzusetzen, die mehr versteckte Mängel aufdecken können, zusätzliche Kontrollen aufzubauen und das Informationssystem zu verfeinern, um die Gefahr des moral hazard zu senken oder auch Sanktionen anzudrohen (drohender Reputationsverlust). Am häufigsten aber findet sich die Empfehlung, Anreize für den Agenten zu schaffen, so dass eine Art Interessenausgleich hergestellt und somit eine Zielabweichung des Agenten weniger wahrscheinlich wird (z.B. Gewinnbeteiligung, stock options). Solche das Risiko senkenden Maßnahmen sind indessen in der Regel mit hohen Kosten verbunden, insofern geht es immer auch um eine Abwägung zwischen Kontrollaufwand und Ertrag.

Daneben wird eine Reihe anderer, gewissermaßen sekundärer Kontrollmechanismen des Agenten diskutiert, wie etwa der Arbeitsmarkt für Manager (Fama 1980), der die Agenten an kompetitive Leistungsstandards bindet, oder der Markt für Unternehmenskontrolle, gemeint ist die Einschränkung opportunistischen Verhaltens durch Übernahmegefahren

(Manne 1965, Walsh/Kosnik 1993); diese Theorien sind aber nicht eigentlich Gegenstand der Agenturtheorie, sondern der Kapitalmarkttheorie.

Zur Einordnung: Bezogen auf Organisationen verweist die Agenturtheorie auf informelle Prozesse in Organisationen, die sich in Auftragsbeziehungen entwickeln können. Sie wirft ebenso wie der mikropolitische Ansatz einen Blick hinter die Kulissen und will die Abgründe organisatorischen Handelns aufzeigen, die generell unter den Verdacht von Täuschung und Betrug gestellt werden. Die drei bezeichneten Grundtypen asymmetrischer Konstellation stellen bei genauerer Hinsicht die Hierarchie gewissermaßen auf den Kopf, der abhängige Mitarbeiter wird zum machtvollen Akteur, der Auftraggeber wird zum Bedrohten und Ausgebeuteten. Der formale Befehls- und Gehorsamsapparat tritt völlig in den Hintergrund. Die Vorstellung, dass Organisationsmitglieder die an sie auf der Basis des Arbeitsvertrages gerichteten Erwartungen pflichtgemäß erfüllen, bleibt der Agenturtheorie fremd. Die Möglichkeit einer funktionsfähigen formalen Ordnung wird ignoriert. Es wird vielmehr suggeriert, die formale Ordnung hätte keine prägende Bedeutung für organisatorisches Handeln. Damit fällt sie an dieser Stelle weit hinter den mikropolitischen Ansatz oder das Theorem der informellen Organisation zurück. Durch die völlige Ausblendung des Formalen kann die Interaktion von formaler und informaler Ordnung nicht analysiert werden. Die Agenturtheorie ist vom Vertragsparadigma her an eine dyadische Beziehung gebunden und kann daher die kollektiven Dynamiken, die den politischen Prozessansatz so informativ machen, in ihren Strukturen gar nicht abbilden.

Als Antwort auf die misanthropische Ausdeutung der organisatorischen Lebenswelt als Täuschungs- und Betrugswelt laufen die Empfehlungen der Agenturtheorie im Wesentlichen auf eine Misstrauenspolitik hinaus. Es ist interessant zu sehen, dass der im nächsten Kapitel vorzustellende informelle Ansatz der Unternehmenskultur hier gewissermaßen eine Gegenposition bezieht. Betont werden kollektiv entwickelte Werte- und Orientierungsmuster, die das einzelne Organisationsmitglied für sich als verbindlich anerkennt und zur Grundlage des täglichen Handelns macht.

Übungsaufgaben

1. Vergleichen Sie die politische Prozesstheorie mit dem Modell der rationalen Wahl.

2. Inwiefern sind politische Prozesse informell?

3. Weshalb lässt sich die Zahl der Teilnehmer an einem politischen Spiel nicht von vornherein bestimmen?

4. Inwiefern beeinflusst die Zugehörigkeit zu einer Abteilung politische Motive?

5. In welcher Weise kann die Beherrschung von Unsicherheitsquellen Vorteile in politischen Prozessen verschaffen?

6. Was ist unter einem Reziprok-Geschäft zu verstehen?

7. Nach welcher Logik funktioniert das Don Corleone-Prinzip?

8. Welche Möglichkeiten haben Führungskräfte im Umgang mit politischen Prozessen?

9. Eine Vertriebsleiterin äußert: „Politische Prozesse sind mir ein Gräuel, wenn man sich da erst einmal einlässt, kommt man nie wieder raus". Stimmen Sie zu?

10. Vergleichen Sie den Prinzipal-Agenten-Ansatz mit der Theorie politischer Prozesse in Organisationen.

Literaturhinweise

Heinrich, P./Schulz zur Wiesch, J. (Hrsg.): Wörterbuch zur Mikropolitik, Opladen, 1998.

Ein vergnügliches Lexikon zu allen Aspekten der Mikropolitik

Liebeskind, J.: Keeping organizational secrets: Protective institutional mechanisms and their costs, in: Industrial and Corporate Change, 1997, 6(3), S. 623-663.

Eine aufschlussreiche Studie zur Funktionslogik organisatorischer Geheimnisse

Neuberger, O.: Mikropolitik und Moral in Organisationen. Herausforderung der Ordnung, Stuttgart, 2006.

Eine umfängliche Darstellung der verschiedenen Strömungen und Forschungsansätze zur Mikropolitik

Pettigrew, A.: The politics of organizational decision-making, London, 1973.

Die umfassendste Einführung in das Denken und Handeln in politischen Prozessen

Literatur

Allison, G./Zelikow, P. (1971): Essence of decision: Explaining the Cuban missile crisis, Boston.

Bosetzky, H. (1974): Das Don Corleone-Prinzip in der öffentlichen Verwaltung, in: Baden-Württembergische Verwaltungspraxis 1, S. 50-53.

Burns, T. (1961): Micropolitics: Mechanism of institutional change, in: Administrative Science Quarterly 6 (3), S. 257-281.

Crozier, M. (1963): Le phénomène bureaucratique, Paris.

Crozier, M./Friedberg, E. (1979): Macht und Organisation, Königstein, Ts.

Elg, U./Johansson, U. (1997): Decision making in inter-firm networks as a political process, in: Organization Studies 18 (3), S. 361-385.

Fama, E. F. (1980): Agency problems and the theory of the firm, in: Journal of Political Economicy 88 (2), S. 288-307.

French, J. R. P./Raven, B. (1959): The bases of social power, in: Cartwright, D. (Hrsg.): Studies in social power, Ann Arbor, S. 150-167.

Friedberg, E. (1995): Ordnung und Macht, Dynamik organisierten Handelns, Frankfurt a. M./New York.

Grossmann, S. J./Hart, O. D. (1983): An analysis of the principal-agent problem, in: Econometrica 51 (1), S. 7-45.

Hannan, M. T./Freeman, J. (1984): Structural inertia and organizational change, in: American Sociological Review 49 (2), S. 149-164.

Hart, O. (1995): Corporate governance: Some theory and implications, in: The Economic Journal 105 (430), S. 678-689.

Helfat, C. E. (1994): Evolutionary trajectories in petroleum firm R&D, in: Management Science 40 (12), S. 1720-1747.

Hickson, D. J./Hinings, C. R./Lee, C. A./Schneck, R. E./Pennings, J. M. (1971): A strategic contingencies' theory of intraorganizational power, in: Administrative Science Quarterly 16 (2), S. 216-229.

Jensen, M. C./Meckling, W. H. (1976): Theory of the firm: Managerial behavior, agency, costs and ownership structure., in: Journal of Financial Economics 3 (4), S. 305-360.

Lachmann, R. (1989): Power from what? A reexamination of its relationships with structural conditions, in: Administrative Science Quarterly 34 (2), S. 231-251.

Lewicki, R. J./Barry, B./Saunders, D. M./Minton, J. W./Minton, J. (2002): Negotiation: Readings, exercises, and cases, 4. Aufl., New York.

Lindblom, C. E. (1959): The science of „muddling through", in: Public Administration Review 19 (2), S. 79-88.

Luhmann, N. (1988): Macht, 2. Aufl., Stuttgart.

Manne, H. G. (1965): Mergers and market for corporate control, in: Journal of Political Economy 73 (2), S. 110-120.

Morgan, G. (2006): Images of Organization, 7. Aufl., Beverly Hills.

Neuberger, O. (2006): Mikropolitik und Moral in Organisationen. Herausforderung der Ordnung, 2. Aufl., Stuttgart.

Ortmann, G. (1988) (Hrsg.): Macht, Spiel, Konsens, Mikropolitik – Rationalität, Macht und Spiele in Organisationen, Opladen.

Pettigrew, A. M. (1973): The politics of organizational decision-making, London.

Pettigrew, A. M. (1977): Strategy formulation as a political process, in: International Studies of Management & Organization 7 (2), S. 78-87.

Richter, R./Furubotn, E. G. (2003): Neue Institutionenökonomik: Eine Einführung und kritische Würdigung, Tübingen.

Ross, S. A. (1973): The economic theory of agency: The pricipal's problem, in: American Economic Review 63 (2), S. 134-139.

Sievers, B. (1974): Geheimnis und Geheimhaltung in sozialen Systemen, Opladen.

Simon, H. A. (1945): Administrative behavior: A study of decision-making processes in administrative organization, New York.

Sydow, J./Schreyögg, G./Koch, J. (2009): Organizational path dependence: Opening the black box, in: Academy of Management Review 34 (4), S. 689-709.

Walsh, J. P./Kosnik, R. D. (1993): Corporate raiders and their disciplinary role in the market for corporate control, in: Academy of Management Journal 36 (4), S. 671-700.

Weber, M. (1972): Wirtschaft und Gesellschaft, 5. Aufl., Tübingen.

Williamson, O. E. (1983): Markets and hierarchies, New York et al.

Williamson, O. E. (1993): Opportunism and its critics, in: Managerial and Decision Economics 14 (2), S. 97-107.

10 Organisationskultur

Während die bisherigen Ansätze zur informellen Welt eher konfliktorientiert oder kontrovers angelegt waren, spannt das Theorem der Organisationskultur eine ganze andere Perspektive auf. Hier stehen nicht Betrug und Grauzonen im Vordergrund, sondern die Herausbildung gemeinsamer Werte und Überzeugungen. Die Unternehmung wird mehr als eine Art Großgruppe gesehen, die durch ein gemeinsames Weltbild zusammen gehalten wird. Harmonie und Konsens stehen im Vordergrund. Dennoch ist Organisationskultur ein informelles organisatorisches Phänomen, sie entsteht sukzessive aus der Interaktion unter den Mitgliedern des Unternehmens. Es ist ein emergenter Prozess, der sich auch dort entwickelt, wo niemand an eine Kulturentwicklung denkt.

10.1   Was heißt Organisationskultur?

Organisationskultur ist heute zu einem äußerst populären Thema geworden. Kaum ein Unternehmen verzichtet darauf, auf der offiziellen Website über seine Organisationskultur zu informieren – in der Regel mit der Absicht, ein besonders positives Bild des Unternehmens in der Öffentlichkeit zu verankern. Organisationskulturen lassen sich aber weder so einfach darstellen, noch eignen sie sich dafür, Wunschvorstellungen zu repräsentieren. Der Schwerpunkt liegt zunächst einmal auf einem eigendynamischen Entwicklungsprozess, so wie er auch für Volksgruppen typisch ist. Daran ist die wissenschaftliche Diskussion ausgerichtet und versteht dementsprechend jedes Unternehmen als eine Art eigene Kultur.

In Unternehmen, so die Idee, entwickeln sich eigene, unverwechselbare Vorstellungs- und Orientierungsmuster, die das Verhalten der Mitglieder wie auch das der betrieblichen Funktionsbereiche nachhaltig prägen und somit auch für den Unternehmenserfolg von großer Bedeutung sind.

Über die verschiedenen Strömungen innerhalb der Organisationskultur-Forschung hinweg gibt es einige *Kernelemente*, die kennzeichnend für den Begriff der Organisationskultur sind:

1. Organisationskultur ist ein im Wesentlichen *implizites* Phänomen; sie lässt sich nicht direkt beobachten, sie muss vielmehr interpretativ erschlossen werden. Organisationskulturen sind Ausdruck von Überzeugungen und Handlungsmustern, die das Selbstverständnis und die Eigendefinition der Unternehmung prägen.

2. Organisationskulturen werden im Unternehmensalltag *praktiziert*, ihre Orientierungsmuster sind selbstverständliche Annahmen, wie sie dem täglichen Handeln zugrunde liegen. Ihre Reflexion ist die Ausnahme, keinesfalls die Regel.

3. Organisationskulturen beziehen sich auf *gemeinsame* Orientierungen, Werte usw. Es handelt sich also um ein kollektives Phänomen, das das Handeln des einzelnen Mitgliedes prägt. Kultur macht infolgedessen organisatorisches Handeln einheitlich und kohärent – jedenfalls bis zu einem gewissen Grade.

4. Organisationskultur ist das Ergebnis eines *Lernprozesses* im Umgang mit Problemen aus der Umwelt und der internen Koordination. Bestimmte Handlungsweisen werden als erfolgreich angesehen, andere weniger. Zug um Zug schälen sich bevorzugte Wege des Denkens und Problemlösens heraus, es wird immer deutlicher, was als „gut" und was als „schlecht" gelten soll, bis schließlich diese Orientierungsmuster zu mehr oder weniger selbstverständlichen Voraussetzungen des organisatorischen Handelns werden.

5. Die verschiedenen Überzeugungen einer Organisationskultur verschmelzen im Laufe der Zeit zu einer Art „*Weltbild*". Dieses vermittelt Sinn und Orientierung in einer komplexen Welt, indem es Muster für die Wahrnehmungsselektion und die Interpretation von Ereignissen vorgibt wie auch Reaktionsweisen durch den gesammelten Schatz an Erfahrungen vorstrukturiert.

6. Organisationskultur wird in einem *Sozialisationsprozess* vermittelt; sie wird für gewöhnlich nicht bewusst gelernt. Organisationen entwickeln Signale, die dem neuen Organisationsmitglied verdeutlichen, wie im Sinne der kulturellen Tradition zu handeln ist. In dieser Kommunikation spielen Symbole eine ausschlaggebende Rolle. Meist sind es die Kolleginnen und Kollegen, die diese Einführungsaufgabe (unbewusst) übernehmen. Sie verdeutlichen, wie man sich verhalten soll.

10.2   Der innere Aufbau einer Unternehmenskultur

Unternehmenskulturen sind komplexe, schwer fassbare Geflechte; zu ihnen gehören nicht nur die Orientierungsmuster und bewährte Praktiken, sondern auch die sichtbaren Symbole und Ausdrucksformen. Ein Versuch, die Kultur nach verschiedenen Ebenen zu ordnen und deren Beziehung zueinander zu klären, ist das in Abbildung 10.1 gezeigte 3-Ebenen-Modell von Schein. Um sich eine Kultur erschließen zu können, muss man sich nach dieser der Kulturanthropologie entliehenen Vorstellung (vor allem Kluckhohn/Strodtbeck 1961) ausgehend von den Oberflächenphänomenen sukzessive die kulturelle Kernsubstanz in einem Interpretationsprozess erschließen. Bildlich gesprochen kann man sich dies so ähnlich wie das Öffnen einer Avocado vorstellen; den verborgenen Kern gilt es schrittweise herauszuschälen.

Abbildung 10.1 Kulturebenen und ihr Zusammenhang

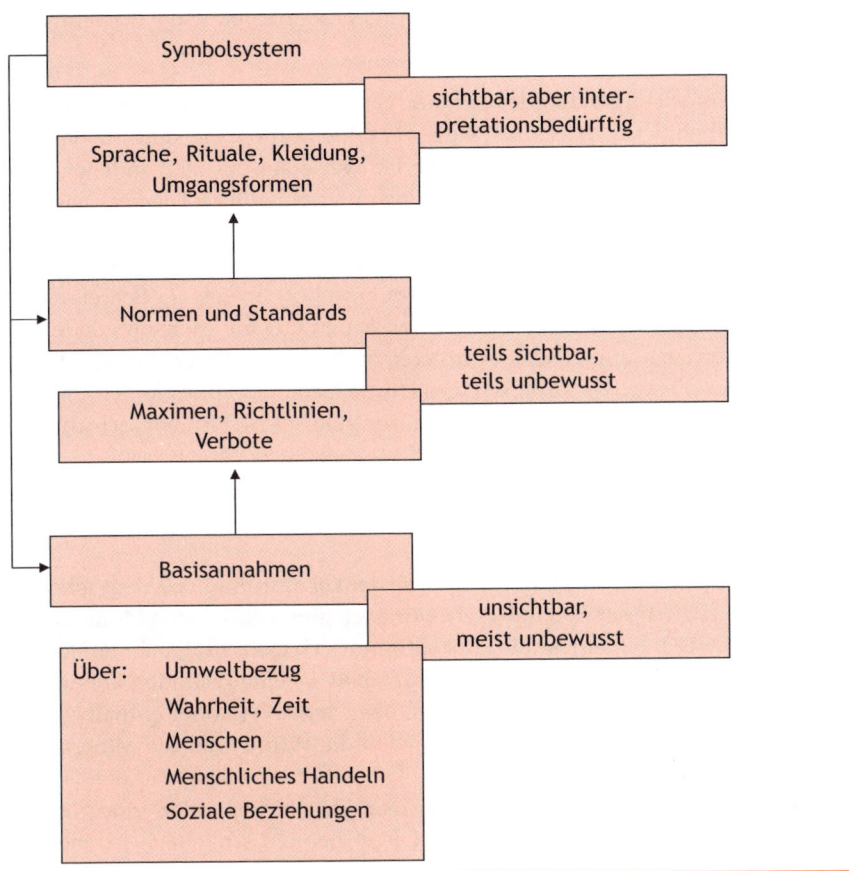

Quelle: Schein (1984), S. 4.

1) Symbole und Zeichen

Das Erschließen einer Organisationskultur beginnt mit dem, was direkt beobachtbar und sichtbar ist (Abbildung 10.1), nämlich den *Symbolen und Zeichen*. Sie haben die Aufgabe, diesen schwer fassbaren, wenig bewussten Komplex von Annahmen, Interpretationsmustern und Wertvorstellungen lebendig zu erhalten, weiter auszubauen und, was besonders wichtig ist, nach innen und außen zu kommunizieren. Die Symbole und Zeichen stellen den *sichtbaren* und daher am einfachsten zugänglichen Teil der Organisationskultur dar, der nur im Zusammenhang mit den zugrunde liegenden Wertvorstellungen verstehbar ist.

Ein schnell erfassbarer Teil der sichtbaren Kulturelemente sind die *Feiern* und *Riten* in einem Unternehmen. Man kann sie nach unterschiedlichen Anlässen gliedern. So gibt es etwa Aufnahmeriten für den Eintritt in eine Organisation (Begrüßung durch den Chef, Einführungstag usw.) und ähnlich Entlassungsriten (z.B. Reservistenfeiern bei der Bundeswehr) oder

Abschiedsriten beim „Tod" der Organisation. Bekannt sind auch Bekräftigungsriten etwa in Form von Veranstaltungen, in denen der Verkäufer des Monats gekürt wird, Konfliktlösungsriten (z.B. Versöhnungsfeiern) oder Integrationsriten wie z.B. Weihnachtsfeiern oder Betriebsjubiläen.

Ein besonders wichtiger Teil des Symbolsystems sind die *Geschichten und Legenden,* die in einem Unternehmen wieder und wieder erzählt werden. Sie sind für das Verstehen einer Kultur besonders ergiebig, weil sie viele Hinweise auf das zugrundeliegende Wertsystem enthalten. Die Geschichten behandeln ganz unterschiedliche Themen, wie z.B. die Firmengründung (etwa in der Garage X), Chefwechsel, peinliche Verwechslungen (Pförtner verlangt von neuem Chef den Ausweis), ungerechte Behandlung (öffentliche Ermahnung in der Kantine), Todesfälle (Firmengründer stirbt erschöpft an seinem Schreibtisch) und andere Ereignisse. Erzählt werden die Geschichten neuen Organisationsmitgliedern, Kunden, Lieferanten, aber auch immer wieder untereinander in geselliger Runde. Man vermittelt auf diese Weise indirekt, aber plastisch und einprägsam, worauf es in der Organisation besonders ankommt. Kasten 1 gibt ein Beispiel für eine solche Firmengeschichte, in diesem Fall der vollständigen Neuausrichtung eines Unternehmens.

Kasten 1: Bionade

„Anfang der neunziger Jahre werden die Banken unruhig. Von den siebenhundert Brauereien, die es zu dieser Zeit in Bayern nur noch gibt, geben jeden Monat drei auf. Die Hoffnungen der Ostheimer Familie konzentrieren sich mehr und mehr auf Dieter Leipold, der nach Feierabend an seinem Geheimplan arbeitet – eine gesunde Limonade, die nach dem Reinheitsgebot wie Bier gebraut wird, aber keinen Alkohol enthält. Als Versuchslabor dient die Wohnung. In der Küche werden die Würze und die Mineralien gekocht, das Ergebnis im Wohnzimmer abgestellt. Dort stehen die Gläser auf den Fensterbänken und der Schrankvitrine, und neben der grünen Couch fermentiert eine Flüssigkeit tagelang vor sich hin. Im Badezimmer mischt Dieter Leipold schließlich Aromen in die Behälter und filtriert das Getränk (…)

Die ersten Versuche schmecken ‚katastrophal: viel zu sauer', sagt Sigrid Peter-Leipold. Auch ihr Vater, der alte Braumeister, ist skeptisch. Nach dem Tod seiner Frau kommt er jeden Tag zu Besuch, die Tochter kocht jetzt für ihn. ‚Beim Blick ins Wohnzimmer hat er immer die Augenbrauen gehoben', erzählt sie. Der Familie gegenüber zeigt er sich desinteressiert an den Experimenten, die Dieter Leipold durchführt. ‚Aber wenn er sich unbeobachtet gefühlt hat, hat er ein Glas nach dem anderen genommen und daran gerochen.' Außerhalb der Familie glaubt sowieso niemand, dass dieses seltsame Getränk die alte Brauerei noch retten könne. In der Familie ist es nur der Vater, der misstrauisch ist, bis zuletzt. Kurz bevor die Bionade auf den Markt kommt, stirbt Ludwig Peter."

Quelle: Frankfurter Allgemeine Zeitung 2007, Nr. 211, S. 42

2) Normen und Standards

Unter dem Symbolsystem liegt schon deutlich weniger sichtbar und auch weniger reflektiert die Ebene der Normen und Standards (Ebene 2 in **Abbildung 10.1**). Gemeint sind damit die Maximen, ungeschriebenen Verhaltensrichtlinien, impliziten Verbote usw., die Orientierung im täglichen Handeln geben. Solche Standards sind z.B.: „Kritisiere Deine Kollegen niemals öffentlich!" oder „Uns braucht niemand zu belehren!". Mit anderen Worten, die Kultur formt sich in Maximen, ungeschriebene Verhaltensrichtlinien, Verbote usw. um, die die Organisationsmitglieder in mehr oder weniger breitem Umfange teilen (**Abbildung 10.2** gibt hierzu weitere Beispiele). Für Normen und Standards gilt, dass sie nicht isoliert nebeneinander stehen, sondern in irgendeiner Weise aufeinander bezogen sind.

Zu den Normen und Standards gehören im Grundsatz alle Orientierungsmuster für Bereiche, die nicht formell geregelt sind oder für faktisch andere als die offiziellen Orientierungsmuster gelten sollen. So gehört hierzu auch die Geschlechterdifferenzierung in einer Organisation: Wie hat sich ein Manager und wie eine Managerin zu verhalten? Welche Spielregeln gelten im täglichen Umgang von männlichen Vorgesetzten zu Mitarbeiterinnen und umgekehrt? Inwieweit sind frauenfeindliche Witze akzeptierte Unterhaltungsform? usw.

Es sei an dieser Stelle darauf hingewiesen, dass die organisationskulturelle Perspektive diese Normen und Standards zunächst einmal erfasst und ihre Wirkung auf das Verhalten der Organisationsmitglieder analysiert. Die sich unmittelbar anschließende Frage, ob diese Normen und Standards moralisch zu rechtfertigen sind oder nicht, ist dagegen eine Frage der *Ethik*. Diese Fragen zu stellen, ist wichtig und notwendig, aber eben nicht originärer Gegenstand der Kulturanalyse. Dazu fehlte ihr auch das Instrumentarium, sie ist von ihrem Charakter her deskriptiv angelegt.

Abbildung 10.2 Beispiele für betriebliche Normen

(1) Keine Behauptung ohne Fakten!

(2) Löse keine Unruhe aus!

(3) Respektiere die Reviere!

(4) Keine Privatkontakte mit dem Chef!

(5) Gib keine Informationen nach draußen!

(6) Heule mit den Wölfen!

Manche Unternehmen greifen diese latent vorhandenen Orientierungsmuster auf und formulieren sie zu einer ausdrücklichen Managementphilosophie oder zu sog. *Führungsgrundsätzen* um. Häufig sind diese allerdings weniger Explikationen als Vorgaben von „oben", nur selten geben sie ein lebendiges Bild von der tatsächlich gelebten Organisationskultur. Es sind vielmehr Idealvorstellungen oder *Leitbilder*, die von der Geschäftsleitung oder externen Beratern entwickelt wurden. Nicht selten bleiben allerdings diese Leitbilder bloße Wunschbilder, die nach einiger Zeit wieder in der Versenkung verschwinden oder durch neue Leitbilder ersetzt werden. Bisweilen ist die Einführung solcher Leitbilder auch als Intervention zu begreifen, die gelebte Organisationskultur zu verändern.

Insgesamt bilden die Normen und Standards zusammen mit den nachfolgend zu behandelnden Basisannahmen quasi ein Brennglas, das neben den formalen Verhaltenserwartungen die Prioritäten für das organisatorische Handeln bündelt und die Wahrnehmung steuert.

3) Basisannahmen

Die Basis einer Kultur als unterste Ebene im Sinne von **Abbildung 10.1** besteht aus einem Satz grundlegender Orientierungs- und Vorstellungsmuster, die die Wahrnehmung und das Handeln leiten. Es sind dies die selbstverständlichen Orientierungspunkte organisatorischen Handelns, die gewöhnlich ganz automatisch, ohne darüber nachzudenken, ja meist ohne sie zu kennen, verfolgt werden. Die Basisannahmen ordnen sich unabhängig vom Einzelfall einer jeden Kultur – einem Vorschlag von Kluckhohn/Strodtbeck (1961) folgend – nach fünf klassischen Grundthemen:

(1) Annahmen über die Umwelt

Hier geht es um das Verhältnis der Organisation zu ihrer Umwelt, genauer um die Frage, wie die Umwelt von der Organisation gesehen und erlebt wird? Hält man sie für bedrohlich, herausfordernd, bezwingbar, übermächtig usw.? Sieht man die Umwelt als gewissermaßen schicksalhafte Kraft, als Widerfahrnis an oder versteht man sie z.B. eher als eine Herausforderung, die zu bewältigen ist, wenn man sich nur hinreichend anstrengt. Es ist letztendlich der wahrgenommene Grad an Kontrolle über die Umwelt, der diese Basisannahme prägt.

(2) Annahmen über Wahrheit und Zeit

Jede Organisation muss Vorstellungen darüber entwickeln, auf welche Grundlage man sich bezieht, wenn man Informationen, Prognosen oder andere relevante Vermutungen zu beurteilen hat. Das gilt vor allem dann, wenn die Informationen als unsicher wahrgenommen werden. Sind es primär bestimmte Indikatoren, auf die man vertraut, oder sind es die Autoritäten, die diese Unterscheidung in richtig oder falsch vornehmen sollen? Hält man sich an die Wissenschaft oder nimmt man eine pragmatische Haltung ein und macht die Entscheidungen über richtig oder falsch von den Ergebnissen eines Versuchs abhängig ("Lasst es uns probieren und sehen, was dabei herauskommt")? Häufig ist es auch der in einem Ausschuss gefundene Kompromiss, der als "Wahrheitsinstanz" fungiert. Zu den Sachverhalten, über die mit richtig oder falsch geurteilt werden muss, gehören nicht nur Sachfragen, sondern auch moralische Problemstellungen. Die Frage lautet dann: Wie wird entschieden, ob etwas moralisch akzeptabel ist oder nicht?

Das Kulturkonzept prägt nicht nur akzeptierte Wege der Wahrheitsfindung, sondern auch das Verständnis von *Zeit* in einer Organisation. Konkreter gesprochen, beantwortet diese kulturelle Orientierung Fragen wie: Wie wird mit der "Zeit" umgegangen, wie wird sie geteilt und wie wird sie dringlich gemacht? Was heißt "zu spät", und wann ist etwas "zu früh"?

(3) Annahmen über die Natur des Menschen

Hier geht es um implizite Annahmen einer Organisation über allgemeine menschliche Wesenszüge. Hält man Menschen, vor allem aber den typischen Mitarbeiter, im Allgemeinen eher für gutwillig oder böswillig? Ferner, gelten Menschen von Geburt an als gut oder schlecht, oder werden sie dazu gemacht? Sind Mitarbeiter tendenziell arbeitsscheu, nur durch externe Anreize zur Arbeit zu bewegen, oder sind Mitarbeiter Menschen, die gerne Verantwortung übernehmen und die im Grundsatz Freude an der Arbeit haben? Diese Annahmen haben sich in vielen Studien als sehr bedeutsam speziell für das Verhalten von Führungskräften und die Auswahl der von ihnen eingesetzten Steuerungskonzepte erwiesen. Die Organisationen prägen mit solchen Annahmen den Führungsstil der Vorgesetzten zu einem wesentlichen Maße vor. Es ist für eine Führungskraft dann auch nicht ohne weiteres möglich von diesen impliziten Erwartungen abzuweichen.

(4) Annahmen über das menschliche Handeln

Hierunter fallen insbesondere Vorstellungen über den Charakter von Arbeit und das Ausmaß an Aktivität, das Organisationsmitglieder zeigen sollen. Kommt es vor allem darauf an, ständig aktiv zu sein, die Dinge selbst in die Hand zu nehmen oder ist es wichtiger, abzuwarten und sich geschickt den Gegebenheiten anzupassen? Und in Bezug auf die Arbeit: Wie wichtig ist Arbeit? Wie ist in dem Unternehmen Arbeit definiert? Muss man schwitzen, wenn man arbeitet? Muss man am Arbeitsplatz sitzen? Ist Arbeit ohne Leid überhaupt Arbeit? Ist Arbeit in den frühen Morgenstunden besser als Nachtarbeit? Usw.

(5) Annahmen über die Natur sozialer Beziehungen

Es gibt keine Kultur, die nicht auch Regeln über den richtigen Weg für Organisationsmitglieder zum Umgang miteinander enthielte. Hierzu gehören Regeln über die richtige Ordnung sozialer Beziehungen, z.B. nach Alter, nach Herkunft oder nach Erfolg. Stellt man sich die Beziehungen eher egalitär oder eher hierarchisch vor? Ein weiterer wichtiger Aspekt ist die Sichtweise von Emotionen in Organisationen. Sind Emotionen im zwischenmenschlichen Bereich zulässig oder unerwünscht? Ferner: Ist der Privatbereich tabu, oder findet eine Trennung zwischen Dienstlichem und Privatem nicht statt? Wie werden Liebesbeziehungen am Arbeitsplatz eingeschätzt? Des Weiteren: Welches Grundthema prägt den Charakter der Beziehungen? Wettbewerb oder Kooperation? Teamerfolg oder Einzelerfolg? Muss man sich vor den anderen fortwährend in Acht nehmen oder kann man ihnen vertrauen?

Diese meist unbewussten und ungeplant entstandenen Basisannahmen stehen nun allerdings nicht isoliert nebeneinander, sondern bilden zusammen ein Muster, ein mehr oder weniger stimmiges *Geflecht*. Wenn man eine Organisationskultur verstehen will, muss man deshalb ausgehend von den ermittelten Basisannahmen versuchen, zusätzlich auch diese Gesamtheit, das „*Weltbild*", zu erfassen.

10.3   Kulturtypen

Die Aufspaltung der Organisationskultur in Ebenen und Elemente legt die Frage nahe, wie diese Faktoren konkret in einer Organisation zusammenwirken und schließlich zu einer „Kulturgestalt" finden. Die Identifikation einer „Kulturgestalt" ist indessen nicht einfach, es gibt keinen systematischen Weg, der sicher dorthin führen würde. Ein Hilfsmittel für dieses Entdeckungsverfahren sind *Typologien*. Am populärsten ist die Typologie von Deal/Kennedy (1987) geworden – vermutlich deshalb, weil sie in besonders anschaulicher Weise an den *Alltagserfahrungen* von Organisationsmitgliedern anknüpft. Sie sei im Folgenden etwas ausführlicher dargestellt.

Alles-oder-Nichts-Kultur (Tough-Guy Macho Culture)

Dies ist eine Welt von Individualisten; gefragt sind Stars mit großen Ideen. Im Hinblick auf die Umwelt gilt das Motto: Zeige mir einen Berg und ich werde ihn erklimmen. Hoch geschätzt sind temporeiches Handeln und ein jugendliches, leicht aus dem Rahmen fallendes Erscheinungsbild. Die Sprache ist unkonventionell und voll von neuen Wortschöpfungen wie z.B. Cash Cows oder Yuppies. Neu Hinzukommende müssen sich schlagen, wenn sie Anerkennung finden wollen. Freundliche Zurückhaltung macht sie uninteressant. Der Erfolg bestimmt alles: Ansehen, Einkommen, Macht. Dementsprechend werden auch Erfolge enthusiastisch gefeiert. Misserfolge dagegen schonungslos offen gelegt. Man kann schnell nach oben kommen, aber ebenso schnell wieder tief fallen. Das Zeigen von Emotionen ist erlaubt, aber nicht solche des Schmerzes. Männer und Frauen sind gleichberechtigt, denn es gilt das Motto: Ein Star ist ein Star. Glücksbringer, Horoskope und sonstiger Aberglaube spielen eine große Rolle, sie sollen das hohe Risiko reduzieren helfen.

Saure Wochen/Schöne Feste-Kultur (Work Hard, Play Hard Culture)

Hier steht die Außenorientierung im Vordergrund nach dem Motto, die Umwelt ist voller Möglichkeiten, man muss sie nur nutzen. Insgesamt wird Wert auf freundliches und ansprechendes Auftreten gelegt. Im internen Verkehr steht die unkomplizierte Zusammenarbeit im Team an erster Stelle. Aktiv sein ist der herausragende Wert. Wer ruhig ist, steht im Verdacht, nichts zu leisten. Es werden viele fröhliche Feste gefeiert und es gibt häufig Auszeichnungen und Preise, wie z.B. der Verkäufer des Jahres oder das beste Schaufenster des Monats. Die Geschichten drehen sich hauptsächlich um schwierige Kunden. Wer es vermag, an Eskimos Kühlschränke zu verkaufen, ist ein Held. Es herrscht ein starker interner Wettbewerb, der aber als selbstverständliche Sache, wie in einem Sportclub, angesehen wird. Man vergleicht sich ständig mit den Leistungen anderer – und das interne Berichtswesen liefert dazu auch fortwährend das geeignete Zahlenwerk. Die Leistungsrangliste ist allen bekannt. Der Ehrgeiz, auf dieser Liste weit nach oben zu klettern, wird allseits akzeptiert. Die Firmensprache ist knapp und voller rätselhafter Kürzel (z.B. PAISY oder FIBUS). Die Bilder sind der Sportwelt entnommen: Halbzeit, Rote Karte, Fehlstart etc.

Analytische Projekt-Kultur (Bet-Your-Company Culture)

Alles ist darauf konzentriert, die richtige Entscheidung zu treffen. Fehlentscheidungen stellen die große Bedrohung dar. Die Umwelt wird vorwiegend als Gefahr erlebt. Man versucht, sie durch Analysen und langfristige Prognosen einigermaßen in den Griff zu bekommen. Vertraut wird auf die wissenschaftlich-technische Rationalität. Hauptritual ist die Sitzung, sie vereint meist verschiedene

hierarchische Ränge, kennt jedoch eine strenge Sitz- und Redeordnung. Die Zeitperspektive ist lang-
fristig, alles will gut und sorgfältig überlegt sein. Hektik und Quirligkeit sind unerwünscht. Das
Ideal ist vielmehr, die gesetzte, reife Persönlichkeit. Ist jemand 3 Jahre bei dem Unternehmen, gilt
er immer noch als Neuling. Karriere wird schrittweise gemacht, Blitzkarrieren gibt es nicht. Ältere
Führungskräfte haben in der Regel Schützlinge, denen sie auf dem Weg nach oben helfen. Helden sind
Leute, die mit unerschütterlicher Zähigkeit eine große Idee verfolgt haben; dies auch dann noch, als
sie die Firmenleitung längst aufgegeben hatte – notfalls im eigenen Kellerlabor. Der interne Wettbe-
werb wird nicht offen geführt, demonstrativer Ehrgeiz eher abgelehnt. Typisch sind Leitbilder wie
„gesunder Ehrgeiz“ oder „die Zeit wird es erweisen, wer der Bessere ist.“ Die Kleidung ist korrekt
und unauffällig. Sprache und Umgangsformen sind höflich. Das Zeigen von Emotionen ist streng
verpönt, man beherrscht sich.

Prozess-Kultur (Process Culture)
Alles konzentriert sich auf den Prozess, das Gesamtziel spielt keine zentrale Rolle im täglichen Han-
deln des Einzelnen. Perfekter und diskreter Arbeitsvollzug steht an erster Stelle der Werte. Fehler
darf man nicht machen. Alles wird registriert, jeder kleinste Vorgang dokumentiert. Misstrauen und
Absicherung sind die vorherrschenden Orientierungsmuster. Man muss jederzeit damit rechnen,
dass einem irgendjemand von außen oder innen einen Fehler nachweisen möchte, und für diesen Fall
muss man gerüstet sein. Helden sind Leute, die selbst dann noch fehlerfrei arbeiten, wenn die Um-
stände äußerst widrig sind, etwa nach Schicksalsschlägen oder nach ungerechtfertigter Behandlung
durch die Geschäftsleitung. Das Zusammenleben orientiert sich an der hierarchischen Ordnung; sie
bestimmt einfach alles: die Kleidung, den Kreis der Kontaktpartner, die Umgangsformen, das Gehalt
etc. Bei einer Beförderung weiß jeder Mitarbeiter, welche Privilegien er dazugewinnen wird: eigenes
Telefon, Teppichboden, größere Fenster oder Sonstiges. Diese Statussymbole werden höher geschätzt
als der finanzielle Zugewinn. Beförderungen und Höherstufungen gehören zu den zentralen Ge-
sprächsthemen. Um sie ranken sich permanent Gerüchte und Intrigen. Feste und Feiern spielen keine
sehr große Rolle. Wichtig sind lediglich die Jubiläen, wie z.B. 25jährige Betriebszugehörigkeit. Die
Sprache ist korrekt und detailbesessen. Emotionen werden als Störung empfunden. Dienstliches und
privates Leben werden streng getrennt.

Wie auch immer konstruiert, eine solche *Typologie* ist ein Hilfsmittel, mit dem man auf die
Suche gehen und die Alltagserfahrung in einem ersten Schritt sortieren kann. Ohne Zweifel
ist eine Typologie immer eine grobe Vereinfachung, darin liegt ihr Wert, aber eben auch ihre
Gefahr. Eine Organisationskultur zu verstehen, verlangt mehr als eine bloße Zuordnung.
Typologien zeigen aber beispielhaft, wie man die verschiedenen Facetten einer Organisati-
onskultur zu einer „Ganzheit“ verdichten kann.

Die Verwendung von Typologien kann ein erster Schritt sein. Wer sich jedoch tiefer mit der
Kultur einer konkreten Organisation beschäftigen möchte, muss sich mit den Spezifika des
besonderen Falles auseinandersetzen. Zur Erfassung von Kulturen werden unterschiedliche
Wege vorgeschlagen. Während die eine Gruppe quantitative Methoden (insbesondere Fra-
gebogenerhebungen) favorisiert, betont die andere Gruppe die Besonderheit symbolischer
Konstruktionen und verlangt nach speziellen qualitativen und interpretativen Methoden
(insbesondere teilnehmende Beobachtung und Dokumentenanalyse).

Nachdem es sich bei Organisationskulturen um implizite, zu großen Teilen unbewusste Phänomene, Deutungs- und Orientierungsmuster handelt, gilt es deren Strukturen schrittweise aus den Symbolen und Handlungen zu erschließen (Schein 1985, S. 112 ff). Dies ist nur auf interpretativem Wege möglich. Die besondere Schwierigkeit bei der Explikation von *emergenten Handlungsstrukturen* besteht darin, dass sie zwar durch Handlungen konstituiert, die Handlungen aber ihrerseits wesentlich durch die zugrundeliegende Struktur bestimmt werden. Der Erschließungsprozess kann also nicht die konkreten subjektiven Intentionen der Organisationsmitglieder und ihre Selbstauskünfte ins Zentrum stellen, sondern muss auf das kollektive Deutungs- und Handlungsmuster einer Organisation zielen (zur Methodik vgl. Lamnek 2005).

Das 3-Ebenen-Schema von Schein (vgl. **Abbildung 10.1**) hat den Vorzug, dass es nicht nur analytisch erhellend ist, sondern auch als Wegweiser zum herantastenden Verstehen und Rekonstruieren von Organisationskulturen dienen kann. Der *Erschließungsprozess* beginnt dementsprechend bei den sichtbaren Elementen einer Kultur und setzt sich bis zu den Basisannahmen fort.

10.4   Starke und schwache Kulturen

Die Diskussion um die Kultur von Organisationen war von Anfang an geprägt von der Beobachtung, dass bestimmte Kulturen in besonders intensiver Weise das organisatorische Handeln beeinflussen, während in anderen Fällen nur eine mäßige Prägung beobachtet werden kann. Zur Beurteilung, ob eine Kultur in diesem Sinne als „stark" oder als „schwach" zu bezeichnen ist, werden insbesondere die folgenden drei Dimensionen herangezogen (u.a. Schreyögg 1989, Sorensen 2002):

1. Prägnanz,

2. Verbreitungsgrad,

3. Verankerungstiefe.

1. Das *erste Kriterium* unterscheidet Organisationskulturen danach, wie klar die Orientierungsmuster und Werthaltungen sind, die sie vermitteln. Starke Organisationskulturen zeichnen sich demnach dadurch aus, dass sie unmissverständlich vermitteln, was erwünscht ist und was nicht. Eine solche prägnante Anleitung setzt zweierlei voraus. *Zum einen* müssen die einzelnen Werte, Standards und Symbolsysteme zueinander *konsistent* sein, so dass in nur wenigen Fällen Konfusion darüber entsteht, welchem Orientierungspfad nun gefolgt werden soll. *Zum anderen* setzt dies voraus, dass die kulturellen Orientierungsmuster relativ *umfassend* ausgelegt sind, so dass sie nicht nur in einigen speziellen, sondern in vielen Situationen den Maßstab setzen können.

2. Das *zweite Unterscheidungskriterium* „Verbreitungsgrad" stellt auf das Ausmaß ab, in dem die Mitarbeiterschaft die Kultur teilt. Von einer „starken Organisationskultur" spricht man dementsprechend dann, wenn das Handeln sehr vieler Mitarbeiter, im Idealfall *al-*

ler, von den kollektiven Orientierungsmustern und Werten geleitet wird. Eine schwache Organisationskultur zeichnet sich in diesem Sinne dann dadurch aus, dass die einzelnen Unternehmensmitglieder an weitgehend unterschiedlichen Normen und Vorstellungen orientiert sind.

3. Das *dritte Kriterium* „Verankerungstiefe" stellt schließlich darauf ab, ob und inwieweit die kulturellen Muster *internalisiert,* also zum selbstverständlichen Bestandteil des täglichen Handelns geworden sind. Dabei ist zu differenzieren zwischen einem kulturkonformen Verhalten, das bloßes Ergebnis einer kalkulierten Anpassung ist („Wes Brot ich ess, des Lied ich sing"), und einem kulturkonformen Verhalten, das Ausfluss internalisierter kultureller Orientierungsmuster ist. Nur Letzteres lässt die Stabilität, Vertrautheit und Fraglosigkeit im täglichen Umgang entstehen, wie sie für starke Kulturen gelten sollen. Als logische Konsequenz ist die *Persistenz,* d.h. die Stabilität kultureller Verhaltensmuster über längere Zeit hinweg, ein Indikator für Verankerungstiefe.

10.5   Organisationskulturen und Subkulturen

Mit der Idee starker Organisationskulturen verknüpft ist die Vorstellung einer mehr oder weniger stimmigen Ganzheit, eines integrierten kohärenten Gebildes. Im Gegensatz dazu steht das Bild von Organisationskultur, das sich aus den Arbeiten zur Stellung und Bedeutung organisatorischer *Subsysteme* ergibt, die eigene kulturelle Orientierungsmuster („Subkulturen") entwickelt haben. In dieser Perspektive (u.a. Alvesson 2002, Martin 2002) treten die (potenziellen) Widersprüche zwischen verschiedenen Subkulturen in den Vordergrund; Widersprüche, die sich beispielsweise zwischen den verschiedenen hierarchischen Ebenen (Arbeiterkultur, Angestelltenkultur, Managerkultur o.Ä.) oder zwischen unterschiedlichen Funktionsbereichen und Professionen herausbilden (z.B. Marketingkultur, F&E-Kultur, IT-Kultur). Nicht selten entwickeln sich Subkulturen in direkter Abgrenzung gewissermaßen als Antipode zur vorherrschenden Kultur. Man spricht in diesen Fällen dementsprechend von „Gegenkulturen". Im Lichte der dargestellten Stärke-Dimensionen sind Organisationen mit ausgeprägten Subkulturen aufgrund der daraus resultierenden Heterogenität – wie erwähnt – dann logischerweise eher schwache Kulturen.

Bei Zuspitzung dieser Sichtweise erscheinen Organisationskulturen eher als ein Mix verschiedener (interner und externer) Subkulturen, für den sich nur mühsam ein gemeinsamer Nenner finden lässt. Die Besonderheit organisatorischer Kulturen ist dann mehr die *spezifische Mischung* von Subkulturen denn die Ausprägung eines einheitlichen Wert- und Orientierungssystems. Als Konsequenz lohnte dann allerdings auch nicht, sich weiter mit Organisationskultur zu beschäftigen, es wäre ein Phänomen ohne weitere Bedeutung für das Verhalten der Organisationsmitglieder. Die Erfahrung zeigt jedoch, dass sich auch bei Unternehmen mit starken Subkulturen gemeinsame, übergreifende Orientierungsmuster herausbilden können, die trotz allem ein Mindestmaß an Homogenität und Kohäsion sicherstellen.

Subkulturen haben einen ähnlichen Entwicklungs- und Aufbauverlauf wie (Gesamt)Kulturen, d.h. sie zeichnen sich durch eigene Wertvorstellungen, Standards usw. wie auch durch eine eigene Symbolik aus. Nach Voraussetzung haben sie jedoch auch einige Elemente mit der Hauptkultur gemeinsam, anderenfalls wäre ja der Begriff Subkultur falsch gewählt. Sie sind Teil der Hauptkultur und können doch in bestimmten Aspekten von dieser abweichen.

Faktoren, die zur Bildung von Subkulturen beitragen, sind Organisationsstruktur/Abteilungsbildung und Ausbildung (Profession), aber auch Alter, Geschlecht, Staatsangehörigkeit, Gewerkschaftszugehörigkeit usw.

Für die Frage nach den Wirkungen und dem Umgang mit Subkulturen ist ihre Stellung zur Hauptkultur bedeutsam. Martin/Siehl (1983) unterscheiden die Stellung von Subkulturen zu der jeweiligen Hauptkultur anhand von drei *Grundtypen:*

1. *Verstärkende Subkulturen:* Sie bejahen in besonderem Maße die Hauptkultur, achten als „Kulturwächter" auf ihre Einhaltung und zeigen modellhaft kulturkonformes Verhalten. Häufig bilden z.B. Vorstandsstäbe oder Lehrlingswerkstätten solche „enthusiastischen Verstärkungsinseln".

2. *Neutrale Subkulturen:* Sie bilden ihr eigenes Orientierungssystem aus, das aber mit der Hauptkultur nicht kollidiert; sie stehen gewissermaßen parallel oder ergänzend dazu. Häufig zu findende Beispiele sind IT-Abteilungen oder Rechtsabteilungen.

3. *Gegenkulturen:* Sie entwickeln ein Orientierungsmuster, das sich dezidiert gegen die Hauptkultur richtet, sei es aus einer Enttäuschung heraus (etwa bei Übernahmen) oder zur Durchsetzung neuer Ideen. Aber auch für Gegenkulturen gilt, dass sie ihren Bezugspunkt, ihr Referenzsystem in der Hauptkultur haben, ohne Letztere fehlte die Differenz. Gegenkulturen erweisen sich bisweilen als Auslöser für kulturellen Wandel, sie stellen die „alte" Kultur in Frage und gewinnen unter Umständen immer mehr Anhänger, die auf einen Kulturwandel drängen. Es ist ferner auch zu beobachten, dass Gegenkulturen als eine Art „Schattenkulturen" wirken können, die bei einer Unternehmenskrise als Alternative hervortreten, zu der gewechselt werden kann (vgl. dazu Abschnitt 10.7).

10.6   Wirkungen von Organisationskulturen

Die Wirkungen von Organisationskulturen werden primär an starken Kulturen im oben erläuterten Sinne studiert. Entgegen der anfänglichen Euphorie hat es sich in vielen empirischen Studien erwiesen, dass starke Organisationskulturen für die Funktionstüchtigkeit von Systemen keineswegs nur positive, sondern z.T. auch ausgeprägte negative Wirkungen haben.

Ein einfacher Zusammenhang zwischen dem Leistungsniveau und der Stärke einer Organisationskultur – wie häufig behauptet – lässt sich nicht nachweisen. Die Wirkungspfade sind verwickelter und die funktionalen Bezüge sehr viel ambivalenter.

Positive Effekte

Die wichtigsten Aspekte aus der Sicht des Unternehmens sind im Folgenden kurz zusammengestellt (vgl. **Abbildung 10.3**).

Abbildung 10.3 Positive Effekte starker Kulturen

- Handlungsorientierung durch Komplexitätsreduktion

- Effizientes Kommunikationsnetz

- Rasche Informationsverarbeitung und Entscheidungsfindung

- Beschleunigte Implementation von Plänen und Projekten

- Geringer Kontrollaufwand

- Hohe Motivation und Loyalität

- Stabilität und Zuverlässigkeit

◼ *Handlungsorientierung.* Starke Organisationskulturen vermitteln ein prägnantes Weltbild und machen damit die „Welt" für das einzelne Unternehmensmitglied verständlich und überschaubar. Sie erbringen eine weitreichende Orientierungsleistung, weil sie die verschiedenen möglichen Sichtweisen und Interpretationen der Ereignisse und Situationen reduzieren und auf diese Weise eine klare Basis für das tägliche Handeln schaffen. Diese Handlungsorientierungsfunktion ist vor allem dort von großer Bedeutung, wo eine formale Regelung zu kurz greift oder gar nicht greifen kann.

◼ *Reibungslose Kommunikation.* Die Abstimmungsprozesse gestalten sich durch die einheitliche Orientierung wesentlich einfacher und direkter. In starken Kulturen existiert ein komplexes Kommunikations-Netzwerk, das sich auf gemeinsame Orientierungsmuster abstützen kann. Signale werden so sehr viel zuverlässiger interpretiert und Informationen sehr viel weniger verzerrt weitergegeben, als dies typischerweise bei formaler Kommunikation der Fall ist.

◼ *Rasche Entscheidungsfindung.* Eine gemeinsame Sprache, ein kollektives Präferenzsystem und eine allseits akzeptierte Vision für das Unternehmen lassen relativ rasch zu einer Einigung oder zumindest zu tragfähigen Kompromissen in Entscheidungs- und Problemlösungsprozessen vorstoßen.

◼ *Zügige Implementation.* Entscheidungen und Pläne, Projekte und Programme, die auf gemeinsamen Überzeugungen beruhen und sich deshalb auf breite Akzeptanz stützen, können schnell und wirkungsvoll umgesetzt werden. Bei auftretenden Unklarheiten geben die fest verankerten Leitbilder rasche Orientierungshilfe.

◼ *Geringer Kontrollaufwand.* Der Kontrollaufwand ist gering, die Kontrolle wird weitgehend auf indirektem Wege geleistet. Die Orientierungsmuster sind verinnerlicht, es besteht wenig Notwendigkeit, fortwährend ihre Einhaltung zu überprüfen.

■ *Motivation und Teamgeist.* Die orientierungsstiftende Kraft der kulturellen Muster und die gemeinsame, sich gegenseitig fortwährend bekräftigende Verpflichtung auf die zentralen Werte („Vision") der Unternehmung lassen eine hohe Bereitschaft entstehen, sich für das Unternehmen zu engagieren („intrinsische Motivation") und dies auch nach außen hin unmissverständlich zu dokumentieren.

■ *Stabilität.* Ausgeprägte, gemeinsam geteilte Orientierungsmuster reduzieren Angst und bringen Sicherheit und Selbstvertrauen. Es besteht deshalb wenig Neigung, ein solches kohärentes System zu verlassen oder dem Arbeitsplatz fern zu bleiben (geringe Fluktuations- und Fehlzeitenrate).

All diese Aspekte zusammen ließen die These entstehen, dass Organisationen mit starken Organisationskulturen *effizienter arbeiten* und bei marktgerechter Zielsetzung eine höhere Rentabilität erzielen. Die geschilderten Vorzüge einer starken Organisationskultur sind jedoch keineswegs so eindeutig und so unkompliziert, wie sie auf den ersten Blick erscheinen mögen. Ihnen steht eine Reihe möglicher negativer Effekte gegenüber.

Negative Effekte
Nachfolgend findet sich eine Auswahl möglicher negativer Effekte (vgl. dazu **Abbildung 10.4**):

Abbildung 10.4 Negative Effekte starker Kulturen

- Tendenz zur Abschließung

- Abwehr neuer Orientierungsmuster

- Implementationsbarrieren

- Fixierung auf Erfolgsmuster der Vergangenheit

- Vermeidung von Selbstkritik

- Präferenz für Konformität ("Kulturdenken")

- Geringe Anpassungsfähigkeit

■ *Tendenz zur Abschließung.* Tief internalisierte Wertesysteme und die aus ihr fließende Orientierungskraft können leicht zu einer alles beherrschenden Kraft werden. Kritik, Warnsignale usw., die zu der bestehenden Kultur im Widerspruch stehen, drohen verdrängt oder überhört zu werden. Fest eingeschliffene Traditionen und Rituale verstärken diese Tendenz. Starke Kulturen laufen deshalb Gefahr, zu „geschlossenen Systemen" zu werden.

■ *Blockierung neuer Orientierungsmuster.* Starken Organisationskulturen sind Veränderungen suspekt, sie lehnen sie vehement dann ab, wenn sie ihre Identität bedroht sehen. Unangenehme, dem herrschenden Weltbild zuwiderlaufende Vorschläge werden frühzeitig blockiert oder gar nicht registriert.

■ *Implementationsbarrieren.* Selbst wenn neue Ideen in den Entscheidungsprozess Eingang gefunden haben, erweist sich eine starke Organisationskultur bei ihrer Umsetzung tendenziell als starker Hemmschuh. Solange es um die Umsetzung von mit der bisherigen Geschäftspolitik verwandten Ideen geht, sind – wie oben dargelegt – starke Kulturen überlegen. Von dem Moment an aber, wo es um einen grundsätzlichen Wandel, etwa um eine strategische Neuorientierung, geht, wird ein stabiles und stark verfestigtes Kultursystem zum Problem. Der Grund ist einsichtig. Die Sicherheit, die starke Kulturen in so hohem Maße spenden, gerät in Gefahr, und die Folge sind Angst und Abwehr. Der Umgang mit dem Ungewöhnlichen ist nicht geübt. Auch die „Helden" haben ein Interesse daran, dass alles so weitergeht wie bisher, denn das ist ja die Quelle, aus der sich ihr „Heldentum" speist.

■ *Fixierung auf traditionelle Erfolgsmuster.* Starke Kulturen schaffen eine emotionale Bindung an bestimmte gewachsene und durch Erfolg bekräftigte Vorgangsweisen und Denktraditionen. Neue Pläne und Projekte stoßen damit auf eine argumentativ nur schwer zugängliche Bindung an die herkömmlichen Prozeduren und Vorstellungen.

■ *Kollektive Vermeidungshaltung.* Die Aufnahme und Verarbeitung neuer Ideen setzt ein hohes Maß an Offenheit, Kritikbereitschaft und Unbefangenheit voraus; starke Organisationskulturen sind aufgrund ihrer emotionalen Bindungen wenig geeignet, diese Voraussetzungen herzustellen. Ja, sie laufen Gefahr, sich dem hier notwendigen Prozess der Selbstreflexion in einer Art kollektiver Vermeidungshaltung zu versagen, kritische Argumentation auf subtile Weise für illegitim zu erklären.

■ *„Kulturdenken".* Starke Kulturen neigen dazu, Konformität in gewissem Umfang zu „erzwingen". Konträre Meinungen, Bedenken usw. werden zurückgestellt zugunsten der kulturellen Werte. Die Motivation, den kulturellen Rahmen zu erhalten, übertrifft tendenziell die Bereitschaft, Widerspruch zu artikulieren. In Analogie zum Phänomen des „Gruppendenkens" (Janis 1972) kann man hier von „Kulturdenken" sprechen.

■ *Mangel an Flexibilität.* Die geschilderten Effekte bringen in der Summe das Problem der Starrheit und mangelnder Anpassungsfähigkeit mit sich. Bisweilen werden deshalb starke Organisationskulturen auch als „unsichtbare Barrieren" für organisatorischen Wandel bezeichnet. Unternehmen sind in einem zunehmenden Maße mit Herausforderungen konfrontiert, die ein Verlassen der traditionellen Unternehmensstrukturen unumgänglich und die *Umstellungsfähigkeit* zu einer für das Überleben kritischen Ressource machen. Im Hinblick auf diese Anforderung kann sich eine allzu starke Organisationskultur nur als hinderlich erweisen.

Hält man sich diese potenziell negativen Wirkungen vor Augen, so kann man keineswegs unbesehen dem Ziel kultureller Stärke das Wort reden. In nicht wenigen Situationen erscheint es vordringlicher, einer allzu stark gewordenen Kultur wieder mehr „Luft zum Atmen" zu verschaffen, und das bedeutet im Ergebnis einen geringeren Stärkegrad anzustreben.

10.7   Kulturwandel in Organisationen

Trotz ihrer stark beharrenden Züge sind Organisationskulturen immer auch Wandlungsprozessen unterworfen. Eine Kultur ist niemals vollständig statisch. Unabhängig davon besteht aber der Wunsch, im Falle dysfunktional gewordener Kulturen Wege zu finden, die eine Änderung ermöglichen.

Empirische Studien, die verschiedene Kulturwandlungsprozesse in Betrieben zum Gegenstand hatten, zeichnen den in **Abbildung 10.5** wiedergegebenen typischen Verlauf.

Abbildung 10.5 Kulturwandel

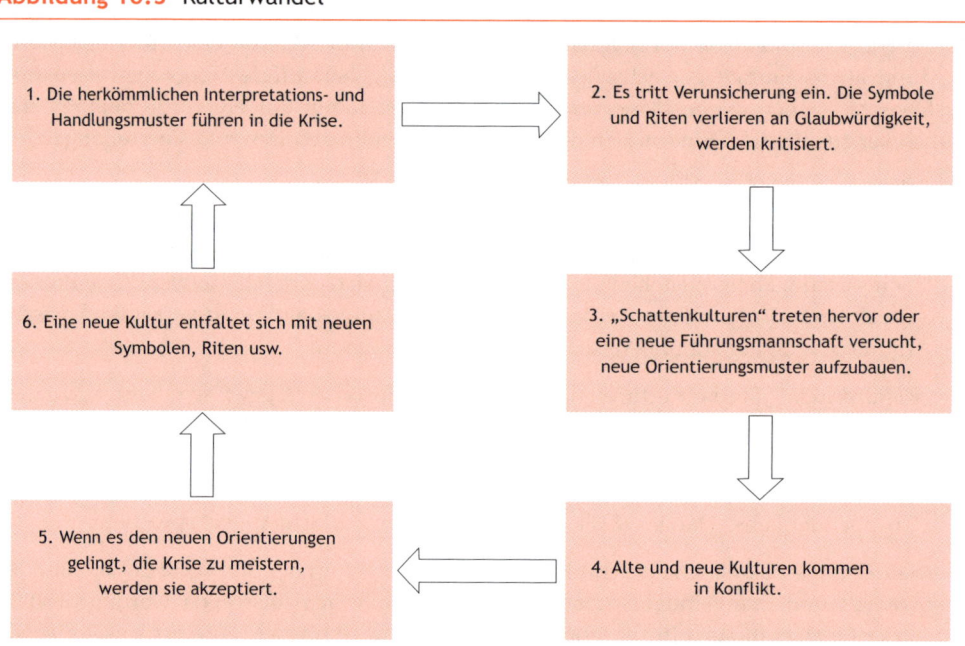

Quelle: Dyer 1985, S. 211

Ausgangspunkt war immer eine Konfliktsituation. Die herkömmlichen Interpretations- und Handlungsmuster führten in die Krise, waren nicht mehr erfolgreich. Es trat Verunsicherung ein. Die Symbole und Riten verloren an Glaubwürdigkeit und Faszination. Sie wurden kritisiert. *Schattenkulturen*, d.h. latent vorhandene, aber bislang wenig bedeutsame Muster traten hervor, oder aber eine neue Führungsmannschaft versuchte quasi von außen, neue Orientierungsmuster aufzubauen. In der Folge kamen alte und neue Kulturmuster in Konflikt; es kam zum Machtkampf. Gelang es, die Krise zu meistern, und die Organisationsmitglieder schrieben diesen Effekt der neuen Orientierung zu, wurde diese akzeptiert.

Die in diesen Studien identifizierten Wandelprozesse sind im Wesentlichen evolutorische Entwicklungen gewesen, d.h. die Änderungskräfte entfalten sich angestoßen durch Krisen spontan und ungeplant und schaffen auf diesem Wege eine neue Ordnung. Die eben beschriebenen gravierenden (negativen wie positiven) Wirkungen von Organisationskulturen werfen jedoch die Frage auf, ob man sich im täglichen Leben tatsächlich auf eine solche gewissermaßen automatisch verlaufende Entwicklung verlassen mag oder ob es nicht doch Wege gibt, solche Veränderungsprozesse zu steuern und Organisationskultur zum Gegenstand eines *geplanten Wandels* gemacht werden kann.

Zu dieser Frage werden in der Literatur unterschiedliche Positionen bezogen.

Den einen Pol bilden die *„Kulturingenieure"*. Diese Position geht davon aus, dass man Kulturen ähnlich wie andere Führungsinstrumente gezielt entwickeln und planmäßig verändern kann. Ein Kulturwandel wird danach planerisch entworfen und anschließend systematisch Schritt für Schritt umgesetzt. Am Ende steht dann die neue Kultur (vgl. etwa Homma/ Bauschke 2010). Eine solche *vollständige planerische Neugestaltung* einer Organisationskultur ist jedoch in der Praxis nicht möglich; Organisationskulturen sind ihrem Charakter nach *komplex*, d.h. nicht vollständig überschaubar. Die Vorstellung, man könnte eine neue Kultur gewissermaßen auf dem Reißbrett entwerfen und dann Schritt für Schritt umsetzen, ist viel zu mechanistisch und verkennt den eigensinnigen Charakter kultureller Beziehungen (vgl. auch Martin 2002).

Zu dieser instrumentalistischen Sichtweise völlig konträr steht die Gruppe der *„Kulturalisten"*. Sie betrachten die Organisationskultur als eine organisch gewachsene Lebenswelt, als Welt vor dem Begriff, die sich einem gezielten Herstellungsprozess entzieht. Die kulturalistische Position verknüpft sich häufig mit einer hohen Wertschätzung intakter lebensweltlicher Gemeinschaften und weist dann dementsprechend nicht nur das Ansinnen, eine Organisationskultur zu machen, als naiv zurück, sondern erhebt gegen ein solches Vorhaben auch starke *normative* Bedenken. Insbesondere wird auf die Gefahr verwiesen, dass mit dem Vorhaben der Kulturplanung auf unkontrollierte Weise Einfluss auf die Organisationsmitglieder genommen werden soll. *Symbolische Kommunikation*, wie sie allenthalben zum Kulturwandel empfohlen wird, ist verschlüsselte Kommunikation und deshalb zweifellos anfällig für Manipulation. Programme zur Kulturgestaltung könnten somit zu einem unerkannten Beherrschungsinstrument ausgeformt werden (so Krell/Weiskopf 2006).

Eine dritte Position lässt sich mit dem Stichwort *„Kurskorrektur"* umreißen. Sie akzeptiert die Idee des geplanten Wandels im Sinne des Initiierens einer Veränderung in einem grundsätzlich offenen Prozess. Auf der Basis einer Rekonstruktion und Kritik der Ist-Kultur sollen Anstöße zu einer Kurskorrektur gegeben werden. Die idealtypischen Phasen eines solchen Veränderungsprogramms zeigt **Abbildung 10.6**.

Abbildung 10.6 Phasen der Kurskorrektur

Phase

Diagnose   – Systematische Erfassung der kulturellen Ausdrucksformen
                 – Erschließung der zugrundeliegenden Basis-Orientierung

Beurteilung   – Abschätzung der Wirkung der Ist-Kultur
                 – Ermittlung der Veränderungsbedürftigkeit

Maßnahmen   – Entwurf einer Kurskorrektur im Dialog mit den Betroffenen
                 – Einleitung von Interventionen
                 – Bestärkung der Neuorientierung

Der erste und wichtigste Schritt einer solchen Kulturentwicklung ist die Beschreibung und die Bewusstmachung der bestehenden Kultur. Nachdem es sich im Wesentlichen um unsichtbare Größen handelt, ist hierzu – wie oben bereits dargelegt – eine umfängliche *Interpretationsleistung* zu erbringen. Erst eine solche Rekonstruktion macht es möglich, den interessierenden Teil einer Organisationskultur genauer zu analysieren und in seinen Konsequenzen zu diskutieren.

In einem *zweiten Schritt* ist die Veränderungsbedürftigkeit der (rekonstruierten) Organisationskultur abzuklären. Es sind Fragen zu beantworten wie: Wirkt diese Kultur blockierend? Wo widerspricht sie neuen strategischen Orientierungen? Wo verhindert sie die Adoption neuer Organisationsformen usw. Eine solche kritische Selbstbewertung ist die Grundlage für einen geplanten Kulturwandel; ohne Einsicht in die Notwendigkeit einer Veränderung, wird es keinen Raum für Neuorientierungen geben.

In einem *dritten Schritt*, nach der Reflexion der rekonstruierten Kulturbezüge und ihrer Wirkungsverläufe, können schließlich Anstöße zu einer *„Kurskorrektur"* gegeben werden. Dazu gehört vor allem das Angebot neuer Orientierungsmuster, begleitet von neuen Darstellungsformen und Signalen. Wichtig sind aber auch Prozesse, die Hedberg (1981) als „Entlernen" (unlearning) bezeichnet. Sie sind die Voraussetzung für neues Lernen (vgl. auch Schein 2009). Dabei soll nicht verschwiegen werden, dass solche Entlernprozesse in der Praxis keineswegs reibungslos vonstattengehen; sie sind in aller Regel mit schweren Konflikten verbunden. Die Aufgabe alter und der Erwerb neuer Deutungsmuster ist schmerzhaft. Das erklärt sich in vielen Fällen auch daraus, dass mit einer neuen Kultur in der Regel auch eine *Umverteilung von Ressourcen* einhergeht. Die Begünstigten der alten Kultur entfalten zumeist eine starke Gegenwehr und unterminieren das neue „Weltbild" so weit als möglich. Wird trotz allem das Problemlösungspotenzial der neuen Orientierung anerkannt, entfaltet sich eine neue Kultur und findet in neuen Symbolen und Riten ihre Verfestigung. Der Anstoß für einen solchen Wandlungsprozess kommt nicht nur von Innen, sondern auch aus der Umwelt (Banken, Aktionäre oder Kunden).

Es ist augenscheinlich, dass eine solche Kurskorrektur nicht schlicht angeordnet werden kann. Neue Werte lassen sich nicht befehlen. Solange sich die Umorientierung, die Assimilation neuer Annahmen und Sichtweisen nicht in den Köpfen der Organisationsmitglieder vollzieht, geht es nur um Oberflächenanpassungen. Die Organisationsmitglieder müssen – mehr noch als bei jedem anderen organisatorischen Wandel – davon überzeugt sein, dass ein Wandel notwendig ist, und motiviert sein, etwas Neues auszuprobieren.

Übungsaufgaben

1. Erläutern Sie den Satz „Die Organisationskultur spiegelt die Geschichte eines Unternehmens wider"!

2. Auf welche Weise werden neue Organisationsmitglieder in die Organisationskultur eingewiesen? Versuchen Sie Beispiele aus der Praxis zu finden!

3. Inwiefern übernimmt die Organisationskultur eine Orientierungsfunktion?

4. Wo liegt der Unterschied zwischen den „Normen und Standards" und den „Basis-Annahmen" im Schein'schen Modell?

5. Versuchen Sie, Ihnen bekannte Unternehmen einem der vier Typen nach Deal/Kennedy zuzuordnen!

6. Welche Bedeutung haben Subkulturen für eine Unternehmung? Belegen Sie Ihre Meinung anhand von Beispielen.

7. Eine Vertriebsleiterin äußert: „Je stärker unsere Vertriebskultur ist, umso stärker wird auch unsere Organisationskultur?" Stimmen Sie zu?

8. Inwiefern können Organisationskulturen Entscheidungsprozesse beschleunigen?

9. Weshalb werden starke Organisationskulturen gelegentlich als „unsichtbare Barrieren" bezeichnet?

10. Was sind „Schattenkulturen"?

Literaturempfehlungen

Schein, E.: The corporate culture survival guide, 2. Aufl., San Francisco, 2009.

Umfassend und gut zu lesen, das perfekte Buch zur Organisationskultur und den damit verbundenen praktischen Fragen.

Barney, J. B.: Organizational culture: Can it be a source of sustained competitive advantage?, in: Academy of Management Review, 1986, 11 (3): 656-665.

Der Klassikeraufsatz, der die Bedeutung der Organisationskultur für das strategische Management nachweist.

Weber, R.A./Camerer C. F.: Cultural conflict and merger failure: An experimental approach, in: Management Science, 2003, 49 (4): 400-415.

Ein interessanter Beitrag, der anhand von Experimenten zeigt, wie sich der Misserfolg von Übernahmen /Fusionen durch die Kulturen der beteiligten Unternehmen erklären lässt.

Literatur

Alvesson, M. (2002): Understanding organizational culture, London et al.

Deal, T. E./Kennedy, A. A. (1987): Unternehmenserfolg durch Unternehmenskultur, Bonn.

Dyer, W.G. (1985): The cycle of cultural evolution in organizations, in: Kilmann, R.H./Saxton, M.J./Serpa, R. (Hrsg.): Gaining control of the corporate culture, San Francisco/London, S. 200-229.

Hedberg, B. (1981): How organizations learn and unlearn, in: Nystrom, P. C./Starbuck, W. H. (Hrsg.): Handbook of organizational design, Oxford, S. 3-28.

Homma, N./Bauschke, R. (2010): Unternehmenskultur und Führung, Wiesbaden.

Janis, I. L. (1972): Victims of groupthink, Boston.

Kluckhohn, F. R./Strodtbeck, F. L. (1961): Variations in value orientations, Evanston , Ill. et al.

Krell, G./Weiskopf, R. (2006): Die Anordnung der Leidenschaften, Wien.

Lamnek, S. (2005): Gruppendiskussion. Theorie und Praxis, 2.Aufl.,Weinheim/Basel.

Martin, J. (2002): Organizational culture: Mapping the terrain, Thousand Oaks.

Martin, J./Siehl, C. (1983): Organizational culture and counterculture: An uneasy symbiosis, in: Organizational Dynamics 12 (2), S. 52-64.

Schein, E.H. (1984): Coming to a new awareness of organizational culture, in: Sloan Management Review 25 (2) S.3-16.

Schein, E. H. (1985): Organizational culture and leadership: A dynamic view, San Francisco et al.

Schein, E. H. (2009): Corporate culture survival guide, 2. Aufl., San Francisco.

Schreyögg, G. (1989): Zu den problematischen Konsequenzen starker Unternehmenskulturen, in: Zeitschrift für betriebswirtschaftliche Forschung 41 (2), S. 94-113.

Sorensen, J. B. (2002): The strength of corporate culture and the reliability of firm performance, in: Administrative Science Quarterly 47 (1), S. 70-91.

Teil 4
Übergreifende Organisationsfragen

11 Wandel und Innovationsmanagement

11.1 Wandel als Zielplanung

Die erfolgreiche Bewältigung von Veränderungsvorhaben ist heute zu einem zentralen Thema in nahezu allen Organisationen geworden. Hat man dies früher eher als eine Frage der konsequenten Anweisung gesehen, so ist man sich zwischenzeitlich der Komplexität von Wandelvorgängen viel mehr bewusst. Die zahllos scheiternden Wandelvorhaben machen unmissverständlich klar, dass zur erfolgreichen Bewältigung ein tieferes Verständnis der zugrundeliegenden Vorgänge erforderlich ist.

In der betriebswirtschaftlichen Organisationslehre wurde und wird immer noch zu großen Teilen der organisatorische Wandel als Planungsproblem verstanden. Der Schwerpunkt des Change Management wird in der Bildung geeigneter Ziele gesehen, sei es im Entwurf optimaler Designs oder schlagkräftiger Anreizsysteme. Im Zentrum steht die *Ermittlung* der optimalen organisatorischen Lösung, die der veränderten Situation oder dem veränderten Stand des Organisationswissens Rechnung trägt. Die *Umsetzung* der neuen Lösungen in die Praxis wird als eine Frage der Zielplanung gesehen, d.h. das Veränderungsvorhaben wird mit Hilfe individueller Leistungsziele konkretisiert und über die Hierarchie bis zur Handlungsebene heruntergebrochen. In der direkten Realisierung wird, von einigen Unzulänglichkeiten und kleineren Reibungsverlusten abgesehen, kein weiteres Problem gesehen. Nach einer gewissen Toleranzzeit wird es allen Mitarbeitern zur Pflicht gemacht, nach den neuen organisatorischen Richtlinien bzw. den festgelegten Zielen zu handeln.

Dieses Steuerungsmodell, das den gesamten Wandelprozess, und zwar sowohl das Finden der Lösung als auch ihre Realisierung, als reines Planungsproblem definiert, erweist sich indessen allzu oft als pure Illusion. Immer wieder zeigen sich dieselben Schwierigkeiten: die Organisationsmitglieder widerstreben der neuen Lösung, vieles Unvorhergesehene ereignet sich und stellt die Umstellungspläne und Ziele in Frage, der Wandelprozess verläuft im Sande, die bewährten Routinen erdrücken die geplanten Veränderungen usw. Das „Implementationsproblem" ist sprichwörtlich geworden.

Die Lösung dieser Probleme kann nicht in einer Verbesserung der Planung bestehen – wie häufig vorgeschlagen. Eine Lösung der Kernprobleme des Wandels ist auf diesem Wege nicht zu erwarten, weil die Ursachen der Wandelprobleme ungeklärt bleiben. Es blieb der verhaltenswissenschaftlich orientierten Organisationslehre vorbehalten, den organisatorischen Wandel als *eigenständiges* Problem zu erkennen und spezielle Ansätze zu seiner Lösung zu entwickeln. Zwischenzeitlich ist die organisatorische Wandelforschung zu einem eigenständigen Gebiet herangewachsen, das die Wandelproblematik aus vielfältigen Perspektiven beleuchtet.

11.2 Erklärungsansätze

Ausgangspunkt der modernen Wandelforschung ist eine genauere Erklärung der Gründe für das Scheitern organisatorischer Wandelprojekte. Eine zentrale Rolle spielt dabei von Anfang an das Konzept des *„Widerstands gegen Änderungen"* (z.B. Lawrence 1969). Der stark negativ getönte Begriff des Widerstands wird heute eher vermieden, man spricht von Wandelbarrieren oder auf Seiten des Individuums von einer „ambivalenten" Einstellung zum Wandel (Piderit 2000), um ein breiteres Spektrum an Beweggründen abdecken zu können. So kann der Wandel einerseits als aufregende Abwechslung, andererseits aber auch als Bedrohung erlebt werden. Während man zunächst Wandelbarrieren primär beim Individuum vermutet hat, werden in der jüngeren Forschung immer mehr systemische Kräfte betont, die Wandelprozesse schwierig machen. Dementsprechend sind die nachfolgenden Ausführungen gegliedert.

Individuelle Wandelbarrieren

Individuelle Barrieren werden auf drei Ebenen lokalisiert: auf der *kognitiven*, der *emotionalen* und der *Verhaltensebene* (Piderit 2000). Am geläufigsten ist die These der Verhaltenspersistenz. Hiernach neigen Menschen dazu, einmal erworbene Gewohnheiten beibehalten zu wollen. Wandel wird demzufolge als Zumutung empfunden, Kräfte werden freigesetzt mit dem Ziel, den gewohnten Zustand beibehalten zu können. Das Festhalten an Routinen kann dabei auch emotional tief verankert sein, d.h. die betreffenden Personen verknüpfen mit Routinen auch Sicherheit im Handeln und umgekehrt die Angst, bei Veränderungen die einmal erworbene Sicherheit zu verlieren.

Ein ähnliches Argument verweist auf die im Laufe der Zeit erworbenen kognitiven Strukturen („cognitive maps") und die daraus resultierenden Vororientierungen („bias"). Von der bisher verwendeten Perspektive abweichende Stimuli, wie sie typischerweise mit Veränderungsprojekten verbunden sind, treffen auf Skepsis oder haben Mühe überhaupt wahrgenommen zu werden. Tendenziell gilt: Emotional unangenehme oder beängstigende Stimuli haben eine höhere Wahrnehmungsschwelle als neutrale oder angenehme Stimuli. Um Wandelprobleme verstehen zu können, ist es deshalb wichtig, die Vororientierungen der Organisationsmitglieder genauer kennen zu lernen.

Eine weitere Verhaltenstendenz, die zur Erklärung des Widerstands gegen Änderungen beizutragen vermag, ist schließlich der *„Threat-rigidity-Effekt"* (Staw et al. 1981). Organisatorische Wandelprojekte werden nicht selten aus schon angesprochenen Gründen als bedrohlich und als Stress erlebt (für die eigene Sicherheit, für die erworbenen Kompetenzen, für die sozialen Beziehungen im Team, für den Status in der eigenen Abteilung usw.). Die Reaktion darauf ist häufig eine Verfestigung im Verhalten der Organisationsmitglieder: das Festklammern an den hergebrachten Praktiken, die Einengung der Sichtweise, eine verminderte Fähigkeit zu lernen usw.

Eine gewisse Zuspitzung erfährt dieser Effekt, wenn es zu einem *„escalting commitment"* (Staw 1981) kommt. Hierunter wird die Tendenz verstanden, dass Entscheidungsträger an einer einmal getroffenen Entscheidung festhalten, selbst dann, wenn sich absehen lässt, dass sie zu negativen Resultaten führt. Die Entscheidungsträger lehnen neue Alternativen ab und versteifen sich immer mehr auf die einmal getroffene Entscheidung. Wandelprojekte und Innovationen prallen an dem verfestigten Commitment ab. Es gibt verschiedene Gründe für diese Art von Verfestigung: An erster Stelle wird die Tendenz zur Selbstrechtfertigung genannt, also das Bestreben, die einmal getroffene Entscheidung als richtig erscheinen zu lassen, indem Alternativen abgewertet werden. Die Bewahrung der Selbstachtung und das Bestreben, das Gesicht nicht zu verlieren, stehen im Vordergrund. Es handelt sich also um eine Art „retrospektiver Rationalität". Ein anderer Erklärungsgrund wird in dem Streben nach Konsistenz gesehen. Führungskräfte, die von ihren einmal getroffenen Entscheidungen wieder abweichen, könnten als schwach und unentschlossen wahrgenommen werden. Diesen Eindruck will man auf jeden Fall vermeiden und hält deshalb an dem einmal eingeschlagenen Handlungspfad fest. Hier wird also Bezug genommen auf eine implizite Führungstheorie auf Seiten der Geführten, die nur den Führungskräften Führungswillen und Stärke zuweist, die in ihrem Handeln konsistent und konsequent bleiben (und sich nicht von ständigen Wandelerfordernissen vom Weg abbringen lassen).

Ähnliche Tendenzen lassen sich in Arbeitsgruppen beobachten. Bedrohungen von außen rufen in der Regel einen engen Zusammenschluss der Gruppe hervor, der in der Folge dann den Gegendruck gegen Änderungszumutungen erhöht. Insgesamt erleben hoch kohäsive Gruppen den status quo als sehr befriedigend und sehen in Veränderungen tendenziell eine Bedrohung ihrer Bedürfnisbefriedigungssituation (gemeint sind vor allem die sozialen Bedürfnisse). Auch in Gruppen gibt es eine dem „escalating commitment" vergleichbare Tendenz, nämlich das sog. Gruppendenken (Janis 1982). Gruppen treffen eine (meist problematische) Entscheidung und schotten sich in der Fortfolge immer mehr gegen kritische Einwände ab. Zuletzt bestärkt sich die Gruppe immer mehr, dass nur diese eine Entscheidung die richtige ist und wehrt alternative Perspektiven oder Veränderungswünsche konsequent und vehement ab.

Dieser Gesichtspunkt leitet bereits über zu Widerständen, die aus der Organisation kommen und nur aus der spezifischen organisatorischen Dynamik heraus erklärbar sind.

Wandelbarrieren aus der Organisation

In jeder Organisation entwickeln sich auf informellem Wege Normen und *kollektive Orientierungsmuster*, die in der Regel auf einer mehr unbewussten Ebene wirken. Veränderungsprogramme, die diese Normsysteme in Frage stellen, stoßen meist auf offene oder verdeckte Abwehr. Es sind gerade diese emergenten Regeln und Normen, die eine starke Beharrungstendenz aufweisen, in ihrer Dynamik aber häufig unerkannt bleiben. Je enthusiastischer (stärker) die Organisationskultur, umso ausgeprägter ist der zu erwartende Widerstand bei grundlegenden Veränderungen (vgl. Kapitel 10).

Ein weiteres Argument verweist auf die zumeist tiefe Verankerung von Routinen und Strukturen, auf die sog. „deep structure" (Gersick 1991). Damit sind die historisch gewachsenen Grundstrukturen eines Systems gemeint, frühere Basisentscheidungen, die die gesamte Organisation fortlaufend prägen. Systeme sind in der Regel auf die Verteidigung dieses Grundmusters ausgerichtet und weniger auf ihre Veränderung. Sie befürchten, damit in Turbulenzen zu geraten, die Chaos und Verwirrung mit sich bringen. Im Hintergrund steht die Annahme einer Tendenz zur Unsicherheitsvermeidung (Cyert/March 1963).

Ferner ist auf informale Status- und Prestigehierarchien hinzuweisen, die von organisatorischen Änderungsinitiativen häufig (unbewusst) in Frage gestellt werden. Änderungen bringen fast immer eine Neuverteilung auch der immateriellen Ressourcen mit sich; gegen eine solche indirekte Verschlechterung werden nicht selten „politische Kräfte" mobilisiert (Kieser et al. 1998).

Ein anderer in der Organisation selbst liegender Faktor, der zu Widerständen gegen Änderungen führt, sind Wandelvorhaben, die zu unerkannten Widersprüchen im System führen (Doppler/Lauterburg 2008). So kann es sein, dass ein neues, aufgrund der mangelnden Mobilität der Führungskräfte dringend benötigtes internationales Personalentwicklungsprogramm eines multinationalen Konzerns auf Widerstand stößt, weil es mit traditionellen Karriereregeln („Bei uns macht man im Stammhaus Karriere – oder gar nicht.") kollidiert. Ähnlich ist es, wenn geplante Veränderungen angestammte *Privilegien*, die aus der informellen Statushierarchie fließen, zerstören (z.B. Sitzordnung, Redevorrechte oder direkter Zugang zur Chefin).

Ablehnend und abwehrend reagieren viele Systeme auf Veränderungsprogramme, wenn sie von außen kommen. Das *Nicht-hier-erfunden-Syndrom* (NIH: not invented here) ist zwischenzeitlich ein viel untersuchtes Phänomen in nationalen und internationalen Projekten (vgl. etwa Lichtenthaler/Ernst 2006). Es ist besonders typisch für die Widerstandsproblematik, weil die Abwehr in aller Regel rein emotionaler Natur („Systemstolz") und auch schwer zu fassen ist. Niemand wird sich offen zum NIH-Syndrom bekennen. Andere legitimere Argumente (Zweifel an der Kostenkalkulation, an der Realisierbarkeit, der Originalität usw.) werden stellvertretend nach vorne geschoben. Das NIH-Syndrom kann zu einem gewichtigen Faktor werden; je stärker es ausgeprägt ist, umso weniger ist eine Organisation in der Lage, Wandelerfordernissen gerecht zu werden.

In generellerer Form wird seit Jahren in der populationsökologischen Forschung auf das Phänomen der Strukturellen Trägheit („structural inertia") von Organisationen hingewiesen (Hannan/Freeman 1984). Es wird angenommen, dass Organisationen viel Energie mobilisieren, um ihre Praktiken zu stabilisieren und sie gegen Veränderungen zu schützen. Dabei wird allerdings diese forcierte Stabilisierung nicht als Negativum gesehen: In einer Welt der Unsicherheit erweisen sich Organisationen als überlegen, die ein hohes Maß an Zuverlässigkeit („reliability") bieten und ihre Handlungen nachvollziehbar darlegen können („accountability"). Die Umwelt favorisiert Organisationen, die diese Charakteristika aufweisen, gegenüber solchen, die nur in geringem Maße reliabel und rechenschaftsfähig sind. Je mehr es einer Organisation gelingt, solche Praktiken zu etablieren und zu einem stabilen Handlungsgefüge auszubauen, umso höher wird dementsprechend (vor einem evolutionstheoretischen Hintergrund) die Wahrscheinlichkeit des Überlebens veranschlagt. Erst bei einem Wandel der externen Bedingungen wird diese Stabilität und Zuverlässigkeit in der Leistung zur Trägheit und damit zu einer Gefahr. Das System kann sich unter Umständen aus seinen Stabilisierungspraktiken nicht mehr selbst befreien.

Auf Systemträgheit weist auch die Theorie der Pfadabhängigkeit hin (vgl. David 1994; Sydow et al. 2009). Dieser Ansatz verweist mit Nachdruck auf die Bedeutung der Geschichte für das Verstehen von Systemen und ihrer Persistenzen. Mit der These, dass das Systemverhalten in starkem Maße von den Entscheidungen mitgeprägt wird, die in der Vergangenheit getroffen wurden. Das Ergebnis eines pfadabhängigen Prozesses ist damit abhängig vom konkreten Verlauf, den der jeweilige Prozess nahm und damit ein Produkt seiner Geschichte. Pfadabhängigkeit versteht jedoch unter der Historizität von Prozessen mehr als einen simplen kausalen Zusammenhang zwischen früheren und späteren Ereignissen. Angenommen wird ein sich zuspitzender Prozessverlauf, der schließlich in einem Lock-in endet. Dies lässt anhand von *drei Phasen* verdeutlichen:

(1) Anfangsphase: Die erste Phase pfadabhängiger Prozesse ist trotz einer gewissen historischen Vorprägung durch eine generelle Offenheit der zukünftigen Entwicklung gekennzeichnet. Erst wenn aus den anfänglichen Handlungsoptionen eine Alternative gewählt wird, die positive Rückkopplungseffekte auslöst, kommt ein Pfadbildungsprozess in Gang. Dieser Moment wird als „critical juncture" bezeichnet und markiert den Übergang zur zweiten Phase pfadabhängiger Prozesse. Ein „critical juncture" entsteht oftmals durch eher zufällige Ereignisse, so genannte „small events". Ihre Auswirkungen auf den Prozessverlauf können zum Zeitpunkt des Auftretens noch nicht antizipiert werden.

(2) Phase der Selbstverstärkung: In der zweiten Phase pfadabhängiger Prozesse formiert sich ein Pfad. Allerdings nur dann, wenn durch das kritische Ereignis tatsächlich positive Rückkopplungseffekte ausgelöst werden. Je stärker die positive Rückkopplung wirkt, desto größer wird im Prozessverlauf auch die Wahrscheinlichkeit der Pfadausbildung. Aufgrund der positiven Rückkopplungseffekte weisen pfadabhängige Prozesse eine inhärente Tendenz zur Stabilisierung dieser Lösung auf. Ab einem bestimmten Zeitpunkt wird aufgrund der stetigen Wahrscheinlichkeitsverschiebung zugunsten eines bestimmten Prozessergebnisses die Realisation eines alternativen Ergebnisses immer unwahrscheinlicher.

(3) Phase der Pfadabhängigkeit: In der dritten Phase schließt sich der Prozess so stark, dass nur noch eine Lösung als Handlungspfad übrig bleibt. Man spricht deshalb von einem Lock-in. Befindet sich ein Handlungsmuster im Lock-in kommt es zu keiner wesentlichen Veränderung mehr. Versuche der Veränderung scheitern zumeist an dem „fest gezurrten" Pfad, der sich in Beharrungstendenzen, Rigidität und Wandlungswiderständen äußert. Typisch für diese Phase sind Änderungsversuche, neue Strategie, neuer Vorstand usw., die immer wieder an der Pfadabhängigkeit scheitern (z.B. Schreyögg et al. 2011).

Pfadabhängigkeit vollzieht sich unsichtbar. Sie entsteht nicht durch falsche Entscheidungen oder Inkompetenz. Ganz im Gegenteil, sie entsteht aus dem Erfolg heraus: Neue Praktiken, innovative Technologien, ungewohnte Leistungsverbünde usw. erweisen sich als sehr erfolgreich. Verschiedene positive Verstärker – wie Größeneffekte, Lern- und Netzwerkeffekte – lassen einen immer stärkeren Druck entstehen, sich auf den einmal eingeschlagenen Weg immer weiter zu konzentrieren. Der Sog dieser Entwicklung ist dann kaum noch zu bremsen. Gleichzeitig gerät aber die Organisation mit diesem Pfad immer mehr in ein Lock-in, d.h. andere Formate, neue Ideen usw. haben eine immer geringere Chance aufgegriffen zu werden. Das ganze System ist unbemerkt und ungewollt unbeweglich geworden. Die einstigen Erfolgsfaktoren haben sich zu historisch gewachsenen Strukturen und Prozessen verfestigt und machen es Innovationen immer schwerer, sich Platz zu verschaffen. Im Extremfall sind Systeme völlig verriegelt. Häufig genannte Beispiele für Unternehmen, die in ein Lock-in gerieten, sind „Polaroid", „Quelle" und „Karstadt".

Leonard-Barton (1995) bezeichnet die mit dieser Tendenz verbundene Verfestigung im Hinblick auf organisationale Kernkompetenzen sehr plastisch als „Core Rigidities". Kernkompetenzen zeichnen sich danach paradoxerweise sowohl dadurch aus, dass sie einerseits immer wieder ganz bestimmte Innovationen ermöglichen, gleichzeitig aber zur Verhinderung oder Unterdrückung andersgearteter Innovationen beitragen. Kernkompetenzorientierte Unternehmen fördern danach tendenziell immer nur solche Projekte, die eng verwandt sind mit den einmal entwickelten und positiv verstärkten Kernkompetenzen. Im Gegensatz dazu werden solche Projekte mit geringen oder gar keinen Ähnlichkeiten zu bestehenden Kernkompetenzen tendenziell abgelehnt bzw. nicht gefördert. Es stellt sich in der Folge der Effekt ein, dass die existierenden Kompetenzen immer weiter verbessert werden, während gleichzeitig das Experimentieren mit Ressourcen zur Entwicklung alternativer Lösungsansätze kontinuierlich an Attraktivität verliert. Im Ergebnis bildet eine Organisation auf diese Weise ein zwar perfektioniertes Verknüpfungsmuster aus, begibt sich im Zuge dieses Prozesse jedoch potenziell in eine sog. „Kompetenzfalle": Das erfolgreiche Verknüpfungsmuster wird zum selbstverständlichen Bestandteil der Organisation, es wird regelmäßig auf vermeintlich bekannte Problemsituationen angewandt, ohne die tatsächliche Brauchbarkeit zu reflektieren (Schreyögg/Kliesch-Eberl 2007). Die ehemals erfolgreiche organisationale Kompetenz verkehrt sich im schlimmsten Fall in ihr Gegenteil, nämlich Inkompetenz bzw. Unfähigkeit, neue Entwicklungen aufzunehmen und Veränderungsprozesse voranzutreiben. Im Unterschied zu einfachen verhaltensmäßigen Erklärungen ist es hier also eine komplexe, schwer zu entschlüsselnde Systemdynamik, die Veränderungsimpulse scheitern lässt.

Das Verstehen der geschilderten Beharrungskräfte ist Voraussetzung für einen erfolgreichen Wandelprozess. Gleichwohl stellt sich die Frage, wie im Rahmen eines Change Managements erfolgreich mit diesen Beharrungskräften umgegangen werden kann, wie sie gebrochen oder transformiert werden können.

11.3   Prinzipien erfolgreicher Änderungsprozesse

Lewins Veränderungsgesetz

Für die Frage, wie mit solchen Trägheiten, Verriegelungen und Widerständen in Änderungsprozessen umgegangen werden kann, kam der wesentliche Impuls von Kurt Lewin (1958). Aus seinen inspirierten Experimentalstudien leitet er weitreichende Grundsätze für die Gestaltung von Wandelprozessen ab, die bis zum heutigen Tage Gültigkeit haben und zu den *„goldenen Regeln"* des erfolgreichen organisatorischen Wandels werden sollten:

■ Aktive Teilnahme am Veränderungsprozess und frühzeitige Information über den anstehenden Wandel fördern die Identifikation mit dem Veränderungsgeschehen und vermindern die Vorbehalte.

■ Nutzung der Gruppe als Wandelmedium. Wandelprozesse in Gruppen werden als weniger beängstigend erlebt und werden im Durchschnitt schneller vollzogen.

- Kooperation unter den Beteiligten fördert das Interesse am Wandelprozess und an positiven Resultaten.

- Wandelprozesse bedürfen einer Auflockerungsphase, in der die Bereitschaft zum Wandel erzeugt wird, und einer Beruhigungsphase, die den vollzogenen Wandel stabilisiert. Der neue Zustand muss gegen die alten Routinen abgesichert werden, sonst drängen diese wieder zum Ausgangspunkt zurück.

Die wichtigste Einsicht aus der Lewin'schen Forschung ist, dass jeder Wandelprozess einer *Auftauphase* bedarf. Und je verfestigter die Situation, umso bedeutender wird dieser Prozess. Änderungen haben nur Aussicht auf Erfolg, wenn die bisherige Praxis in Frage gestellt und die Notwendigkeit eines Wandels deutlich erlebt wird. Zusammen mit der Stabilisierung der neuen Lösung führten diese Einsichten zu dem Modell der *„triadischen Episode"*, das die Phasen eines erfolgreichen Veränderungsprozesses spezifiziert:

(1) Auftauen (unfreezing),

(2) Verändern (moving) und

(3) Stabilisieren (refreezing).

(1) Die Auftauphase („unfreezing") verlangt, dass ein System den vormaligen Gleichgewichtszustand aufgibt und dass sich eine Bereitschaft zur Veränderung herausbildet. Alte Gewohnheiten werden in Frage gestellt, neue Ideen diskutiert usw. Der Anstoß für einen *Auftauprozess* kann sowohl von innen (Fehleranalyse, neue Mitarbeiter usw.) als auch von außen kommen (sinkender Börsenwert, Marktanteilseinbußen, öffentliche Kritik an dem Unternehmen usw.). Missglückte Veränderungsprojekte (wie z.B. eine neue Organisationsstruktur oder ein neues Anreizsystem) haben häufig ihren Grund gerade darin, dass es versäumt wurde, für ein Auftauen zu sorgen. Das Bild, das hier illustrierend im Hintergrund steht, ist eingängig: Wer die Form eines gefrorenen Gutes verändern will, muss dieses dazu erst einmal auftauen, sonst bricht es entzwei. Schein (1999) spezifiziert den Unfreezing-Prozess, den man sich ebenfalls nach Phasen gegliedert vorzustellen hat: (a) Infragestellung der alten Erwartungen, (b) Aufbau einer Lernbereitschaft, die hilft, die mit dem Verlassen der alter Sichtweisen verbundene Verunsicherung zu akzeptieren und (c) Entwickeln einer Zuversicht die die Verunsicherung in eine Bereitschaft zur Veränderung überführt.

(2) Der anschließende Veränderungsprozess bedeutet eine Neustrukturierung des kognitiven Systems, der gewohnten Handlungsmuster und auch der damit einhergehenden Emotionen (was vorher stark abgelehnt wurde, soll nun positiv erlebt werden). Neue Standards müssen definiert und für das eigene Handeln als relevant angenommen werden (man denke etwa an eine Unternehmensfusion zwischen zwei früher stark rivalisierenden Unternehmen und die Schwierigkeit, Praktiken und Perspektiven des früheren Rivalen zu übernehmen).

(3) Durchgeführte Veränderungen – das ist das dritte Prinzip des Lewin'schen Episodenschemas – bedürfen der *Stabilisierung,* müssen wieder „eingefroren" werden. Sollen die neuen Formen Bestand haben, muss man sie in eine feste Form bringen. Ansonsten besteht die Gefahr, dass schon kleine Rückschläge oder die „Macht der Gewohnheit" die alten, latent noch lange Zeit wirksamen Strukturen wieder aufleben lassen. Als wichtig für das *„refree-*

zing" hat sich erwiesen, dass mit der Veränderung sichtbare Erfolge verbunden sind (häufig wird das Feedback über die erreichten Veränderungen vernachlässigt), dass Verhaltensweisen im Sinne der neuen Lösung Wertschätzung erfahren (und nicht durch alte Beurteilungssysteme unterminiert werden) und dass die Erfolge der neuen Lösung „zelebriert" werden (Klein 1996). Das „refreezing" verbindet sich bei Lewin mit einer Gleichgewichtsvorstellung in dem Sinne, dass das System nach der Veränderungsturbulenz wieder in einen Gleichgewichtszustand überführt werden müsse. Wie unten zu zeigen, ist diese Vorstellung nicht unkritisiert geblieben.

Organisationsentwicklung (OE)

Verschiedene Verhaltenstrainingsmethoden und eine Reihe weiterer sozialwissenschaftlicher Ansätze haben schließlich zur Herausformung einer Spezialdisziplin für die Gestaltung von Wandelprozessen geführt, die Organisationsentwicklung (OE). Der Begriff der Organisationsentwicklung ist umstritten, versucht man die Merkmale herauszustellen, die am häufigsten mit dem Begriff verbunden werden (vgl. auch Cumming/Worley 2009), so sind vor allem die folgenden fünf zu nennen:

■ *Geplanter Wandel:* Gegenstand der Bemühungen ist eine gezielte Herbeiführung eines konkreten Wandelprozesses in Organisationen.

■ *Ganzheitlicher Ansatz:* OE zielt darauf, das gesamte System (oder zumindest größere in sich geschlossene Einheiten) einem Wandel zu unterziehen. Die Projekte sind durchweg längerfristig ausgelegt.

■ *Anwendung sozialwissenschaftlicher Theorien:* Die initiierten Wandelprozesse stützen sich in ihrer Wirkungsvermutung auf sozialwissenschaftliche Theorien.

■ *Struktur und Verhalten:* Die Programme zielen sowohl auf Veränderungen des Verhaltens als auch der Organisationsstruktur ab.

■ *Intervention durch Spezialisten:* Die Wandelprozesse werden von Spezialisten konzipiert und gesteuert.

Organisationsentwicklungsprogramme haben in der Praxis schnell Fuß fassen können. Zwischenzeitlich ist OE jedoch sehr stark mit dem neu abgesteckten und strategischer ausgerichteten Feld des Change Managements verschmolzen.

Bekannt geworden ist die OE durch spezifische Ansätze. Unter diesen ragen der Datenrückkoppelungsansatz und die Prozessberatung heraus.

Der Survey-Feedback-Ansatz (Datenrückkoppelungsansatz) geht auf Likert (1967) zurück. Methodisch gesehen, bildet eine partizipativ-gestaltete *Problemdiagnose* den Kern. Die Führungskräfte und alle Mitarbeiter sollen in die Lage versetzt werden, mit Hilfe einer Befragung die vorhandenen Probleme der Organisation zu erkennen. Als Kontrast wird ein Idealmodell moderner Organisation vorgegeben. Die Gegenüberstellung von Ideal und Wirklichkeit soll das Motiv setzen, die aufgespürten Diskrepanzen mit Hilfe gemeinsamer Veränderungspläne zu verringern. Die Datenerhebungs-Datenrückkoppelungs-Sequenzen sollen solange wiederholt werden, bis ein befriedigender Zustand erreicht ist.

Im Einzelnen kennt der Datenrückkoppelungsansatz folgende Schritte:

■ *Entwicklung des Erhebungsinstrumentes.* Betriebsspezifische Anpassung des Fragebogens und Erläuterung des zugrunde liegenden Idealmodells.

■ *Datenerhebung.* Es gilt der Grundsatz, dass alle Mitglieder der betreffenden organisatorischen Einheit befragt werden.

■ *Schulung.* Vorbereitung der Führungskräfte auf die Feedback-Phase durch Einweisung in die Technik der nicht-direktiven Moderation der Gruppendiskussion.

■ *Feedback.* In aller Regel beginnt die Feedback-Phase an der Spitze der Organisation und wird kaskadenförmig bis zur untersten Hierarchieebene fortgesetzt. Während die erste Feedbackrunde typischerweise ein externer Berater durchführt, werden alle weiteren Runden zumeist von den jeweiligen Vorgesetzten moderiert. Die Feedback-Runden beginnen mit einer Interpretation der Ergebnisse, die in aller Regel sowohl für die Gesamtorganisation als auch für die jeweilige Gruppe vorgelegt werden.

■ *Aktionsplanung.* Im Anschluss an die Interpretation der Ergebnisse und die Diagnose der vordringlichsten Probleme im Organisations- und Führungsbereich soll in jeder Diskussionsgruppe ein Aktionsplan beschlossen werden, der die aus der Sicht der Gruppen vordringlichsten Änderungsmaßnahmen benennt. Die Vorschläge sollen gesammelt und zu einem Änderungsprogramm verdichtet werden.

■ *Fortgesetztes Feedback.* In weiteren Datenerhebungs- und -rückkoppelungsrunden sollen der erzielte Fortschritt ermittelt und weitere Veränderungsmaßnahmen angeregt werden.

Prozessberatung: Im Unterschied zu den meisten anderen OE-Modellen will die *Prozessberatung* bewusst keine Gestaltungsvorgaben machen (Schein 1998). Prozessberatung wird verstanden als eine Interventionsform, die dem „Klienten", also der Organisation, helfen soll, Ereignisse und Probleme in seinem Umfeld wahrzunehmen, besser zu verstehen und in Handlungen umzusetzen. Der Organisation soll kein vorfabriziertes Ideal verkauft werden, sondern sie soll befähigt werden, nach unvoreingenommener Analyse die zweckmäßigste Lösung selbst zu finden. Der Prozessberater will kein Experte sein, der immer die bessere Lösung kennt, noch ein Arzt, der für die verschiedenen Krankheiten, die er diagnostiziert immer das richtige Medikament bereithält. Die Problemlösungsverantwortung bleibt beim Mandanten, der Berater weist entsprechende Ansinnen, er möge diese übernehmen, immer wieder zurück. Der Mandant bleibt der „problem owner".

Die Interventionen des Prozessberaters stellen daher – wie der Name es schon sagt – nicht auf das Ergebnis, sondern auf den Prozess ab, und auch für diese gibt es kein festes Schema. Der Schwerpunkt dieser Art von Prozesshilfe liegt bei solchen Aspekten wie Konfrontation mit neuen Perspektiven, Öffnung von Kommunikationsblockaden, Aufdecken von destruktiven Konflikten zwischen Gruppen usw. Die Beratung sieht sich mehr in der Rolle eines Helfers oder Unterstützer beim Bewältigen von Wandelprozessen. Die Anforderungen an Prozessberater sind sehr hoch; sie müssen nicht nur psychotherapeutisch geschult sein, sondern auch die Systemdynamik und die verhandelten Sachverhalte verstehen. Der faktische meist auf das Top-Management gerichtete Prozess hat viel mit dem gemein, was heute unter dem Stichwort „Coaching" diskutiert wird (Schreyögg 2003).

11.4   Episodischer Wandel

In den meisten Ansätzen zum organisatorischen Wandel wird dem Wandel ein Sonderstatus zugewiesen; die Ausnahme von der Regel. Wandel wird als vorübergehende Unterbrechung, als *Episode*, in einer ansonsten stabilen Praxis gesehen (Weick/Quinn 1999). Grundlage ist dabei häufig das Homöostaseprinzip, wie es beispielsweise in dem Phasenmodell von Lewin zum Ausdruck kommt. Ausgangspunkt und Ende des Veränderungsprozesses ist generell die stabile, in sich ruhende Organisation. Veränderung ist deshalb notwendigerweise immer eine Art von Krise, eine störende Episode, die rasch auf Beendigung des entstandenen Ungleichgewichts drängt. Das konzeptionelle Primat liegt also auf der Stabilität, wobei im Sinne einer komparativ-statischen Betrachtungsweise die jeweiligen Gleichgewichtszustände durchaus unterschiedlicher Art sein können.

Das Gleiche gilt für die jüngeren Ansätze, die mit dem avancierten biologischen Konzept des *„unterbrochenen Gleichgewichts"* (punctuated equilibrium) arbeiten (Gersick 1991). Dieser Idee nach werden längere Perioden der Stabilität von relativ kurzen Umsturzphasen unterbrochen, um dann wieder in einen Gleichgewichtszustand zurückzukehren. Auch diese Transformationsmodelle gehen davon aus, dass Ordnung und organisatorische Stabilität die Regel ist, Veränderung ein System in den Zustand der Unordnung versetzt, der schnell und meist schmerzhaft vollzogen werden muss, um wieder in den natürlichen Zustand der Ordnung zurückkehren zu können.

Romanelli und Tushman (1994) zeigen in ihren Studien, in denen sie die Entwicklungsverläufe von Unternehmen über längere Zeiträume hinweg beobachten, dass Veränderungsprozesse typischerweise durch ein Alternieren der Prozesstypen *„Konvergenz"* („convergence") und *„Umsturz"* („upheaval") gekennzeichnet sind.

Organisatorische *Konvergenzphasen* stehen in diesem Zusammenhang für Stabilitätsperioden mit unbedeutenden Veränderungsanforderungen. Organisatorische Veränderungen beziehen sich dabei auf Detailabstimmungen, auf ein „Fine-Tuning" organisationsinterner Gegebenheiten mit dem generellen Ziel höherer Effizienz (die sog. 10%-Veränderungen). Es werden – wenn überhaupt – überschaubare Feinanpassungen der Organisation vorgenommen.

Anders ist es in Prozessen *diskontinuierlicher Veränderungen* („upheaval"), in denen der organisatorische Bezugsrahmen zur Disposition steht („frame-breaking change"). In derartigen Situationen findet eine grundlegende Transformation der gesamten Organisation statt, die häufig systemweite Umstrukturierungen, die Um- bzw. Neudefinition der Unternehmensmission oder auch die Neubesetzung entscheidender Schlüsselpositionen im Unternehmen als Reaktion auf tief greifende Umweltveränderungen, interne Entwicklungsbrüche etc. beinhaltet.

Bezogen auf den zeitlichen Verlauf soll gelten, dass lang anhaltende Phasen der Konvergenz von kurzen, eruptiven Umsturz-Phasen unterbrochen werden; erfolgreiche Organisationen zeichneten sich den Untersuchungsergebnissen zufolge dadurch aus, dass in den eruptiven Phasen die erforderlichen Wandelprozesse schnell initiiert und vollzogen wurden, um dann wieder in einen Gleichgewichtszustand zurückzukehren.

Diese Vorstellungswelt wird heute allerdings aus verschiedenen Perspektiven stark in Frage gestellt. Das *Wissensmanagement* verweist auf die Notwendigkeit fortlaufend neues Wissen aufzunehmen (etwa Lichtenthaler/Ernst 2006). Ferner ist der Blick auf die Entwicklungen in den Innovationsbranchen zu lenken, die vor der Notwendigkeit *permanenter Produktinnovationen* stehen. Unternehmen wie 3M, Zara oder Google stehen für Branchen, die in einem fortwährenden Produkt-Innovationsprozess begriffen sind und dafür entsprechende Managementsysteme geschaffen haben. Gleiches gilt für Unternehmen, die in einem *hyperkompetitiven* Geschäftsfeld agieren (z.B. Intel, O_2), fortwährende Innovation ist dort die einzige Überlebensgarantie (D'Aveni 1994).

Schon relativ früh hat Weick (1977) auf das radikale Gegenmodell der *„chronically unfrozen"* Organisation hingewiesen. Gemeint ist damit eine Organisation, die den „Auftauzustand" als Regel, die Stabilität als seltene Ausnahme begreift. Neuere Organisationskonzepte weisen in dieselbe Richtung. Sie beschreiben Organisationen als „immanent unruhig", als Systeme, die auf der Basis *fortlaufender* Ereignisketten operieren. Alle diese Beobachtungen machen nachdrücklich auf die Grenzen einer Perspektive aufmerksam, die den organisatorischen Wandel prinzipiell als Ausnahme (Episode) begreift, die in eine Welt der Ordnung und Stabilität einbricht. Diese Kontraste haben zur Entwicklung anderer Wandelmodelle geführt, die den kontinuierlichen Wandel betonen.

11.5 Kontinuierlicher Wandel

Die hier versammelten Ansätze betrachten den Wandel als ein fortlaufendes Merkmal, als niemals zu Ende gehendes Problem von Organisationen. Das organisatorische Geschehen stellt sich als Komplex fortlaufender, untereinander vielfältig verknüpfter Entwicklungsprozesse dar. Dies bedeutet zuallererst, dass Organisationen dynamisch und eben nicht statisch gedacht werden.

Damit wird zugleich die Idee der Wandelphasen in Zweifel gezogen. Man geht davon aus, dass Wandelprobleme keinen klar definierten Anfang und ebenso kein klares Ende haben. Aus der Sicht kontinuierlicher Wandelprozesse überlagern sich in der Organisationspraxis grundsätzlich die verschiedenen anstehenden Probleme, so dass Anfang und Ende verschwimmen.

Faktisch stellt sich die Systemsteuerung damit als ununterbrochene Folge von Problemlösungen dar. Sie wird ständig in neuen Problemlösungsprozessen tätig und kann niemals hoffen, mit der Erledigung eines Wandelproblems die Frage der Systemveränderung für einen längeren Zeitraum „vom Tisch" zu haben. Dies ist letztlich eine Folge des schon in Kapitel 4 aufgezeigten Basissachverhalts, dass Organisationen grundsätzlich in einer komplexen und unsicheren Situation zu steuern sind und jederzeit mit Überraschungen gerechnet werden muss.

Organisatorisches Lernen

Unter den verschiedenen Ansätzen, die eine solche kontinuierliche Wandelperspektive zum Gegenstand haben, ragt die Theorie des organisatorischen Lernens heraus. Der wissenschaftliche Begriff des „Lernens" hat seinen konzeptionellen Ausgangspunkt in der Logik der Veränderung. Lernen heißt – ganz allgemein gesagt – die Verhaltensgrundlagen ändern. Organisatorisches Lernen ist als fortlaufender Prozess gedacht und ist damit zugleich eine Theorie des kontinuierlichen Wandels.

Lernen wird heute nicht mehr länger als bloßer, extern stimulierter Erwerb von neuen Reiz-Reaktions-Ketten konzipiert, sondern als Erwerb und Weiterentwicklung von kognitiven Strukturen. Lernen ist konzeptionell auch nicht mehr länger an Versuch und Irrtum gebunden, sondern Einsichtsprozesse werden ebenso einbezogen wie aktives Suchen.

Dem Prinzip folgend unterscheidet March (1991) in

- exploitatives Lernen und
- exploratives Lernen.

Während ersteres auf die Nutzung, die effiziente Umsetzung und Verfeinerung des einmal erlangten Wissens abzielt, erstrebt die Exploration die neugierige Erkundung von Neuem, das Experimentieren mit dem Ungewohnten, die Erprobung risikoreicher Alternativen, die kreative Entwicklung ungewöhnlicher Lösungen usw.

Dem kognitiven Ansatz gemäß entwickeln Organisationen kognitive Muster oder Karten, die eine Verbindung zwischen der Umwelt und den eigenen Handlungen herstellen. Diese Kognitionen bilden sich im Zuge von Erfahrungen, Einsichten, Verknüpfungen mit bestehenden Kognitionen usw. Diese mentalen Muster oder Schemata stellen Strukturierungshilfen dar, indem sie Ereignisse verstehbar machen („sensemaking", Weick 1995), Zusammenhänge herstellen usw. (vgl. dazu auch Kapitel 10).

Der kognitive Ansatz sieht Lernen in der Veränderung der Kognitionen (Meinungen, Urteile, Präferenzen usw.), ohne dass dies sich notwendigerweise als Verhaltensänderung dokumentieren müsste. Mentale Modelle stellen auch einen Speicher dar, der gemachte Erfahrungen, Einsichten usw. sammelt und verdichtet.

Organisationen werden aus dieser Perspektive als *Wissenssysteme* aufgefasst, die über Lernprozesse neues Wissen akquirieren wie auch selbst generieren und dadurch ihre Wissensbasis kontinuierlich verändern (vgl. etwa Tsoukas 1996). *Organisatorisches Lernen* ist dann der Prozess, in dem Organisationen Wissen erwerben, in ihrer Wissensbasis verankern und für zukünftige Problemlösungserfordernisse neu organisieren. So wird die Vorstellung, dass Organisationen durch ihre Kognitionen ein spezifisches Wissen aufbauen, zu einem entscheidenden Fixpunkt für eine Theorie des organisatorischen Lernens, und die Fähigkeit einer Organisation, dieses Wissen zu entwickeln, zur Leitidee für den Begriff der organisationalen Lernfähigkeit und damit zugleich für eine Theorie des kontinuierlichen organisatorischen Wandels.

Es gibt verschiedene Vorstellungen darüber, wie eine Wissensbasis aufgebaut ist. Die bekannteste Unterscheidung gliedert nach Fakten (Know That) und Regeln (Know How), wobei unter „Regeln" zusammengefasst sind: Ursache-Wirkungs-Beziehungen, logische Schlussregeln, Heuristiken, Rezepte, Routinen, Normen und Standards usw. (Kogut/Zander 1992). Eine herausragende Bedeutung wird der Unterscheidung von explizitem Wissen und dem impliziten Knowing andererseits zuerkannt. Unter explizitem Wissen ist nach Polanyi (1966) artikuliertes, transferierbares und archivierbares Wissen zu verstehen; es ist nicht an ein Subjekt gebunden, Polanyi spricht deshalb von „disembodied knowledge".

Implizites Knowing (oder Können) rekurriert dagegen auf den Sachverhalt, dass zahlreiche Aspekte des Verstehens und Könnens nicht in Worte gefasst werden können. Implizites Wissen liegt dem Handeln unbewusst zugrunde und ist an den Erfahrungsträger gebunden; es kann von diesem selbst nicht oder jedenfalls nicht vollständig beschrieben und analytisch durchdrungen werden.

Neben den beiden genannten wird das narrative Wissen unterschieden, das in „Erzählungen" vermittelt wird. Narrationen, d.h. den Geschichten und Stories, wird in der jüngeren Diskussion eine große Bedeutung zum organisatorischen Lernen und zum Erwerb von Wissen beigemessen (Geiger 2005).

Hinsichtlich verschiedener Formen des organisatorischen Lernens lassen sich im Kern vier Grundformen unterscheiden (Huber 1991): (1) Lernen aus Erfahrung, (2) Vermitteltes Lernen, (3) Lernen durch Inkorporation neuer Wissensbestände sowie (4) Eigengenerierung neuen Wissens.

(1) Aus der Perspektive des Erfahrungslernens knüpfen Lernprozesse unmittelbar an den in der Vergangenheit gesammelten Erfahrungen einer Organisation an. Die Grundoperation ist die Beobachtung der Ergebnisse des eigenen Handelns, d.h. die Organisation exponiert sich mit einer Handlung und beobachtet und bewertet die darauf folgenden Konsequenzen.

(2) Vermitteltes Lernen findet statt, wenn eine Organisation in die Erfahrungen bzw. das Wissen (z.B. hinsichtlich Strategien, interner Abläufe oder bestimmter Technologien) einer anderen Organisation Einsicht nimmt und diese für eigene Belange nutzbar machen kann.

(3) Als weitere Form des organisatorischen Lernens ist auf die Inkorporation neuer Wissensbestände zu verweisen, die sich im Wege der Eingliederung und Modifikation von bisher organisationsfremdem Wissen vollzieht.

(4) Schließlich ist als vierte Grundkategorie auf die originäre Generierung neuen Wissens durch Lernprozesse zu verweisen. Dies geschieht in erster Linie dadurch, dass vorhandene Wissenselemente im Wege der internen Kommunikation neu verknüpft und zu einer neuen Idee oder Einsicht entwickelt werden.

Die Idee des kontinuierlichen Wandels wird nicht selten zugespitzt zu einer Vorstellung vollständig flexibilisierter Systeme, zu einer Art totaler Lernorganisation ohne Strukturen oder nur mit einigen wenigen Regeln (z.B. Eisenhardt/Martin 2000).

Die Vorstellung indessen, dass eine Organisation sämtliche Impulse zu Lernen und Veränderung verarbeitet, ist irreführend. Die Organisation müsste ihre Grenzen auflösen und damit ihren spezifischen „organisatorischen" Charakter verlieren (vgl. Schreyögg/Sydow 2010). Organisationen bedürfen einer Grenze und damit eines grenzerhaltenden, d.h. zumindest temporär stabilen Regelwerks. Es kann also nicht alles in permanenter Veränderung begriffen sein.

Lernen als Grundoperation schließt das Vorhaben nicht aus, bestimmte Prozesse zu stabilisieren. Dabei handelt es sich jedoch immer um künstliche Stabilisierungen insoweit, als sie stabile Handlungsorientierungen in eine veränderliche und ungewisse Welt legen.

Im Unterschied zum Episodenmodell, in dem die Veränderung der Problemfall ist, liegen im Lernkonzept die Problembezüge in der temporären Stabilisierung. Sie ist und soll dort problematisch bleiben – dies hilft die notwendigen Verengungen der Stabilisierung laufend bewusst zu halten.

Absorptive Capacity

Ein stark beachtetes Konzept kontinuierlichen organisatorischen Wandels ist die „Absorptive Capacity" (Cohen/Levinthal 1990). Die Metapher der Absorptionsfähigkeit ist der Wasserwirtschaft entliehen, dort werden Böden nach ihrer Kapazität, Wasser zu absorbieren, beurteilt. Das Bild passt auch sehr gut zu Unternehmen. Im Unterschied zur Wasserwirtschaft steht hier allerdings weniger die Obergrenze der Absorptionsfähigkeit zur Debatte, sondern vielmehr die Frage, in welchem Maße neues externes Wissen aufgenommen werden kann, um den Wandelanforderungen gerecht zu werden.

Cohen/Levinthal (1990) begreifen Absorptive Capacity als eine spezielle organisationale Lernfähigkeit, die sich aus drei Teilfähigkeiten zusammensetzt: (1) der Fähigkeit, neue externe Informationen zu identifizieren, (2) der Fähigkeit, dieses neuartige und als nützlich bewertete Wissen zu assimilieren und (3) der Fähigkeit, das assimilierte Wissen wertschaffend einzusetzen (siehe **Abbildung 11.1**).

Abbildung 11.1 Modell der Absorptive Capacity nach Cohen/Levinthal

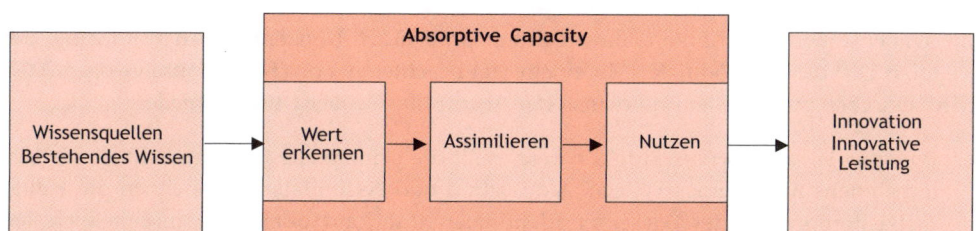

Die Entwicklung einer hohen Absorptionsfähigkeit geschieht allerdings nicht voraussetzungslos, sie hängt nicht unwesentlich von den in der Vergangenheit erworbenen *Erfahrungen* mit der Verarbeitung neuen Wissens ab: Wie breit ist das Kategoriensystem, mit dem ein Unternehmen die Umwelt beobachtet? Wie interessiert werden neue Ideen diskutiert? Gibt es ein Prinzip der positiven Neugierde? Usw. So gesehen ist die Absorptionsfähigkeit eines Unternehmens auch ein Spiegel der organisationalen Lerngeschichte und der Kultur. Der kollektive Wissensspeicher oder das Kategoriensystem eines Unternehmens bilden den Humus, aber auch die Pfade, auf denen sich die Absorption neuen Wissens entfaltet. Dieses bedeutet eine Chance aber auch eine Einschränkung, denn inhaltlich oder strukturell neuartiges Wissen kann nur identifiziert und aufgenommen werden, wenn die dafür erforderlichen Kategorien bzw. das dazu erforderliche Sensorium vorhanden sind.

Letztgenanntes verweist nachdrücklich darauf, dass das zukünftige Verhalten des Unternehmens meist unbemerkt von dem Zuschnitt der Absorptive Capacity beeinflusst wird. Dies lässt sich sehr deutlich am Lockout-Effekt zeigen. Er entsteht, wenn ein Unternehmen auf Basis der in der Vergangenheit entwickelten Absorptionsstrukturen, gänzlich neues oder verändertes Wissen nicht sieht oder nicht aufnehmen kann, es wird dann auf unsichtbare Weise ausgeschlossen. Wird die Absorptionsfähigkeit also nicht kontinuierlich weiterentwickelt, so dass sie Schritt halten kann mit der Veränderung der relevanten Wissensfelder, gerät die neue Wissensentwicklung aus dem Wahrnehmungsfeld des Unternehmens heraus. Letztlich ist dann das Unternehmen von der Nutzung dieser Felder ausgeschlossen.

Auf der anderen Seite gilt es zu sehen, dass je größer die Absorptionsfähigkeit eines Unternehmens ist, umso feinfühliger werden auch seine Sensoren für entstehende Chancen jenseits bisheriger Aktivitäten und Produkte (vgl. Cohen/Levinthal 1990). Unternehmen mit einem hohen Grad an Absorptionsfähigkeit zeigen ein eher proaktives strategisches Verhalten. Im Gegensatz dazu neigen Unternehmen mit gering ausgeprägter Absorptionsfähigkeit dazu, nach neuen Alternativen für Leistungsverbesserungen nur innerhalb ihres angestammten Aktivitätsfeldes zu suchen, was sich in einem eher reaktiven strategischen Verhalten äußert. Insgesamt entsteht ein selbstverstärkender Kreislauf, der proaktive wie reaktive Verhaltensmuster stabilisiert. Unternehmen, die proaktiv agieren, erwerben im Zuge innovativer Produktentwicklung weitere Absorptionsfähigkeit und damit ein gutes Sensorium für neue Chancen und Wandel. Wird dagegen externes Wissen vor allem im Umfeld bestehender Leistungsprozesse gesucht, entwickelt sich auch nur die Absorptionsfähigkeit für diese angestammten Aktivitätsfelder weiter (vgl. March 1991).

Die Dimensionen und Kernannahmen des *ursprünglichen* Konzepts wurden im Zuge der weiteren Diskussion modifiziert. In einem viel beachteten Vorschlag (Zahra/George 2002) wird zwischen potenzieller und realisierter Absorptive Capacity unterschieden:

1. **Potenzielle Absorptionsfähigkeit** beschreibt die prinzipielle Empfänglichkeit des Unternehmens für externes Wissen. Akquisition und Assimilation bezeichnen die Fähigkeit, extern generiertes Wissen zu identifizieren und aufzunehmen, einschließlich den Routinen und Prozessen zur ihrer Analyse.

2. **Realisierte Absorptionsfähigkeit** beschreibt die situationsbezogene Nutzung akquirierten Wissens und resultiert aus dem Transformations- und Realisationsvermögen. Sie umfasst Routinen zur Kombination vorhandenen Wissens mit dem neuartigen assimilierten Wissen und ermöglicht es, akquiriertes bzw. transformiertes Wissen so in die eigenen Aktivitäten zu integrieren, dass bestehende Fähigkeiten verbessert, erweitert und in ihrer Wirkung unterstützt werden.

Ort der Absorption. Das Konzept der Absorptive Capacity wird häufig primär auf die Forschungs- und Entwicklungsabteilung eines Unternehmens bezogen. Dementsprechend operationalisieren viele das Konstrukt als F&E-Intensität, als Verhältnis der F&E-Ausgaben zum Umsatz oder als Anteil hochqualifizierter F&E-Mitarbeiter an der gesamten Belegschaft. Daneben werden auch outputorientierte F&E-Indikatoren zur Messung der Absorptive Capacity herangezogen, wie z.B. Patente und Publikationen. Indessen, ein exklusiver Fokus auf den F&E-Bereich greift für die Förderung einer Absorptive Capacity viel zu kurz. Das Innovationsgeschehen in Unternehmen – das ist aus zahlreichen Studien bekannt – entzieht sich einer klaren organisatorischen Arbeitsteilung. Neue Informationen treffen an nicht vorhersehbarer Stelle im Unternehmen ein und müssen vor Ort in ihrer Bedeutung erkannt werden. Auch sind die Anschlüsse an vorhandenes Wissen keineswegs nur in der F&E-Abteilung herzustellen. Innovationen können überall entstehen: in der Logistik, im Verkauf, in der Fertigung usw. Eine Begrenzung auf den F&E-Bereich ist also irreführend. Zu einer hohen Absorptive Capacity gehört, dass die Organisation im Ganzen aufnahmefähig ist und nicht nur einzelne Personen in der Forschung und Entwicklung. Abgesehen davon, dass auch solche Unternehmen über eine gute Absorptive Capacity verfügen (sollten), die keine Forschungsabteilung betreiben (wie z.B. Handelsunternehmen oder viele Dienstleistungsunternehmen).

Absorptionsprozesse. Einer genaueren Beleuchtung zum Verständnis kontinuierlicher Wandelprozesse bedarf der Informationsverarbeitungsprozess im Rahmen der Absorption. Allzu häufig wird dieser Prozess als Black Box behandelt. Dies ist insofern fatal, als dann auch kein Wissen darüber erworben wird, wie Absorptionsprozesse verbessert werden können.

Insgesamt können die Absorptionsfähigkeiten einer Organisation als Prozessfähigkeit verstanden werden, die ihren Niederschlag in bewährten organisationalen *Routinen* finden, also sich wiederholenden *Verhaltens- bzw. Handlungsmustern*. Routinen in diesem Sinne beschreiben eingeübte oder festgelegte Formen menschlicher Handlungsabläufe, die sich in der Regel aus einer Mehrzahl von aufeinander abgestimmten Einzelhandlungen zusammensetzen. Sie verkörpern ein automatisch ablaufendes Antwortschema auf eine bestimmte Art von Problemstellung. Organisationale Routinen in diesem Sinne gelten als Basiskomponenten organisationaler Fähigkeiten.

Diese Perspektive wird modifiziert in neuesten Entwicklungen, in denen Routinen als *soziale Praktiken* verstanden werden (vgl. etwa Gherardi 2006). Unter Praktiken versteht man die kollektiven Handlungsmuster in Unternehmen, die im Zeitablauf (emergent und evolutionär) entstanden sind und sich nicht auf individuelle Handlungen reduzieren lassen. Für die Absorptive Capacity und insbesondere für das Verstehen der Absorptionsprozesse in Organisationen liefert der Fokus auf Praktiken interessante Anknüpfungspunkte. Hintergrund der Praktikenperspektive ist es, den tatsächlichen Informationsverarbeitungsprozess in den Organisationen im Detail zu verstehen.

Absorptionspraktiken. Welche spezifischen Absorptionspraktiken begründen eine hohe Absorptive Capacity? Dies lässt sich anhand der drei oben gezeigten Elemente zeigen: (1) Akquisition, (2) Assimilation/Integration und (3) Nutzung/Exploitation.

(1) *Akquisition* steht für die Identifikation und Aufnahme relevanter Informationen aus der Unternehmensumwelt und soll sowohl die Komponente „Wert erkennen" sowie die Wissensaufnahme beinhalten. (2) Die *Integration* externen Wissens umfasst Prozesse, die es dem Unternehmen und seinen Mitgliedern ermöglichen, aufgenommenes Wissen zu analysieren, zu interpretieren und in bestehende Strukturen zu integrieren. (3) *Exploitation* verweist auf die Praktiken der Nutzung des assimilierten oder transformierten Wissens, um bestehende Kompetenzen und Ressourcen zu erweitern bzw. neue zu entwickeln.

Diese drei Komponenten setzen sich ihrerseits aus spezifischen Teilfähigkeiten zusammen. Innerhalb des Akquisitionsprozesses finden sich die Teilfähigkeiten, die den direkten Umgang mit externem Wissen widerspiegeln: die Identifikation neuen Wissens in der Unternehmensumwelt, das Lernen von externen Partnern, aber auch der Transfer des relevanten Wissens ins Unternehmen hinein. Zur Integration des aufgenommenen Wissens zählen die Fähigkeiten zur Wissensteilung, Interpretation, Selektion, Wissensverarbeitung und -speicherung. Unter Exploitation werden schließlich Fähigkeiten der effektiven Implementierung, der Übertragung und der Reflektion zusammengefasst. Einen Überblick über die benannten Teilfähigkeiten der Absorptive Capacity gibt **Abbildung 11.2**.

Abbildung 11.2 Praktiken-basiertes Modell der Absorptionsfähigkeit

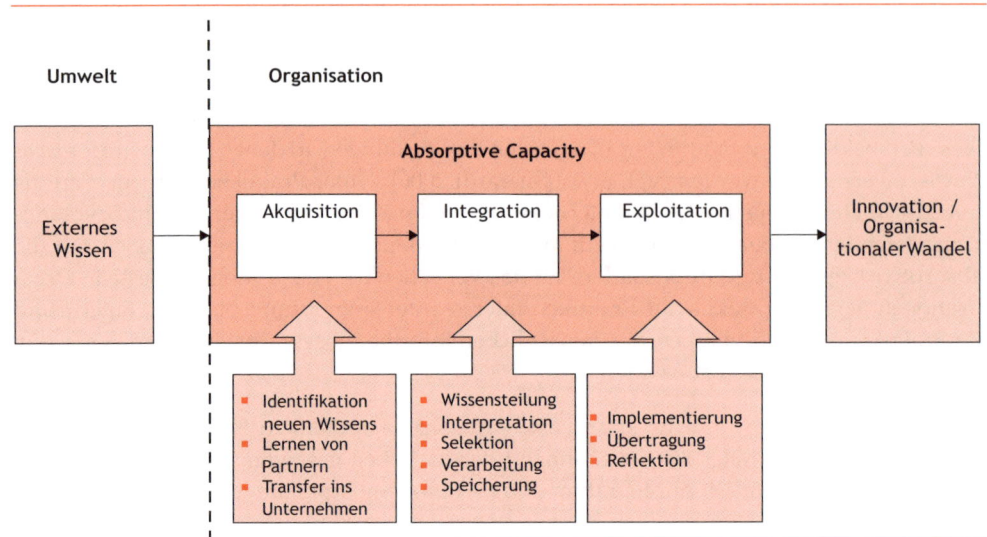

Ausdruck finden diese Teilfähigkeiten schließlich in den tatsächlichen Handlungsvollzügen bzw. Praktiken des Unternehmens. Im Folgenden sollen Beispiele für derartige Absorptionspraktiken gegeben werden, wobei es sich nicht um eine erschöpfende Aufzählung handelt. Es soll lediglich verdeutlicht werden, wie die Fähigkeiten der Wissensabsorption in Praktiken der Innovation und des Wandels zum Ausdruck kommen.

(1) Praktiken der *Akquisition* beziehen sich zum Beispiel auf den Einsatz von formellen und informellen „Boundary Spanner", die als Verbindung zwischen externer Umwelt und der Organisation selbst dienen. „Boundary Spanner" sind in der Lage, relevantes Wissen in der Unternehmensumwelt zu erkennen, auch wenn es nicht in direkter Verbindung zur bisherigen Wissensbasis steht. Somit kann deren Einsatz als Ausdruck der erweiterten Fähigkeit zur Identifizierung neuen Wissens verstanden werden. Die Fähigkeit zum Lernen von Partnern wird insbesondere durch Kooperationspraktiken mit externen Partnern unterstützt. Von Hippel (1986) beschreibt zum Beispiel die Praktik des frühzeitigen Einbezugs von „Lead Usern" in den Entwicklungsprozess und weist dieser Interaktion eine hohes Akquisitionspotenzial zu.

(2) Nach einem erfolgreichen Transfer des Wissens ins Unternehmen sind Praktiken der *Wissensintegration* bedeutsam. Als Beispiel für Praktiken der Wissensdiffusion innerhalb eines Unternehmens sind regelmäßige Besuche anderer Unternehmensbereiche zu nennen. Mit Hilfe dieser Praktiken gelangt das Wissen leichter an die Stellen im Unternehmen, die eine effiziente Analyse und Selektion des Wissens zu leisten vermögen. Für eine erfolgreiche Verarbeitung neuartigen Wissens ist zum Beispiel die Arbeit in funktionsübergreifenden Projektteams bekannt.

(3) Im Anschluss an die Verarbeitung des neuen Wissens finden Praktiken der *Exploitation* Anwendung. Die Fähigkeit zur Implementierung neuen Wissens findet zum Beispiel Aus-

druck im erfolgreichen Einsatz von sogenannten „Change Agents", die geschickt die Hürden des Wandels zu überwinden wissen. Diese Fähigkeit bedarf in der Regel der aktiven Entwicklung und kann durch spezielle Reflektionspraktiken unterstützt werden (Feedbacksitzungen, Konfrontationstreffen usw.).

Gelingt es, die Absorptionspraktiken zu identifizieren, so sind zugleich auch ein Vergleich des Absorptionsprozesses verschiedener Organisationen sowie die Identifizierung besonders erfolgreicher Absorptionspraktiken („best practices") möglich.

So wichtig die Absorptive Capacity auch ist, so darf nicht übersehen werden, dass der Wandel- und Innovationsprozess keinesfalls ausschließlich auf die Verarbeitung externen Wissens beschränkt werden kann. Die Weiterentwicklung internen Wissens und die Fähigkeit, selbst neues Wissen zu erzeugen, darf keinesfalls vernachlässigt werden (vgl. dazu Lichtenthaler/Lichtenthaler 2009).

Übungsaufgaben

1. Weshalb scheitern Wandelprojekte so häufig?

2. Was versteht man unter dem „Threat-rigidity-Effekt"?

3. Weshalb gibt es „strukturelle Trägheit"?

4. Was soll ein „Unfreezing" bewirken?

5. Welche Vorteile verspricht man sich von einer „Prozessberatung"?

6. Welche Vorstellung steht hinter dem „episodischen Wandel"?

7. Stellen Sie „episodischen" und „kontinuierlichen" Wandel gegenüber.

8. Inwiefern repräsentiert die Theorie des organisationalen Lernens ein Konzept kontinuierlichen Wandels?

9. Inwiefern benötigen Unternehmen eine hohe „Absorptive Capacity"?

10. Lässt sich die „Absorptive Capacity" an der Zahl der Patente ablesen, die ein Unternehmen anmelden konnte?

Literaturempfehlungen

Handbook of Organizational Change and Innovation, hrsg. von S. Poole/ A. Van De Ven, Oxford University Press, 2004

Gibt einen guten Überblick über den Stand der Wandel-Diskussion.

Breaking the code, hrsg. von M. Beer/N. Nohria, Harvard Business School Press, 2000

Ein Bericht über eine fast schon legendäre Konferenz zum Changemanagement, bei der die verschiedenen Positionen gegenübergestellt wurden.

Organisatorischer Wandel und Transformation, Managementforschung Bd. 10; hrsg. von G. Schreyögg / P. Conrad, Wiesbaden, 2000

Die verschiedenen Beiträge leuchten aktuelle Perspektiven der Wandeldebatte aus.

Lüscher,L./Lewis, M., Organizational change and managerial sensemaking: Working through paradox, in: Academy of Management Journal 2008, 51(2), S. 221-240.

Die Autorinnen zeigen sehr anschaulich, wie das mittlere Management eines Unternehmens den Herausforderungen des Wandelprozesses durch „Sensemaking" immer wieder neu zu begegnen sucht.

Literatur

Cohen, W. M./Levinthal, D. A. (1990): Absorptive capacity: A new perspective on learning and innovation, in: Administrative Science Quarterly 35 (1), S. 128-152.

Cumming, T./Worley, C. (2009): Organization development and change, 9. Aufl., Mason, OH.

Cyert, R. M./March, J. G. (1963): A behavioral theory of the firm, Englewood Cliffs, NJ.

D'Aveni, R. A. (1994): Hypercompetition: Managing the dynamics of strategic maneuvering, New York.

David, P. A. (1994): Why are institutions the "carriers of history"? Path dependence and the evolution of conventions, organizations and institutions, in: Structural Change and Economic Dynamics 5 (2), S. 205-220.

Doppler, K./Lauterburg, C. (2008): Change Management – den Unternehmenswandel gestalten, 12. Aufl., Frankfurt am Main et al.

Eisenhardt, K. M./Martin, J. A. (2000): Dynamic capabilities: What are they?, in: Strategic Management Journal 21 (10-11), S. 1105-1121.

Geiger, D. (2005): Wissen und Narration. Der Kern des Wissensmanagements, Berlin.

Gersick, C. J. G. (1991): Revolutionary change theories: A multilevel exploration of the punctuated equilibrium paradigm, in: Academy of Management Review 16 (1), S. 10-36.

Gherardi, S. (2006): Organizational knowledge: the texture of workplace learning, Malden, Mass.

Hannan, M. T./Freeman, J. (1984): Structural inertia and organizational change, in: American Sociological Review 49 (2), S. 149-164.

Huber, G. P. (1991): Organizational learning: The contributing processes and the literature, in: Organization Science 2 (1), S. 88-115.

Janis, J. L. (1982): Groupthink: Psychological studies of policy decision and fiascoes, 2. Aufl., Boston.

Kieser, A./Hegele, C./Klimmer, M. (1998): Kommunikation im organisatorischen Wandel, Stuttgart.

Klein, S. M. (1996): A management communication strategy for change, in: Journal of Organizational Change Management 9 (2), S. 32-46.

Kogut, B./Zander, U. (1992): Knowledge of the firm, combinative capabilities, and the replication of technology, in: Organization Science 3 (3), S. 383-397.

Lawrence, P. R. (1969): How to deal with resistance to change, in: Harvard Business Review 47 (1), S. 4-6.

Leonard-Barton, D. (1995): Wellsprings of knowledge, Boston.

Lewin, K. (1985): Group decision and social change, in: Maccoby, E. E./Newcomb, T. M./ Hartley, E. L. (Hrsg.): Readings in social psychology, New York, S. 197-211.

Lichtenthaler, U./Ernst, H. (2006): Attitudes to externally organising knowledge management tasks: A review, reconsideration and extension of the NIH syndrome, in: R&D Management 36 (4), S. 367-386.

Lichtenthaler, U./Lichtenthaler, E. (2009): A capability-based framework for open innovation: Complementing absorptive capacity, in: Journal of Management Studies 46 (8), S. 1315-1338.

Likert, R. (1967): The human organization: Its management and value, New York.

March, J. G. (1991): Exploration and exploitation in organizational learning, in: Organization Science 2 (1), S. 71-87.

Piderit, S. K. (2000): Rethinking resistance and recognizing ambivalent attitudes toward organizational change: A multidimensional view, in: Academy of Management Review 25 (4), S. 783-794.

Polanyi, M. (1966): The tacit dimension, London.

Romanelli, E./Tushman, M. L. (1994): Organizational transformation as punctuated equilibrium: An empirical test, in: Academy of Management Journal 37 (5), S. 1141-1166.

Schein, E. H. (1998): Process consultation revisited: Building the helping relationship, Reading.

Schein, E. H. (1999): Kurt Lewin's change theory in the field and in the classroom: Notes toward a model of managed learning, in: Reflections 1 (1), S. 59-74.

Schreyögg, A. (2003): Coaching, 6. Aufl., Frankfurt a. M.

Schreyögg, G./Kliesch-Eberl, M. (2007): How dynamic can capabilities be?, in: Strategic Management Journal 28 (9), S. 913-933.

Schreyögg, G./Sydow, J. (2010): Organizing for fluidity? Dilemmas of new organizational forms, in: Organization Science 21 (6), S. 1251–1262.

Schreyögg, G./Sydow, J./Holtmann, P. (2011): How history matters in organizations: The case of path dependence, in: Management & Organizational History 6 (1), S. 81-100.

Staw, B.M. (1981): The escalation of commitment to a course of action, in: Academy of Management Review 6(4), S.577-587.

Staw, B. M./Sandelands, L. E./Dutton, J. E. (1981): Threat-rigidity effects in organizational behavior: A multilevel analysis, in: Administrative Science Quarterly 26 (4), S. 501-524.

Sydow, J./Schreyögg, G./Koch, J. (2009): Organizational path dependence: Opening the black box, in: Academy of Management Review 34 (4), S. 689-709.

Tsoukas, H. (1996): The firm as a distributed knowledge system: A constructionist approach, in: Strategic Management Journal 17, S. 11-25.

von Hippel, E. (1986): Lead users: A source of novel product concepts, in: Management Science 32 (7), S. 791-805.

Weick, K. E. (1977): Organization design: Organizations as self-designing systems, in: Organization Dynamics 6 (2), S. 31-46.

Weick, K. E. (1995): Sensemaking in organizations, Thousand Oaks et al.

Weick, K. E./Quinn, R. E. (1999): Organizational change and development, in: Annual Review of Psychology 50, S. 361-386.

Zahra, S. A./George, G. (2002): Absorptive capacity: a review, reconceptualization, and extension, in: Academy of Management Review 27, S. 185-203.

12 Interorganisationale Beziehungen, Allianzen und Netzwerke

Die Organisationstheorie und die Betriebswirtschaftslehre ganz allgemein waren es jahrzehntelang gewöhnt, ihre Aussagen aus der Perspektive der einzeln operierenden Organisation zu formulieren. Entwicklungen der Praxis haben hier eine Umorientierung bewirkt; man denke nur an die große Bedeutung, die heute Allianzen, Systempartnerschaften, Netzwerke oder regionale Wirtschaftscluster haben. Dies hat in der Folge zu einem verstärkten Interesse an *interorganisationalen Beziehungen* und ihrer theoretische Erklärung geführt (vgl. Benson 1975). In dieser Perspektive ist das fokale Aktionszentrum nicht mehr in der Organisation, sondern auf einer höheren Aggregationsebene zu finden, etwa in sozialen Netzwerken oder Kartellen. Die einzelne Organisation interessiert nicht mehr als Einheit, sondern als Teil oder als Mitglied solcher strategischer Kollektive (vgl. z.B. Gulati et al. 2000; Ortmann/ Sydow 2001; Borgatti/Foster 2003).

Organisationskollektive werden typischerweise als wenig formalisierte, aber dennoch stabile Systeme angesehen, die das Verhalten der Mitgliederorganisationen stark bestimmen. Der kollektive Handlungsimpetus wird z.T. aus dem Kalkül, dass gemeinsam mehr als einzeln erreicht werden kann, z.T. aber auch aus der Dominanz einzelner Organisationen erklärt. Besonders häufig wird auf den Umstand verwiesen, dass Organisationskollektive Ressourcen mobilisieren können, die der einzelnen Organisation nicht zur Verfügung stehen, und dadurch spezifische Wettbewerbsvorteile mit entsprechenden Kooperationsrenten („relational rents") erzielt werden können. Letzteres ist als *Relational View* bekannt geworden (Dyer/ Singh 1998). Die strategischen Implikationen interorganisationaler Verknüpfungen werden in den nachfolgenden Abschnitten genauer beleuchtet.

12.1   Formen interorganisationaler Beziehungen

In der Praxis finden sich sehr unterschiedliche Formen interorganisationaler Beziehungen, die auch inhaltlich ganz unterschiedliche Stoßrichtungen verfolgen.

Oliver (1990) unterscheidet zusammenfassend zunächst einmal sechs verschiedene Anlässe und Ziele („contingencies"), die zur Bildung interorganisationaler Beziehungen führen:

1. *Notwendigkeit.* Verwiesen wird damit auf gesetzliche Reglungen und Regulationen, die den Zusammenschluss oder zumindest die enge Kooperation von Organisationen notwendig machen. So kann etwa die Politik den Zusammenschluss von Organisationen (Gefängnissen, Ministerien, Verkehrsgesellschaften usw.) verfügen. Im Grunde wird hier auf die Dimension: *freiwillig versus unfreiwillig* abgestellt.

2. *Asymmetrie.* Kooperationen dieser Form entstehen aus dem Bestreben heraus, Einfluss auf andere Organisationen zu gewinnen, um ihr Handeln im eigenen Sinne zu prägen. Im Zentrum steht die Gewinnung von Macht in interorganisationalen Beziehungen, um eigene Zwecke besser verfolgen zu können. Das Unterscheidungsmerkmal ist also hier: *asymmetrische versus asymmetrische Beziehungen.*

3. *Reziprozität.* Anlass für die Bildung von Kooperationen ist hier der vorteilhafte Ressourcentausch. Die Kooperationspartner unterstützen sich gegenseitig, um so Ziele zu erreichen, die auf anderem Wege nicht erreichbar wären. Die Kooperation wird wegen der potenziellen Renten dem Wettbewerb vorgezogen.

4. *Effizienz.* Ausschlagend für die Bildung von Kooperationen sind erwartete interne Effizienzvorteile. So etwa, wenn Produktionsanlagen gemeinsam genutzt werden, um Größenvorteile zu erzielen bzw. die Stückkosten zu senken. Ähnliches gilt für gemeinsam genutzte Vertriebsnetze oder Einkaufsringe zur Senkung der Einstandskosten durch größere Lose.

5. *Stabilität.* Ausgangspunkt für die Kooperationsbildung ist hier die perzipierte Unsicherheit und das Bestreben, die Unsicherheit besser beherrschbar zu machen (vgl. dazu auch Kapitel 4). Ziel ist es, ein besser erwartbares und infolgedessen planbares Aktivitätsfeld zu erhalten, in dem wesentliche externe Quellen der Unsicherheit durch Kooperation „beruhigt" werden. Beispiel ist etwa ein Regelkodex, an den sich alle Kooperationspartner halten.

6. *Legitimität.* Impetus für die Kooperationsbildung ist hier ein drohender Legitimationsverlust oder der Wunsch die Legitimationsbasis zu erweitern. Legitimation wird als zentrale, aber auch knappe Ressource angesehen (vgl. dazu auch Kapitel 4), die in den gemeinten Fällen gemeinsam leichter erworben werden kann. Beispiel sind etwa Zusammenschlüsse im Bereich der Public Relations, um ein besseres Image der Branche zu bewirken, oder Gemeinschaftsprojekte zum Beleg sozialer Verantwortung.

Obgleich diese sechs Dimensionen als Einzelanlass konzipiert sind, kann man sie auch zu bestimmten Kooperationstypen kombinieren. So kann die Gründung eines Joint Ventures sowohl durch das Bestreben nach Stabilität und Legitimität (Ausweis der Innovationsfähigkeit) als auch durch erwartete Größenvorteile und Wissensaustausch motiviert sein.

Einen umfassenderen Ansatz zur Systematisierung der verschiedenen Kooperationstypen haben Astley und Fombrun (1983) entwickelt. Sie arbeiten auch die damit jeweils verbundenen kollektiven Strategien heraus. Ausgangspunkt ist eine 4-Felder Matrix (vgl. Abbildung 12.1). Sie basiert auf zwei Dimensionen:

1. Art der interorganisationalen Beziehungen (direkte versus indirekte) und

2. Art der Interdependenz zwischen den Organisationen eines Kollektivs (kommensalistisch versus symbiotisch).

Abbildung 12.1 Klassifikation von Organisationskollektiven

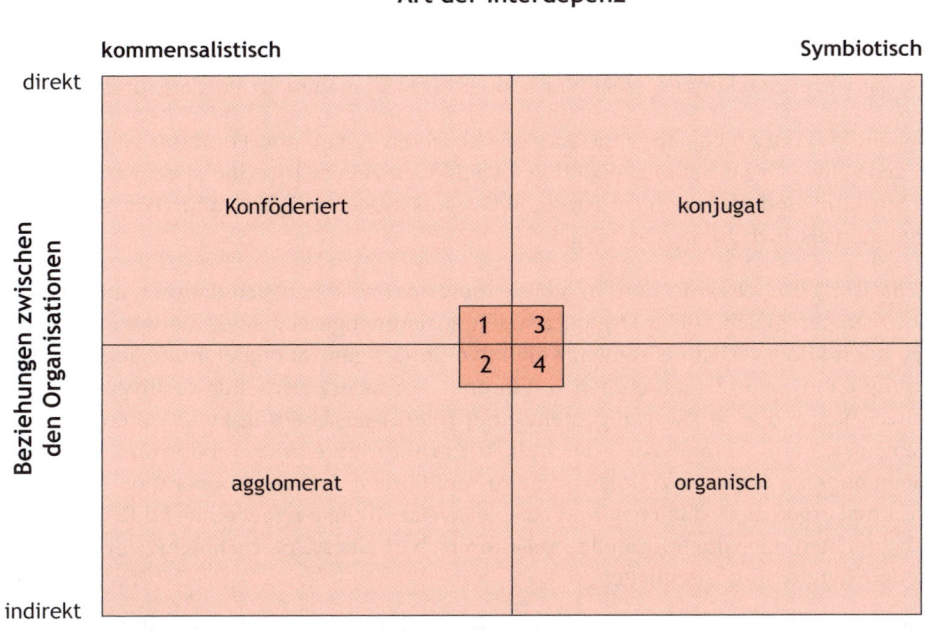

Quelle: Astley 1983, S. 580 (mod.)

Die *erste Dimension* fragt danach, ob die Organisationen eines Kollektivs in einer *direkten oder indirekten Beziehung* zueinander stehen. Die Autoren machen dies von der *Anzahl* der in einem Organisationskollektiv operierenden Organisationen abhängig. Sind es nur wenige Organisationen, so bilden sie einen überschaubaren Rahmen, in dem einzelne Organisationen leicht identifizierbar sind, d.h. die Organisationen wissen explizit von der Existenz der jeweils anderen („direkte Beziehung"). Bei vielen Kooperationsverbünden kann dagegen nicht mehr jede mit jeder Organisation kommunizieren, die Beziehungen werden größtenteils indirekter Art, was freilich nicht heißen muss, dass sie deswegen unbedeutend würden. Im Grunde ist damit gleichzeitig die Frage nach möglichen Kooperationsformen gestellt. Bei einer nur geringen Zahl teilnehmender Organisationen kommen interaktive Kooperationsformen in Frage; eine große Anzahl von teilnehmenden Organisationen bedeutet dagegen Unüberschaubarkeit und verlangt daher nach indirekten Formen der Kooperation und Steuerung zwischen Organisationen.

Die *zweite Dimension*, die *Art der Interdependenz* zwischen den Organisationen, ist in Analogie zur biologischen Theorie des Kollektivverhaltens von Lebewesen mit den Varianten: *Kommensalismus* und *Symbiose* gebildet. Übertragen auf den Kontext von sozialen Organisationen wird unter einer *kommensalistischen Interdependenz* verstanden, dass artgleiche Organisationen interagieren, die entweder indirekt oder direkt aufeinander bezogen sein können. Im ersten Fall ist die dabei leitende Grundorientierung eher kompetitiv (gemeinsamer Kampf um knappe Nahrung, wie etwa bei einer Schafherde); im zweiten Fall dagegen eher kollaborativ (wie etwa bei einem Wolfsrudel). Organisationen eines Organisationsverbundes, die in einer *symbiotischen Interdependenz* stehen, sind *artverschiedene* Organisationen; ihre Leistungsgemeinschaft baut auf komplementären Ressourcen auf. Nachdem sie ihre Ziele nur gemeinsam erreichen können, steht hier kooperatives Verhalten im Vordergrund.

Aufbauend auf diesen beiden Dimensionen skizzieren Astley und Fombrun vier – idealtypisch gedachte – Organisationskollektive. In jedem einzelnen Typ sind spezifische gemeinsame Struktur- und Handlungsmuster von Organisationen möglich, und zwar sowohl auf emergentem als auch geplantem Wege:

1. *Konföderationen.* Organisationskollektive dieser Art zeichnen sich dadurch aus, dass sie aus wenigen gleichartigen Organisationen zusammengesetzt sind, die in einem direkten Interaktionsverhältnis stehen. Kollektive (interorganisationale) Strategien entstehen häufig dann, wenn Unternehmen von ihrem – normalerweise – kompetitiven Verhalten abweichen und zum Zwecke gemeinsamer Interessensicherung kooperieren, etwa um gemeinsam eine Veränderung der Industriestruktur zu erreichen oder um gemeinsam einen anderen unfairen Wettbewerber zu sanktionieren. Diese Kooperation ist zumeist informal organisiert; dazu gehören beispielsweise Kollusion (geheime, i.d.R. unerlaubte Absprachen) oder die informelle Preisführerschaft eines Unternehmens, der sich dann andere bereitwillig anschließen.

2. *Agglomerate* definieren sich durch eine große Anzahl *gleichartiger* Organisationen, die nur in wenigen Fällen direkte Beziehungen zueinander unterhalten, jedoch gemeinsam um knappe Ressourcen (Rohstoffe, Informationen, Subventionen usw.) konkurrieren. Da sich die Unternehmen nach Voraussetzung in einem untereinander unüberschaubaren Feld befinden, ist eine direkte Zusammenarbeit ausgeschlossen. Zur Bildung kollektiver Strategien kommen daher nach Astley/Fombrun in diesem Kontext nur formalere Kooperationsformen in Frage, wie z.B. die Gründung von Interessenverbänden oder Genossenschaften (vgl. Kasten 1).

Kasten 1: Einkaufsgenossenschaft hogast

„hogast ist eine dienstleistungsorientierte Einkaufsgesellschaft, spezialisiert auf Hotellerie und Gastronomie. Ihr alleiniger Unternehmenszweck ist, für ihre Mitgliedsbetriebe Vorteile im Einkauf zu schaffen. Gegründet im Jahre 1999 hat hogast sich konsequent zu einem modernen, schlagkräftigen Dienstleistungsunternehmen entwickelt, das heute einen Umsatz von 52 Mio. EUR erzielt. Neben dem Preis ist die Qualität durch Beratung und Service der wichtigste Faktor unserer Leistung geworden.

So profitieren heute bereits ca. 450 Mitglieder von den hogast Leistungen und genießen Preisvorteile, exklusive Serviceleistungen und erhebliche Zeitersparnis im täglichen Geschäftsablauf.

Vorteile für Mitglieder:

■ Preisvorteile durch Volumen

■ zusätzliche finanzielle Vorteile durch den regionalen Einkauf

■ hohe Bonifikation auf Einkaufsumsätze

■ Beratung durch Spezialisten

■ einfaches Zahlungswesen

Vorteile für Lieferanten:

■ Marktpotential von ca. 450 Betrieben

■ Empfehlung bei unseren Mitgliedsbetrieben

■ schnelle Begleichung der Rechnungen

■ Zahlungsgarantie durch hogast

Quelle: www.hogast.de, Zugriff am 04.08.2011.

3. *Konjugate Organisationskollektive* liegen vor, wenn wenige Organisationen verschiedener Kontexte mit komplementären Ressourcen miteinander kooperieren. An die Stelle einer Intra-Industrie-Perspektive, wie sie für das Agglomerat typisch war, tritt nun eine Inter-Industrien-Perspektive. Die hier gemeinten interorganisationalen Beziehungsmuster knüpfen eng an die vom Ressourcenabhängigkeits-Ansatz (s. Kapitel 4) thematisierten Formen kooperativen Verhaltens an. „Ressourcenabhängigkeit" heißt symbiotische Abhängigkeit zwischen distinkten Organisationen. Bekannte Beispiele für konjugate Kollektive sind *Systempartnerschaften* zwischen Zuliefer- und Abnehmerbetrieben. Besonders hervorstechend sind hier die Kooperationen in der Automobilindustrie, die sich vor allem auf eine gemeinsame Entwicklung von Spezialteilen und die Vormontage von ganzen Systemkomponenten (Vorderachse, Armaturenbrett usw.) beziehen. Bekannt sind aber auch ganz andere konjugate Kooperationsformen, wie etwa das sog. Co-Branding, d.h. gemeinsames Marketing für verschiedene Marken (etwa VISA, Citibank und Bahncard).

4. *Organische Organisationskollektive.* Hier sind an erster Stelle *Netzwerke* zu nennen; sie bezeichnen hiernach Organisationskollektive, die aus einer großen Anzahl verschiedener Organisationen mit Komplementärressourcen bestehen und auf unüberschaubar vielen Wegen miteinander verknüpft sind (symbiotische Interdependenzen). Es handelt sich um polyzentrische, nur lose untereinander gekoppelte Systeme, die zwar auch intern füreinander Umwelt sind, aber eben doch in sehr viel überschaubarerer Weise als dies bei externen Umwelten der Fall ist. Netzwerke sind also locker verknüpfte Handlungskollektive, die sich gemeinsam von der Umwelt abgrenzen. Es sei darauf hingewiesen, dass dies ein eher eng gefasstes Netzwerkkonzept ist, heute wird der Begriff des Netzwerkes zum Teil auch sehr viel weiter verwendet, teilweise so weit, dass alle vier hier genannten Kooperationsformen darunter fallen.

Interorganisationale Netzwerke werden nach verschiedenen Gesichtspunkten klassifiziert. Am geläufigsten ist eine Unterscheidung nach

- dem *Ort* der Aktivitäten: regionale, nationale, internationale und globale Netzwerke, sowie nach
- der *Kooperationsrichtung*: vertikale oder laterale Netzwerke.

Bei den *regionalen* (interorganisationalen) Netzwerken hat die Emilia Romana in Norditalien mit ihren vielfältig verbundenen kleinen Firmen in der Literatur Prominenz erlangt. Aber auch viele andere Regionen sind mit ihren Netzwerken bekannt geworden, so z.B. die Route 128 bei Boston, das Silicon Valley oder das Mediennetzwerk in der Kölner Region (Heidenreich 2011).

Vertikale Netzwerke werden häufig als Wertschöpfungskollektive umschrieben, wobei hier zu beachten ist, dass eine enge Kooperation zwischen einer hinreichend großen Zahl von Unternehmen vorhanden sein muss, sonst würde man nur die klassischen Zuliefer-Beziehungen mit dem neuen Etikett „Netzwerk" versehen.

Als *laterales Netzwerk* gelten dagegen Verbünde, in denen sich Firmen unterschiedlicher Branchen zur Erlangung von Synergien „vernetzen"(Gerlach 1987; Sydow 1991). Als Beispiele werden häufig die japanischen Unternehmensverbünde genannt: „Keiretsu" und „Kigyo Shudan". Die Firmengruppen, obwohl keine Konzerne, agieren (faktisch) auf einer langfristigen Basis als Kollektiv und sind gemeinsam bestrebt, Verbundrenten zu erwirtschaften, wobei der Netzwerkcharakter von einer hierarchischen Administration nicht selten überlagert wird (Ahmadjian/Lincoln 2001). Vergleiche zum Thema Keiretsu auch Kasten 2.

Kasten 2: Keiretsu

„Der Begriff der Keiretsu bezeichnet die in der japanischen Wirtschaft maßgebliche Form der branchenübergreifenden Kooperation von Unternehmen. Innerhalb einer Keiretsu, deren Kern zumeist aus einer Bank, einem Industrie- und einem Handelsunternehmen besteht, wird eine Verflechtung erreicht, indem durch Absprache auf Managementebene eine gemeinsame Unternehmenspolitik betrieben wird.

Hierbei werden sowohl durch die gegenseitige Entsendung von hoch qualifiziertem Personal, die interne Kreditvergabe, das Überkreuzhalten von Aktien der beteiligten Unternehmen und die bevorzugte Vergabe von Aufträgen innerhalb der Gruppe enge Netze gewoben. Der Kern einer solchen Keiretsu wird erweitert durch einen Unternehmenszirkel von zwanzig bis dreißig weiteren Geschäftspartnern, die bei regelmäßigen Treffen ihre Strategien absprechen und Informationen austauschen. Ergänzt wird ein solches Konglomerat durch die Zulieferbetriebe des inneren Unternehmenszirkels, so dass eine Keiretsu aus insgesamt mehr als einhundert Firmen bestehen kann.

Unterschieden werden in der Wirtschaft Japans dabei so genannte horizontale und vertikale Keiretsu. Bei der horizontalen Verflechtung handelt es sich um die Zusammenarbeit von Unternehmen verschiedener Branchen, die ihre Aktivitäten koordinieren. Die vertikale Vernetzung erfolgt zumeist angefangen bei den Erzeugern über Zulieferfirmen bis hin zu Endhersteller und Vertriebsorganisationen.

Historisch ist die Entstehung der Keiretsu in Japan begründet durch das Verbot der so genannten zaibatsu – ehemals global agierende Mischkonzerne in Familienbesitz – die unter der Alliierten Besatzung nach 1945 zerschlagen wurden, weil sie als antidemokratische Einheiten angesehen wurden. Im Zuge der Globalisierung kam in den achtziger und neunziger Jahren vermehrt Kritik an der Form der Keiretsu-Zusammenarbeit auf, da selbst kostengünstigere Produkte keinen Weg in die Lieferkette eines Keiretsu-Konglomerats fanden. Im Folgenden wurden in einigen Keiretsu Umstrukturierungen vorgenommen, so dass beispielsweise die Zulieferbetriebe – wie in der westlichen Wirtschaft auch – allein aufgrund der Preisgestaltung ausgewählt wurden.

Mittlerweile ist eine Rückkehr des keiretsu-Verhaltens in die Wirtschaft Japans zu spüren. Etliche Unternehmen vertreten die Meinung, dass durch eine enge Bindung zentraler Gesellschaften untereinander sowie zu ihren Zulieferbetrieben eine langfristigere Kostensenkung erreicht werden könne, da hierbei eine einheitliche Marschrichtung hinsichtlich der Qualitätsstandards und der Geschäftspraktiken verfolgt werden könne."

Quelle: www.japan-infos.de, Zugriff am 04.08.2011.

Mit diesem Ansatz wird eine neue Ebene im Verhältnis von Markt und Unternehmung aufgespürt, es handelt sich um eine Art Zwischenform, um wirtschaftliche Aktivitäten zu koordinieren. Die Frage, ob es sich dabei tatsächlich um eine selbstständige Alternative zu Markt oder Hierarchie handelt (so Powell 1990), ist strittig geblieben. Im Hinblick auf die Strukturierung und Steuerung dieser Kollektive stellt sich die Organisationsfrage von neuem. Besonders wichtig ist die Frage, ob diese Organisationskollektive eigener genuiner Organisationsformen bedürfen oder auch bereits herausgebildet haben, oder ob die Struktur- und Steuerungsformen, die für die Singulärorganisation entwickelt wurden, gleichermaßen auch für die Organisationskollektive Gültigkeit haben. Die meisten der vorliegenden Studien gehen eher den Weg der Analogie und studieren Organisationskollektive vor dem Hintergrund derselben Dimensionen wie Großorganisationen, teilweise aber auch analog zu Märkten, je nach Kollektivtyp.

Ein Spezialfall interorganisationaler Kollektive wird häufig unter dem Stichwort *virtuelle Organisation* diskutiert (vgl. u.a. Davidow/Malone 1993; Möslein 2001). Hierbei wird insbesondere auf transitorische Kooperationsbeziehungen abgestellt und den Effekt, als Verbund nach außen wie ein großes Unternehmen – nur ggf. effizienter – agieren zu können. Die Leitidee ist, dass an die Stelle großer Organisationen zahlreiche Kleinunternehmen mit spezialisiertem Kompetenzprofil treten, die von Initiatoren projektbezogen immer wieder neu zu einem Kooperationsverbund verknüpft werden. Als Basis wird ein gut ausgebautes elektronisches Informationssystem gefordert, das eine rasche und effiziente Verknüpfung der einzelnen Kompetenzen ermöglicht. In der Realität stellt sich das Konstrukt „Virtuelles

Unternehmen" wesentlich einfacher und bodenständiger dar, als es vom Konzept her klingt. Unternehmen schließen sich zu Netzwerken zusammen, die dann meist unter dem Namen des Netzwerks ihre Leistungen anbieten. Über ein bekanntes Beispiel informiert Kasten 3.

Kasten 3: Virtuelle Unternehmen in der Praxis

Große Aufmerksamkeit wurde längere Zeit der Virtuellen Fabrik Euroregio Bodensee gewidmet. 14 rechtlich selbständige Unternehmen haben sich zu einem Leistungsverbund zusammengeschlossen und bieten verschiedene Leistungen an (Entwicklung und Konstruktion, Auftragsabwicklung als Generalunternehmer, Herstellung schlüsselfertiger Anlagen, Produktdesign usw.). Das Kooperationsformat wird von dem Kundenauftrag abhängig gemacht, d.h. je nach Auftrag werden aus dem Firmen-Pool unterschiedliche Gruppen zusammengesetzt.

Das Netzwerk zieht nach 15 Jahren Bilanz:

„Die Virtuelle Fabrik Euregio Bodensee hat sich dem Markt angepasst. Die 1996 gegründete Virtuelle Fabrik Euregio Bodensee (www.vfeb.ch) hat bis vor wenigen Jahren für Schlagzeilen gesorgt. Das Virtuelle lag im Trend, die neue Kooperationsform weckte Interesse. Was ist daraus geworden? Spannende Projekte sind realisiert, ungewöhnliche Aufträge eingeholt worden. In den Bereichen Engineering, Elektro- und Elektronikfertigung, Kunststoffverarbeitung, Veredelung, Prüfung und Logistik, Montage und Marketing vereint die Virtuelle Fabrik Euregio Bodensee höchste industrielle Leistungsfähigkeit. Ihre Organisationsform aber hat sie inzwischen dem Markt angepasst: ‚Der Markt will einen Ansprechpartner und kein Konsortium', sagt Präsident Hugo Schär.

Generalunternehmung

Ein Konsortium funktioniere zwar auf dem Bau, aber im Maschinenbau bewähre sich diese Organisationsform aufgrund der komplexen Aufgabenstellungen nicht. (…) Ein Beispiel erfolgreicher Kooperation ist die Entwicklung und Konstruktion eines ferngesteuerten sechsachsigen Patientenpositionierungssystems für das erste europäische Protonentherapiezentrum in München. Der Auftrag sichert für die nächsten zwei Jahre 20 Arbeitsplätze in vier Betrieben. Diese fanden dank der Mitgliedschaft in der Virtuellen Fabrik zusammen und setzten sich gemeinsam gegen bedeutende Mitbewerber durch. In ihrem Kerngeschäft konzentrieren sich die vier Unternehmen auf die Segmente Maschinenbau, Antriebstechnologie, Elektro-Technik und Linux-basierte Software-Entwicklung. Im Verbund sind KMU in der Lage, Gesamtleistungen anzubieten, ohne ihre Kernkompetenzen zu vernachlässigen. Die Spezialisten werden so zu Generalisten und halten damit den Margenverlust, den sie als reine Zulieferer zu tragen haben, in Grenzen. Um die Aufträge kümmern sich die Mitglieder selber. Die Verhandlungen mit den Großunternehmen führt ein Mitglied, das sich auf deren Einkaufspraktiken spezialisiert hat. ‚Damit kombinieren wir die Bodenständigkeit unserer KMU mit den aggressiven Einkaufspraktiken internationaler Firmen', sagt Schärs Vorgänger Stefan Bollhalter von der Innotool AG in Rothenhausen."

Quelle: www.vfeb.ch, Zugriff am 01.08. 2011.

12.2   Sozialkapital

Eine besonders große Aufmerksamkeit gilt im Bereich interorganisationaler Beziehungen dem Konstrukt des Sozialkapitals. Mit diesem Konstrukt, das wesentlich von Bourdieu (1986) und Coleman (1988) geprägt wurde, wird auf die Bedeutung der Mitgliedschaft in sozialen Netzwerken hingewiesen. Die Mitgliedschaft in exklusiven Netzwerken ermöglicht den privilegierten Zugang zu bestimmtem Wissen, zu Fördermöglichkeiten, zu Zuteilung von Prestige, auch dann wenn sich die Personen oder Organisationen untereinander nicht persönlich kennen („Freunde von Freunden"). Der Begriff des Sozialkapitals umfasst die Netzwerkbeziehungen und die damit mobilisierbaren Ressourcen.

Im Anschluss an Nahapiet/Ghoshal (1998) lässt sich Sozialkapital durch drei Dimensionen charakterisieren: die strukturelle, die relationale und die kognitive Dimension.

1. *Strukturelle Dimension.* Sie bezieht sich auf das dauerhafte Beziehungsgefüge des sozialen Netzwerks, das das Sozialkapital produziert und reproduziert. Gemeint ist also die Aufbauorganisation eines solchen Netzwerks, die jedoch selten formaler, meist informaler Natur ist. Typische Merkmale zur Beschreibung des Strukturgefüges sind: Dichte, Hierarchie und Zahl der Verknüpfungen.

2. *Relationale Dimension.* Die zweite Dimension fokussiert Art und Qualität der Beziehungen der Mitglieder untereinander. Dies schließt auch die emotionale Seite mit ein: Wie eng fühlen sich die Mitglieder dem Netzwerk verbunden? Typische Beschreibungsmerkmale zur Charakterisierung dieser Dimension sind Vertrauen, Freundschaft, Normen und Sanktionen sowie Identifikation.

3. *Kognitive Dimension.* Die dritte Dimension bezieht sich auf das Sinnsystem des Netzwerks, auf die, wenn man so will, kulturelle Seite (vgl. dazu Kapitel 10). Es geht also um das gemeinsame Grundverständnis (Identität), gemeinsame Interpretationsmuster, Geschichten und Rituale. In bestimmtem Maß bestimmt daher die Mitgliedschaft in einem Netzwerk auch Auftreten und Gestus der Mitglieder („Habitus").

Das Sozialkapital wird demzufolge gemeinsam besessen, es ist eine Art Genossenschaft. Niemand hat exklusive Rechte und die Anteile sind auch nicht auf einer Börse handelbar. Die Mitgliedschaft als solche ist exklusiv und die Gemeinschaft bestimmt über die Zutrittsmöglichkeiten. Sozialkapital eröffnet den Zugang zu Ressourcen, die sonst nicht verfügbar sind, und erlaubt dadurch bestimmte Handlungsmöglichkeiten. Das Sozialkapitel wird im Wesentlichen über *Vertrauen* gesteuert und hat dadurch relativ geringe Kontrollkosten.

Die Vorteile des Sozialkapitels sollten allerdings nicht überschätzt werden, es beinhaltet auch Risiken und Probleme (vgl. Adler/Kwon 2002). So sollte man nicht verkennen, dass es spezifisch ausgerichtet ist, d.h. es bezieht sich nur auf bestimmte Lebensbereiche. Ferner wirkt es wie alle Kulturgemeinschaften auch in gewisser Weise abschließend. Je ausgeprägter das System, umso einseitiger prägt es Kognition und Handlungsweise.

Obgleich das Konzept primär auf Personen angewendet wird, ist auch eine explizit organisationsbezogene Perspektive ausgearbeitet. Bezogen auf Unternehmen kann die Teilhabe an einem bestimmten Sozialkapital Heterogenität erklären. Unternehmen verfügen über Ressourcen oder können Ressourcen mobilisieren (durch interorganisationales Lernen oder gemeinsame Wissensbildung), die anderen Unternehmen außerhalb des Netzwerks nicht zugänglich sind. Dadurch lässt sich die Theorie an den Ressourcenbasierten Ansatz anschließen, d.h. sie trägt zur Erklärung der Bildung strategischer Ressourcen und damit auch von Wettbewerbsvorteilen bei (vgl. Inkpen/Tsang 2005).

Eine besondere Variante der Vorteilsbildung durch Sozialkapital hat Burt (2005) entwickelt, indem er auf *„strukturelle Löcher"* verweist und die Vorteile, die ihre Überbrückung ermöglicht.

Ausgangspunkt der Debatte ist Colemans (1990) breit akzeptierte These der *„Network Closure"*, wonach Sozialkapital durch die Schließung eines Netzwerks entsteht, d.h. ein Netzwerk wird zu einem sozialen System mit klaren Grenzen, Zutrittsschranken, eigenen Normen und Sanktionen. Das Netzwerk wird „dicht", gemeint ist hoch kohäsiv, die Mitglieder erfreuen sich bestimmter Privilegien, die für andere, die dem Netzwerk nicht angehören, nicht zugänglich sind. Ein Verstoß gegen die Netzwerknormen führt wie in allen sozialen Systemen zu Sanktionen und ggf. zum Ausschluss. Reputation und ein funktionierendes Sanktionssystem können nicht in einem offenen System entstehen, dazu – so die These – bedarf es der Schließung.

„Strukturelle Löcher". Das von Burt (2001) entwickelte Alternativkonzept nimmt einen ganz anderen Ausgangspunkt. Im Zentrum des Interesses stehen hier die Beziehungen zwischen Gruppen, die mehr oder weniger stark sein können. Betrachtet man eine ganze Arena, so finden sich dort Gruppen/Netzwerke, die unterschiedlich intensiv miteinander verbunden sind. Ausgehend von der Tatsache, dass Informationen innerhalb von Netzwerken schneller und präziser zirkulieren als zwischen Netzwerken, ergeben sich in der Folge Verdünnungen zwischen den Gruppen/Netzwerken. Diese Löcher in der Sozialstruktur nennt Burt „strukturelle Löcher". Diese sollen nicht besagen, dass die Mitglieder der verschiedenen Netzwerke sich nicht wahrnehmen würden. Vielmehr soll auf den Umstand hingewiesen werden, dass sich durch den Fokus auf bestimmte Aktivitäten andere Felder unbedeutend(er) werden und nur wenig Aufmerksamkeit finden. Daraus entstehen dann eben „Löcher". Diese Löcher bieten nun die Möglichkeit einen Wettbewerbsvorteil zu erringen, speziell für solche Netzwerkmitglieder, die in der Lage sind, das „Loch" überspannen können („Broker"). Dazu bedarf es ebenso der Fähigkeit, die Löcher überhaupt zu erkennen, wie auch der Verfügbarkeit von Beziehungen zu den anderen separierten Netzwerken (vgl. hierzu **Abbildung 12.2**). Das Verknüpfen von vormals separaten Netzwerken bietet dann auch die Möglichkeit, Kontrolle über die neu geschaffene Beziehung zu erlangen ("information arbitrage"). Der „Broker", also der verknüpfende Akteur, kann die Art und Ausrichtung der neuen Kooperation stark beeinflussen durch das Definieren von Problemen, Feldabgrenzungen usw. Die Möglichkeit diese Löcher zu erkennen und sie zu überspannen, wird nun als Aufbau von *Sozialkapital* definiert. Ein hohes Sozialkapital hat also demnach die Person bzw. das Netzwerk, das in der Lage ist, strukturelle Löcher frühzeitig auszumachen und zu überspannen.

Abbildung 12.2 Strukturelle Löcher und Arbitrage nach Burt

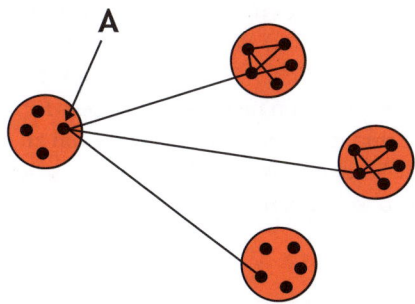

Burt (2004, S. 355) unterscheidet vier Ebenen der Verknüpfung („Brokerage"):

Auf der *ersten Ebene* macht der Broker die Mitglieder zweier „geschlossener" Netzwerke auf die jeweils anderen aufmerksam und zeigt gemeinsame Interessen oder Probleme auf. Es ist offenkundig, dass der Broker ein großes Kommunikationsrepertoire haben muss, damit er mit beiden Gemeinschaften angemessen in Kontakt treten kann. Eine solche Brokerfunktion wird heute zunehmend durch die sog. Sozialen Medien erleichtert (Facebook, Xing etc.) oder durch die Mitgliedschaft in großen Clubs.

Auf der *zweiten Ebene* geht die Verknüpfungsarbeit („brokerage") einen Schritt weiter; es werden Kontakte nicht nur angebahnt, sondern konkrete Praktiken bezeichnet und den beteiligten bekannt gemacht. Broker, die zwei Netzwerkgemeinschaften angehören, können schneller erkennen, was die eine Gemeinschaft von der anderen lernen könnte (Best-Practice-Transfer).

Die *dritte Ebene* bezieht sich auf die Verknüpfung von Netzwerken, die sich ausdrücklich als sehr unterschiedlich begreifen und fest davon überzeugt sind, dass man sie nicht miteinander auf eine Ebene bringen kann. Broker haben hier die Chance, in diese festgefügten Überzeugungen einzudringen und Parallelen aufzuzeigen, die für die Netzwerke von Vorteil sind. Dies darf als besonders schwierige Aufgabe gelten, weil fest gezurrte Überzeugungen überwunden werden müssen. Umso mehr profitieren Broker, wenn ihnen das gelingt (umso höher ist ihr Sozialkapital).

Die *vierte Ebene* bezieht sich auf die Herstellung von Synergien, d.h. aus der Verknüpfung von Elementen aus den betreffenden (zuvor separierten) Netzwerken entstehen neue Ideen oder vielversprechende Projekte. Als Beispiele für die gemeinten Aktivitäten lassen sich die in den letzten Jahren so stark beachtete Kundenintegration nennen, die Einrichtung grenzüberschreitenden Rollen („boundary spanning roles") oder Investmentfirmen, die Geldgeber aus ganz unterschiedlichen Branchen zusammenbringen.

Eine interessante Parallele zu Burts Broker-Theorie ergibt sich zur Unternehmertheorie von Kirzner (1988), in der das Leitbild des „findigen Unternehmers" den zentralen Fokus bildet, welcher im Wesentlichen durch seine Arbitragetätigkeit gekennzeichnet ist. Kirzner geht davon aus, dass sich Märkte wegen der immer unvollkommenen Information zumeist im Ungleichgewicht befinden. „Findige Unternehmer" nützen das Ungleichgewicht für sich, z.B. durch Preisarbitrage. D.h. sie finden heraus, dass zwischen zwei getrennten Märkten erheblich Preisunterschiede für ein und dasselbe Gut bestehen. Der findige Ein- und ggf. Wiederverkauf kann dabei zu erheblichen Vorteilen führen, vorausgesetzt der räumlich bedingte Preisunterschied ist den anderen nicht bekannt. Dies führt in der Folge zu einer Verringerung der Unterschiede und damit zu einer Tendenz hin zu einem Marktgleichgewicht. Die von Burt immer wieder betonten „good ideas", die aus dem Sozialkapital resultieren, werden hier als Innovation beschrieben, die der „findige Unternehmen" durch Arbitrage hervorbringt.

12.3   Der „Relational View"

Eine zusammenfassende Sichtweise zur *strategischen* Bedeutung von interorganisationalen Beziehungen haben Dyer und Singh (1998) mit ihrem „relational view" entwickelt.

In diesem Konzept werden alle die Faktoren zusammengetragen, die im Rahmen von interorganisationalen Beziehungen einen *Wettbewerbsvorteil* erbringen können und dadurch Extrarenten möglichen. Von Interesse ist also, welche Formen der Kombination von Ressourcen verschiedener Allianzpartner Vorteile versprechen und/oder welche Form der Steuerung der gemeinsamen Ressourcen am aussichtsreichsten erscheint. Im Wesentlichen werden vom relational view vier Quellen von strategischen Allianzvorteilen identifiziert (Dyer/ Singh 1998): Beziehungsspezifisches Vermögen, wissensteilende Routinen, komplementäre Ressourcen und Fähigkeiten sowie verwendetes Steuerungsmodell.

1. *Relation-specific Assets.* Wettbewerbsvorteile lassen sich nur durch spezifische Investitionen aufbauen. Hier geht es im Unterschied zur traditionellen Sichtweise nicht um spezifische Investitionen von Unternehmen, sondern um allianzspezifische Investitionen. Das können spezifische Investitionen in *räumlicher* Hinsicht sein (z.B. die Werke der Allianzpartner werden in unmittelbarer Nachbarschaft gebaut, um Logistikkosten zu sparen), in *physischer* Hinsicht (z.B. Verwendung komplementärer Betriebsmittel) oder in *personalbezogener* Hinsicht (z.B. Aufbau eines gemeinsamen Trainings von Ingenieuren). Der Vorteil von spezifischen Investitionen wird sich nur dort entfalten, wo eine hinreichend lange Partnerschaft besteht (oder in Aussicht steht) und es ein hinreichend großes Transaktionsvolumen zwischen den Allianzpartnern gibt. Als Beispiel werden hier immer wieder die Entwicklungspartnerschaften zwischen japanischen Automobilherstellern und ihren Zulieferern angeführt. Der strategische Vorteil kann auf der Kosten- wie auf der Differenzierungsseite liegen.

2. *Knowledge-sharing Routines.* Ausgangspunkt dieser Quelle ist die Beobachtung, dass *Innovationen* häufig nicht in das Netzwerk mitgebracht, sondern dort erst durch das Zusammenlegen von Wissensressourcen entwickelt werden. Insofern ist der gezielte Austausch von *Wissen* von strategischer Bedeutung. Dabei geht es nicht nur um explizites Wissen, sondern auch und gerade um lange eingeübte *Praktiken* und spezifische

Fähigkeiten. Es ist demnach wichtig, Gelegenheiten zu finden, dieses Wissen und die Praktiken auszutauschen, etwa durch gemeinsame Projekte oder zwischenbetriebliche Job Rotation. Zum Gelingen kommt es darauf an, dass die Allianzpartner einander vertrauen und nicht ständig in der Befürchtung agieren, von dem anderen Allianzpartner betrogen zu werden. Offenheit im Wissenstausch und opportunistisches Verhalten vertragen sich nicht.

3. *Complementary Resource Endowments.* Diese Quelle von Wettbewerbsvorteilen durch Allianzbildung stellt auf das Zusammenfügen (bereits vorhandener) komplementärer Ressourcen und Fähigkeiten ab. Einen Wettbewerbsvorteil zu erringen, ist dann möglich, wenn durch das Zusammenwirken komplementärer Ressourcen ein spezifisches Potential entsteht, über welches die Konkurrenten nicht verfügen und das auch nicht über den Markt bezogen werden kann („intangible assets"). Man könnte als Beispiel das Zusammenwirken von Gore & Asscoc. und Bogner (GoreTex-Regenmäntel) anführen. Voraussetzung für das Wirksamwerden der Komplementarität ist das Erkennen kritischer Ergänzungsmöglichkeiten. Ferner bedarf es entsprechender Voraussetzungen, damit die erkannte Komplementarität auch zur Entfaltung gebracht werden kann. Häufig scheitern Partnerschaften gerade an letztgenanntem Grund; die Unternehmenskulturen passen nicht zusammen, die Arbeitssysteme sind zu unterschiedlich usw.

4. *Effective Governance.* Die vierte Quelle überlappt die anderen drei Quellen, denn in allen geht es auch um eine geeignete Steuerung der Aktivitäten (insofern könnte man diese vierte Quelle auch weglassen). Dyer und Singh wollen hier aber noch einmal ausdrücklich darauf hinweisen, dass ein formelles Steuerungsregime mit einer Vielzahl juristischer Verträge zur Allianzkooperation und Konflikthandhabung in der Regel einem informellen Regime unterlegen ist, das Vertrauen und gegenseitige Wertschätzung in den Vordergrund rückt. Gulati (1997) kann zeigen, dass viele Allianzen mit einer formellen Vertragssteuerung beginnen, dann aber im Laufe der Zeit zu einer informellen Steuerung übergehen.

Der Relational View weist auf eine Reihe wichtiger Einsichten zur Bedeutung von Allianzen hin und ihr Potenzial, Wettbewerbsvorteile aufzubauen. Ob der Ansatz so eigenständig ist, dass er – so wie Dyer und Singh das postulieren – einen separaten Platz neben dem Ressourcenbasierten und dem Marktstrukturansatz einnehmen kann, ist indessen eher zu bezweifeln. In zu großem Maße wird auf Bekanntes aus den anderen Ansätzen und der Organisationstheorie ganz allgemein zurückgegriffen, als dass ein völlig eigenständiger Denkansatz erkennbar wäre.

Übungsaufgaben

1. Inwiefern können Allianzen einen Beitrag zur Reduktion von Unsicherheit leisten?

2. Vergleichen Sie „Konföderationen" mit „Agglomerationen". Welcher Form kommt die größere praktische Bedeutung zu?

3. Weshalb wird das Co-Branding zu den „konjugaten" Allianzen gezählt?

4. Welche Vorteile bieten laterale Netzwerke?

5. Diskutieren sie die Aussage: „Netzwerke sind weder Markt noch Hierarchie".

6. Stellen Sie die zwei Konzepte zur Bestimmung von Sozialkapital einander gegenüber.

7. Inwiefern ist eine Sanktionsordnung wichtig zur Aufrechterhaltung von Sozialkapital?

8. Geben Sie ein Beispiel für das Überspannen „struktureller Löcher".

9. Inwiefern kann die Überbrückung „struktureller Löcher" zum Aufbau von Wettbewerbsvorteilen beitragen?

10. Welche Voraussetzungen müssen gegeben sein, damit Wissen zwischen Allianzpartnern flüssig ausgetauscht werden kann?

Literaturempfehlungen

Gulati, P.: Managing network resources: alliances, affiliation and other relational assets. A resource based view. Oxford, 2007

Das Buch gibt einen guten Überblick über die neuere Forschung zur Bedeutung interorganisationaler Beziehungen.

Sydow,J./Duschek, St.: Management interorganisationaler Beziehungen, Stuttgart, 2011

Ein aktuelles Lehrbuch, das einen breiten Überblick über Theorie und Praxis interorganisationaler Beziehungen gibt.

Burt, R.S.:Structural holes. The social structure of competition. Harvard University Press, 1992

Der Autor führt umfänglich in seine Theorie der strukturellen Löcher ein.

Maurer,I./Ebers, M.: Dynamics of social capital and their performance implications:Lessons form the biotechnology start-ups, in: Administrative Science Quarterly 2006, 51(2), S. 262-292.

Die Studie zeigt in sehr instruktiver Weise, wie Sozialkapital für den Erfolg von Unternehmen bedeutsam wird.

Literatur

Adler, P. S./Kwon, S.-W. (2002): Social capital: Prospects for a new concept, in: Academy of Management Review 27 (1), S. 17-40.

Ahmadjian, C. L./Lincoln, J. R. (2001): Keiretsu, governance, and learning: Case studies in change from the japanese automotive industry, in: Organization Science 12 (6), S. 683-701.

Astley, W. G./Fombrun, C. J. (1983): Collective strategy: Social ecology of organizational environments, in: Academy of Management Review 8 (4), S. 576-587.

Benson, J. K. (1975): The interorganizational network as a political economy, in: Administrative Science Quarterly 20 (2), S. 229-249.

Borgatti, S. P./Foster, P. C. (2003): The network paradigm in organizational research – A review and typology, in: Journal of Management 29 (6), S. 991-1013.

Bourdieu, P. (1986): The forms of social capital, in Richardson, J. G. (Hrsg.): Handbook of theory and research for the sociology in question, New York, S. 241-258.

Burt, R. S. (2001): Structural holes versus network closure as social capital, in Lin, N./Cook, K./Burt, R. S. (Hrsg.): Social Capital: Theory and Research, New Brunswick, New Jersey, S. 31-56.

Burt, R. S. (2004): Structural holes and good ideas, in: American Journal of Sociology, 110 (2), S. 349-399.

Burt, R. S. (2005): Brokerage and closure: An introduction to social capital, New York.

Coleman, J. S. (1988): Social capital in the creation of human capital, in: American Journal of Sociology 94, S. 95-120.

Coleman, J. S. (1990): Foundations of social theory, Cambridge.

Davidow, W. H./Malone, M. S. (1993): Das virtuelle Unternehmen. Der Kunde als Co-Produzent (Übers. a. d. Engl.), Frankfurt a. M.

Dyer, J./Singh, H. (1998): The relational view: cooperative strategy and sources of interorganizational competitive advantage, in: Academy of Management Review 23 (4), S. 660-679.

Gerlach, M. (1987): Business alliances and the strategies of the Japanese firms, in: California Management Review 30 (1), S. 126-142.

Gulati, R. (1997): Alliances and networks, in Reuer, J. J. (Hrsg.): Strategic alliances: theory and evidence, New York, S. 378-416.

Gulati, R./Nohria, N./Zaheer, A. (2000): Strategic networks, in: Strategic Management Journal 21 (3), S. 203-215.

Heidenreich, M. (2011): Regionale Netzwerke, in Weyer, J. (Hrsg.): Soziale Netzwerke. Konzepte und Methoden der sozialwissenschaftlichen Netzwerkforschung, München, S. 167-188.

Kirzner, I. M. (1988): Unternehmer und Marktdynamik, München.

Möslein, K. (2001): Die virtuelle Organisation: Von der Idee zur Wettbewerbsstrategie, in: Wulf, V./Rittenbruch, M./Rohde, M. (Hrsg.): Auf dem steinigen Weg zur Virtuellen Organisation, Heidelberg, S. 13-31.

Nahapiet, J./Goshal, S. (1998): Social capital, intellectual capital, and the organizational advantage, in: Academy of Management Review 23 (2), S. 242-266.

Oliver, C. (1990): Determinants of inter-organizational relationships: Integration and future directions, in: Academy of Management Review 15 (2), S. 241-265.

Ortmann, G./Sydow, J. (2001) (Hrsg.): Strategie und Strukturation. Strategisches Management von Unternehmen, Netzwerken und Konzernen, Wiesbaden.

Powell, W. W. (1990): Neither market nor hierarchy: Network forms of organization, in: Research in Organizational Behavior 12, S. 295-336.

Sydow, J. (1991): Strategische Netzwerke in Japan, in: Zeitschrift für betriebswirtschaftliche Forschung 43 (3), S. 238-254.

13 Ethisches Handeln in Organisationen

13.1 Soziale Verantwortung als normative Forderung

In Kapitel 10 ist bereits die Bedeutung von Normen und Werten für das tägliche organisatorische Handeln hervorgehoben worden. Dort wurde aber auch schon die klare Unterscheidung getroffen, dass die kulturelle Perspektive von einer ethischen Perspektive zu trennen ist. Die kulturelle Perspektive beschreibt die Werte und Normen, die sich im Laufe der Unternehmensentwicklung herausbilden und diskutiert ihre Wirkungen auf das Unternehmensgeschehen. Eine Bewertung der Normen ist hier ebenso wenig vorgesehen wie der Anspruch, eine gelebte Organisationskultur würde zugleich den Ansprüchen sozialer Verantwortung genügen. Eine starke Organisationskultur kann auch zu einem Handeln bewegen, das in ethischen Kategorien als ganz und gar unverantwortlich einzustufen wäre. Kurzum, die beiden Perspektiven müssen klar getrennt werden, sonst entsteht ein konzeptionelles Wirrwarr.

In den letzten Jahren ist der Ruf nach mehr sozialer Verantwortung im wirtschaftlichen Handeln immer lauter geworden. Ausgangspunkt hierzu sind gehäufte Berichte über problematische Praktiken von Unternehmen, seien es Bilanzmanipulationen, Schmiergeldzahlungen, Aushorchung von Mitarbeitern oder exorbitant hohe Vorstandsvergütungen. Diese Kritik läuft auf die immer drängender vorgetragene Forderung hinaus, unternehmerisches Handeln stärker an moralische Maßstäbe zu binden. Daneben steht der verstärkte Wunsch vieler Unternehmen, für sich selbst sowohl im Binnenverhältnis (Annahme von Geschenken, Mobbing, Geschlechterfairness usw.) als auch im Außenverhältnis (Schmiergeldzahlungen, Zulieferung durch „sweatshops", umweltfreundliche Produkte usw.) ethische Richtlinien zu entwickeln und durch sozial-verantwortliches Handeln zu überzeugen. Damit stellt sich die Frage, wie man ethisches Handeln in Organisationen fassen und entwickeln kann. Offenkundig handelt es sich ja hier um einen Anspruch, der derzeit nicht oder zumindest in unzureichendem Maße im täglichen Handeln der Organisationsmitglieder Berücksichtigung findet. Es geht um eine Handlungsorientierung, die *zusätzlich* zu dem bisherigen Handeln gewünscht wird.

In der jüngeren Diskussion wird eine solche Umorientierung häufig im Rahmen der sogenannten Corporate Social Responsibility (CSR) – Bewegung (im Überblick Hansen/Schrader 2005) diskutiert. Unternehmen werden aufgefordert, sich neben ihrem regulären Geschäft auch als "gute Bürger" (corporate citizenship, s. hierzu Backhaus-Maul et al. 2008) zu profilieren, weil sich dies „auszahle". Unter dem Stichwort „ethics pays" wird soziales Handeln als eine Art Investition gesehen mit rentierlichen Rückflüssen. In welchem Maße sich solche sozialen Aktivitäten rentieren – gemeint sind vorrangig Projekte wie Kultur-Sponsoring, Förderung von Frauen oder die Unterstützung von Kirchen –, wird davon abhängig gemacht, wie geschickt sie gemanagt und vor allem kommuniziert werden.

Etwas härtere Töne begleiten den öffentlichen Diskurs jedoch dort, wo es um schwere Korruptionsfälle, Bespitzelung von Mitarbeitern oder manipulative Beratung von Kunden geht, wie das in letzter Zeit häufig der Fall war. Hier wird eher an Ver- und Gebote gedacht.

All diese Perspektiven sind interessant, fokussieren jedoch sehr stark auf Ad-hoc-Maßnahmen oder Einzelprojekte. Wie nachfolgend zu zeigen ist, lässt sich ein systematisches Konzept von sozial verantwortlicher Unternehmensführung auf dieser Basis nicht gewinnen. Dazu müssten die Fragen beantwortet werden, weshalb sozial-verantwortliches Handeln derzeit nicht oder in nicht ausreichendem Maße vorkommt und darauf aufbauend, wie eine solche Orientierung gewonnen und umgesetzt werden kann. Die Frage sozial verantwortlicher Unternehmensführung greift tiefer, sie kann fundiert nicht diskutiert werden ohne Bezugnahme auf die Logik ökonomischen Handelns und die Frage, in welchem Verhältnis diese zu dem Postulat unternehmensethisch motivierten Handelns steht. Eine theoretische Bestimmung des Postulats sozial verantwortlicher Unternehmensführung nimmt daher sinnvollerweise nicht im beliebigen Aufweis guter Taten, sondern bei einer Bestimmung des Verhältnisses von Unternehmung und Gesellschaft sowie seiner Implikationen für das tägliche organisatorische Handeln ihren Ausgangspunkt.

13.2   Neuer Handlungsmodus: Soziale Verantwortung

Ausgangspunkt für weitere Überlegungen muss zunächst einmal eine Handlungstheorie sein, die eine genauere Bestimmung dessen erlaubt, was sozial verantwortliches Handeln sein soll und wie es sich vom „normalen" Wirtschaftshandeln unterscheidet. Ein äußerst hilfreicher Vorschlag zur Klärung dieses grundlegenden Sachverhalts kommt von Habermas (1981). Hiernach stehen für die zwischenmenschliche Interaktion und damit auch für die gesellschaftliche Handlungskoordination grundsätzlich – noch ganz unabhängig von jeder historischen Wirtschaftsordnung – zwei *Handlungstypen* zur Verfügung, nämlich das *verständigungsorientierte Handeln* einerseits und *das instrumentell-strategische Handeln* andererseits.

Das *verständigungsorientierte Handeln* hat bei der sprachlichen Verständigung seinen Ausgangspunkt; Ziel ist es, auf kommunikativem Wege Einigkeit über fragwürdige Sachverhalte zu erreichen. Für eine *Verständigung* in dem hier gemeinten Sinne ist es erforderlich, dass die Beteiligten ihre individuellen Zielvorstellungen und das verfügbare Wissen über geeignete Mittel zur Zielerreichung in den Diskurs einbringen. Ansprüche, für die Geltung beansprucht wird, sind mit Gründen vorzutragen, die von den Kommunikationspartnern auf Triftigkeit geprüft werden können. Eine Abwägung der vorgetragenen Gründe und Gegengründe soll schließlich zu einer freien Einigung darüber führen, welcher Anspruch anerkannt und welcher Weg eingeschlagen werden soll.

Verständigungsorientierte Koordinationsprozesse schließen die Bereitschaft ein, sich dem Argument anzuschließen, das sich in der Prüfung als richtig oder vorziehenswürdig erwiesen hat. Dreh- und Angelpunkt dieser Art der Handlungskoordination ist also die Anerkennung der besseren Argumente und der Verbindlichkeit dieser für das gemeinsame Handeln. Verständigungsorientiertes Handeln setzt Gutwilligkeit und Vertrauen in die Aufrichtigkeit der Kooperationspartner voraus; generelles Misstrauen unter den Beteiligten macht eine kommunikative Verständigung unmöglich. Die Handlungsmotivation speist sich aus der Einsicht in die Richtigkeit oder Rechtmäßigkeit der gefundenen Lösung, es bedarf dazu keiner wie auch immer gearteten externen Anreize.

Ein einmal gefundenes Handlungsprogramm hat dieser Logik nach allerdings immer nur vorläufigen Charakter. Nachdem es keine Letztbegründung gibt, können immer wieder neue, bislang noch nicht berücksichtigte Argumente auftauchen, die den Prozess der Verständigung wieder anstoßen – wenn es auch hier aus pragmatischen Gründen (Zeitdruck, historische Bindungen usw.) quasi natürliche Grenzen gibt.

Das Gegenstück zum verständigungsorientierten Handeln bildet das *instrumentell-strategische Handeln.* An die Stelle sprachlicher Verständigung tritt das interessengeleitete, strategisch auf den eigenen Erfolg ausgerichtete Handeln. Es wird vermittelt über universelle Medien (Markt, Macht, Geld etc.), die die Koordination der strategischen Handlungen untereinander bewirken sollen. Den Kern instrumentell-strategischen Handelns bildet die Kalkulation der bestmöglichen Verfolgung der eigenen Interessen, also das Bestreben, den eigenen Nutzen zu maximieren. Die Interaktionspartner werden mit ihren Handlungen daraufhin beurteilt, inwieweit sie instrumentell zur Erreichung der eigenen Ziele sind. Das nutzenorientierte Einzelkalkül – und nicht die gemeinsame Verständigung – steht im Zentrum instrumentellen Handelns. Alle Interaktionspartner nehmen ihre individuellen Ansprüche und Interessenpositionen zum Ausgangspunkt und modifizieren diese nur insoweit, wie es auf Grund der Machtverteilung und der Strategien anderer vorteilhaft ist. Die Akteure stehen nicht in der Verantwortung einer gemeinwohl-orientierten Verständigung.

Um Missverständnissen vorzubeugen sei betont, dass instrumentell-strategisches Handeln im praktischen Leben keineswegs auf Sprache verzichten kann, gleichsam „sprachlos" abläuft. Die Kommunikation hat hier jedoch nicht die argumentative Verständigung zum Ziel, sondern dient – soweit erforderlich und für die eigenen Ziele förderlich – der (wechselseitigen) Erhellung oder auch der strategischen Verschleierung der Positionen und Interessen der miteinander handelnden Partner.

Im Ergebnis lässt sich rasch erkennen, dass die Forderung nach einem sozial verantwortlichen Handeln in und von Organisationen nicht auf den eigennützlichen, sondern den verständigungsorientierten Handlungstypus verweist.

13.3   Wirtschaftsordnung als vorgeordneter Rahmen

Unternehmen agieren nicht in einem völligen Freiraum, sondern vielmehr im Rahmen eines ganz bestimmten institutionellen Gefüges. Sie sind eingebettet in institutionelle Zwänge, d.h. in ein generalisiertes Erwartungsgeflecht, das auf Traditionen beruht. Den zentralen Rahmen für wirtschaftliches Handeln bildet die Wirtschaftsordnung, sie regelt die Beziehungen der Wirtschaftsakteure untereinander vor. Wirtschaftsordnungen sind nicht quasi-naturgesetzlich gegeben, sondern durch Wahlhandlungen entstanden. Bei jedweder Konzipierung einer Wirtschaftsordnung stellt sich grundsätzlich die Frage, wie die Interessen und Absichten sowie die daraus fließenden Handlungen der Wirtschaftsteilnehmer so aufeinander bezogen werden sollen, dass ihre dauerhafte Koordination in einer für alle Beteiligten befriedigenden Weise gelingt. Für die Wirtschaft stellt sich diese Koordinationsfrage als Doppelproblem (Dahl/Lindblom 1953, Steinmann 1969): Es geht einmal um das *Allokationsproblem:* Wie sollen die Ressourcen, die Produktionsfaktoren einer Volkswirtschaft eingesetzt werden, damit eine maximale gesamtgesellschaftliche Wohlfahrt entsteht? Und korrespondierend stellt sich dazu das *Kontrollproblem:* Wie lässt sich sicherstellen, dass die Interessen und Intentionen der Betroffenen in einem angemessenen Umfange berücksichtigt werden?

Für die Lösung des Allokations- und Kontrollproblems stehen jeder Gesellschaft im Sinne einer Metaentscheidung zunächst einmal die beiden vorgestellten Handlungstypen zur Verfügung, nämlich das verständigungsorientierte Handeln einerseits und das instrumentell-strategische Handeln andererseits. Waren in vormodernen Gesellschaften die beiden Handlungstypen noch eng verschmolzen, so hat sich im Laufe der Modernisierung und Rationalisierung der westlichen Industriegesellschaften eine deutliche Differenzierung ergeben. In der Gesellschaft haben sich sukzessive unterschiedliche *Subsysteme* ausdifferenziert. In dem hier interessierenden Kontext geht es vor allem um das (Teil-) *Funktionssytem Wirtschaft.* Funktionssysteme verfahren nach Maßgabe ihrer eigenen Identitätsprinzipien (Luhmann 1997, S. 595 ff.).

Die Funktionssysteme arbeiten mit unterschiedlichen Medien (Macht, Einfluss, Geld und so weiter) und machen dementsprechend von den zwei Handlungsmodi in ganz unterschiedlichem Maße Gebrauch. In modernen Gesellschaften werden typischerweise bestimmte Funktionssysteme vom Gebrauch des komplexen Modus verständigungsorientierten Handelns freigestellt, um eine bessere und raschere Komplexitätsverarbeitung zu erreichen, dies allerdings unter der Voraussetzung, dass sich die Entscheidung über die Funktionsweise dieser Systeme wieder an den legitimierenden Vor-Konsens rückbinden lässt. In der Praxis geschieht diese grundsätzliche Festlegung selten durch einen willentlichen Entscheid. Es ist vielmehr so, dass sich die Dinge in diese Richtung entwickeln und man arbeitet diese Entwicklung diskursiv nach, indem man öffentlich über ihre Legitimität nachdenkt und ihre Voraussetzungen prüft.

Nicht selten verselbständigen oder entkoppeln sich die Funktionssysteme so weit, dass es schwierig wird, diese Entwicklung zu korrigieren oder gar rückgängig zu machen. Die Debatte um eine sozial verantwortliche Unternehmensführung kann man – wie unten im Einzelnen zu zeigen sein wird – als einen solchen Versuch verstehen, das verselbständigte, in seinen Wirkungen aber nicht mehr völlig akzeptierte Funktionssystem Wirtschaft an die gesellschaftliche Konsensbildung wieder rückzubinden beziehungsweise Dysfunktionen zu korrigieren.

13.4   Handeln in der Marktwirtschaft

Die Wettbewerbswirtschaft ist innerhalb der modernen Gesellschaft ein weitgehend verselb-ständigtes Funktionssystem, das dezentral im Wesentlichen über das Medium Preis gesteu-ert wird. Zugrunde gelegt wird ein Handlungsmodell, das sich ausschließlich am Typus des instrumentell-strategischen Handelns ausrichtet. Er ist der dominante Koordinationstyp in einer über Preise gesteuerten Wirtschaft. Normatives Handeln im Sinne verständigungs-orientierten Handelns bleibt aus dem Modell der kapitalistischen Marktwirtschaft ausge-klammert. Die Theorie der liberalen Wettbewerbswirtschaft bzw. die mikroökonomische Gleichgewichtstheorie tragen dafür die zentralen Gründe vor und sind daher als Legitima-tionstheorien für diese instrumentell-strategische Handlungsausrichtung und Koordination anzusehen. Das folgende bekannte Zitat von Adam Smith (1999, S. 17) fasst die Basisphilo-sophie dieses Wirtschaftsdenkens gewissermaßen in der Nussschale zusammen:

„Nicht vom Wohlwollen des Metzgers, Brauers und Bäckers erwarten wir das, was wir zum Essen brauchen, sondern davon, dass sie ihre eigenen Interessen wahrnehmen. Wir wenden uns nicht an Ihre Menschen-, sondern an ihre Eigenliebe, und wir erwähnen nicht die eigenen Bedürfnisse, son-dern sprechen von ihrem Vorteil."

Im Kern verweist das Modell der mikroökonomischen Gleichgewichtstheorie zur Legiti-mation ihrer rein instrumentellen Handlungsausrichtung auf die überlegenen Wohlfahrts-wirkungen und die machtbegrenzenden Handlungszwänge der Marktwirtschaft. Ein ver-ständigungsorientiertes Handeln der Wirtschaftsakteure wird nicht benötigt und wird auch nicht erwartet, die ungeplanten Nebenwirkungen sichern über die sog. unsichtbare Hand das Gesamtinteresse. Die Individuen verfolgen in einem rein instrumentell-strategischen Sinne nur ihre persönlichen Interessen, ohne jede gesellschaftliche Rücksichtnahme. Dieses Handeln wird aber dennoch als legitim angesehen, da der (vollkommene) Markt die egois-tischen Interessen so koordiniert, dass das, was zunächst als Vorteilsuche des Individuums konzipiert ist, sich (im Sinne einer unbeabsichtigten Nebenwirkung) als Maximierung der gesellschaftlichen Wohlfahrt erweist. Dieser Zusammenhang bildet die Basis der liberalen Wirtschaftstheorie. Erwartet wird von dem Unternehmen und seinen Führungskräften ein legitimes, nicht aber ein normativ-gesteuertes Handeln. Für die Idee einer sozial verant-wortlichen Unternehmensführung ist in dieser Legitimationstheorie kein Platz und es gibt auch keinen guten Grund dafür. Wer dennoch diese Forderung aufstellt, muss sich demnach mit dem gültigen Legitimationshintergrund auseinandersetzen. Ist dieser intakt, fehlt der Debatte der zwingende Grund.

Nach der Konstruktionslogik des liberalen Wirtschaftsmodells bilden diejenigen, die ihr Ka-pital im Wirtschaftsprozess zur Gewinnerzielung riskieren, gleichsam das wirtschaftliche Aktionszentrum; sie organisieren selbst oder durch (angestellte) Geschäftsführer (Manager) einen „Handlungsverbund" zwischen Akteuren, die bereit sind, ihre Ressourcen zu verein-barten (Markt-)Konditionen für mehr oder weniger lange Zeit dem Eigentümer(-verband) zur Verfügung zu stellen. Auf diese Weise entsteht ein dichtes Netz von Vertragsbeziehun-gen als Grundlage für den Handlungsverbund, wobei die Verträge idealiter gerade diejeni-gen Konditionen festschreiben, die sich in den Faktor- und Gütermärkten im (Leistungs-)

Wettbewerb aller Anbieter und Nachfrager herausbilden. Die individuellen Interessen verschränken sich dem Model nach im Markt durch die Preise als Informationssystem so, dass genau diejenigen Transaktionen zustande kommen, die einem Maximum an wirtschaftlicher Wohlfahrt entsprechen.

Das Streben nach dem maximal möglichen Individual-Nutzen ist der Motor des Funktionssystems Markt. Alle Akteure, oder genauer: alle Vertragspartner – seien es Unternehmen, Arbeiter, Lieferanten oder Abnehmer – orientieren sich bei ihren Transaktionen an ihrem persönlichen Nutzen beziehungsweise am instrumentell-strategischen Handlungstypus.

Die Marktwirtschaft stellt sich also als eine Institution zur Koordination wirtschaftlicher Handlungen dar, die *vollständig* am Paradigma des instrumentell-strategischen Handelns orientiert ist – allerdings im Rahmen einiger Grundregeln menschlichen Zusammenlebens (kein Mord, kein Diebstahl, kein Betrug usw.). Verständigungsorientiertes Handeln ist vom Prinzip her in diesem Wirtschaftsmodell nicht vorgesehen. Unternehmen sind von der Notwendigkeit, die sozialen Wirkungen ihres Handelns in ihre Kalküle einzubeziehen, freigestellt. Es besteht – so gesehen – weder auf gesamtwirtschaftlicher Ebene noch auf Unternehmensebene ein Bedarf dafür, dass die am Wirtschaftsprozess Beteiligten sich über den Ausgleich der Interessen argumentativ verständigen sollten, dies erledigt das Markt- und Preissystem von ganz allein.

Der dargelegte Legitimationszusammenhang trägt jedoch nur dann, wenn ein tatsächliches Funktionieren der Modelltheorie gewährleistet ist. Dies ist – wie in jedem Lehrbuch zur Markt- und Preistheorie nachzulesen – nur dort der Fall, wo eine große Zahl von Voraussetzungen erfüllt ist, wie etwa atomistische Konkurrenz, vollständige Information oder unendlich schnelle Reaktionsgeschwindigkeit. Insbesondere aber darf kein Marktteilnehmer die Möglichkeit haben, zur Durchsetzung seiner Interessen auf die Preisbildung einen Einfluss auszuüben. Eine Beeinträchtigung der Vertragsfreiheit oder die Bildung von Machtpositionen, die zum eigenen Vorteil beziehungsweise zum Nachteil anderer ausgenutzt werden können, zerstört die Gleichgewichtslösung. Es gilt daher regelmäßig die Forderung, solchen Fehlentwicklungen dadurch vorzubeugen, dass einer außermarktlichen Instanz, genauer dem politischen System und der Rechtsordnung als vorgeordneten Instanzen, die Überwachung und ggf. die Interventionsaufgabe zugewiesen wird.

13.5   Zur Logik sozialer Verantwortung in der Wettbewerbswirtschaft

Vorstehende Darlegungen machen klar, dass die Forderung nach einem sozial verantwortlichen Handeln der Unternehmensführung sinnvoll nur vor dem Hintergrund der institutionellen Zusammenhänge diskutiert werden kann. Eine davon losgelöste Debatte, die lediglich dieses Projekt oder jene Initiative für wünschenswert erklärt, erscheint dagegen wenig hilfreich. Wirtschaften findet in einem historischen institutionellen Kontext statt, eben einer konkreten Wirtschaftsordnung.

Wer also mehr soziale Verantwortung im Handeln von Unternehmen fordert, muss die Logik der geltenden Wirtschaftsordnung berücksichtigen. Sind die faktischen Zusammenhänge genauso, wie vom liberalen Wirtschaftsmodell behauptet, liefe ja der Appell an Unternehmen, mehr soziale Verantwortung zu zeigen, ins Leere oder man müsste sogar Dysfunktionen erwarten. Das Gemeinwohl wird ja dem Modell nach an anderer Stelle, nämlich durch die Märkte und das Preissystem hergestellt. Einzelwirtschaftliches Handeln könnte damit vollständig dem Regime des instrumentell-strategischen Handlungstypus, also der Gewinnmaximierung, überlassen bleiben, die moralische Frage wird ja über den Markt gelöst (die Gültigkeit der angenommen Zusammenhänge vorausgesetzt).

Prüft man die praktische Gültigkeit des Modells, so stößt man rasch auf eine breite Gegenevidenz. Die reale Wirtschaftspraxis weicht vom idealen Leitbild der liberalen Legitimationstheorie signifikant ab. Studien zu solchen Abweichungen gibt es genug und sie werden ja seit langem in Wissenschaft und Praxis erörtert. Für den hier interessierenden Zusammenhang erscheint es ratsam, den Fokus nicht so sehr auf die idealisierenden modelltheoretischen Annahmen und daraus folgende methodologische Problemstellungen der Neoklassik zu konzentrieren (Kade 1962, Albert 1998), sondern stärker auf faktische Verwerfungen auszurichten. Gemeint sind empirische Belege, die konkret aufzeigen, wann und wo der reine Marktmechanismus versagt beziehungsweise zu Lösungen führt, die unter moralischen Gesichtspunkten inakzeptabel sind. Konkrete Beispiele für die hier gemeinten Verwerfungen sind: verdeckte Beihilfe zum Steuerbetrug durch Banken, Korruption in Form von Schmiergeldzahlungen, Lohndrückerei, Diskriminierung von Frauen, Kinderarbeit, Umweltverschmutzung, Raubbau an natürlichen Ressourcen und vieles andere mehr.

Die Feststellung solcher Verwerfungen, die von den Märkten offenkundig nicht oder nur unzulänglich geregelt werden – man spricht hier auch von *partiellem Marktversagen* (etwa Fritsch et al. 2005) – ist an verschiedensten Stellen aufgezeigt worden. Zur Verdeutlichung des Gemeinten seien kurz drei Problembereiche exemplarisch herausgegriffen: (1) Externe Effekte, (2) Macht in ökonomischen Verträgen und (3) die Trennung von Risiko, Kontrolle und Gewinn.

(1) Externe Effekte: Am offensichtlichsten wird der legitimierende Charakter des Modells dort durchbrochen, wo die wirtschaftliche Betätigung zu Wirkungen führt, die nicht mehr vollständig über das Preissystem abgebildet werden können. Überall dort, wo Konsum und Produktion nicht nur die vertraglich gebundenen Akteure, sondern (viele) andere tangieren, ohne dass die daraus resultierenden Beeinträchtigungen (Kosten) und Besserstellungen (Nutzen) über Marktprozesse verrechnet werden, verliert der Markt die Kraft, allein für einen fairen Interessenausgleich zu sorgen. Dass die Existenz externer Effekte – und sie treten häufig auf (Endres/Martiensen 2007) – die Erreichung der gesamtwirtschaftlichen Wohlfahrt beeinträchtigt, sie also Ursache von Marktversagen sind und damit die zentrale Legitimationsgrundlage des Preissystems tangieren, ist theoretisch unbestritten. Da aber durch externe Effekte die Interessen vieler Menschen kurz- oder langfristig berührt, ja oft in ihren existenziellen Lebensgrundlagen betroffen werden, ohne dass damit ein über den Markt automatisch verrechneter ökonomischer Vor- oder Nachteilsausgleich verbunden ist, entsteht hier genau eine solche Bruchstelle im Funktionssystem, die nach einer anderen Logik verlangt, um einen gesellschaftlichen Interessenausgleich zu ermöglichen.

(2) Macht: Wirtschaften voll und ganz dem instrumentell-strategischen Handeln anheim zu stellen, wird aber auch dort problematisch, wo die Grundvoraussetzung eines machtfreien Vollzugs ökonomischer Vertragsabschlüsse nicht gegeben ist. Immer dann, wenn Macht in der Wirtschaft existiert, besteht die Chance, die eigenen Interessen gegen andere durchzusetzen und diese damit nachhaltig zu schädigen; das Preissystem transportiert Fehlinformationen und seine Allokationsfunktion wird ineffizient. Auch dies ist theoretisch unbestritten.

Strittig ist eher die empirische Frage, welchen Märkten auf Grund von Vermachtungsprozessen partielles Marktversagen zu attestieren ist. Dabei sind neben der rein ökonomischen Macht, Tauschverträge zu dominieren, viele andere Formen von Wirtschaftsmacht relevant: Gesellschaftliche Macht in Form des Einflusses großer Unternehmen auf die Art und das Verhalten anderer gesellschaftlicher Institutionen des öffentlichen Lebens; technologische Macht von Großunternehmen bei der Formung von Richtung, Ausmaß und Konsequenzen des technologischen Wandels in einer Gesellschaft oder politische Macht als Möglichkeit von Großunternehmen, Entscheidungsbildung und Ergebnisse der Regierungspolitik zu beeinflussen (vgl. Kasten 1). Im letztgenannten Falle des Lobbyismus wird heute teilweise schon von der „fünften Gewalt" gesprochen (Leif/Speth 2006). Die aktive Beeinflussung des Marktgeschehens ist somit eine weitere Bruchstelle, die eine Beeinträchtigung und potenzielle Schädigung anderer Interessen bedeutet und somit ebenfalls nach außermarktlichen Maßnahmen verlangt, um einen gerechten Interessenausgleich herbeizuführen.

Kasten 1: Lobbyismus: Google

San Francisco – „Google gerät zunehmend in den Fokus von Wettbewerbshütern und Behörden – und reagiert mit verstärkter Lobby-Arbeit: Das Internetunternehmen hat seine Ausgaben für die politische Landschaftspflege in den USA im zweiten Quartal gegenüber dem Vorjahr um 54 Prozent gesteigert. Der Konzern investierte von April bis Juni 2,1 Millionen Dollar, um sich in Washington Gehör zu verschaffen. Im Vergleichszeitraum ein Jahr zuvor waren es noch 1,34 Millionen Dollar gewesen.

Ein gutes Verhältnis zu den Machtzentren ist für Google zurzeit wichtig: Gegen den Internetkonzern laufen gleich mehrere Ermittlungen in verschiedenen Regionen der Welt. So stellte Google erst Anfang Mai 500 Millionen Dollar zurück, weil das US-Justizministerium angekündigt hatte, den Umgang der Firma mit ihren Werbekunden untersuchen zu wollen. Zudem nimmt die US-Wettbewerbsbehörde FTC die Google-Suchmaschine unter die Lupe – und damit das Kerngeschäft des Konzerns.

Durch die Steigerung der Lobby-Ausgaben hat der Internetkonzern seinen Rivalen Microsoft in einem weiteren Bereich überrundet: Von April bis Juni hat Google zum ersten Mal mehr Geld in die Überzeugungsarbeit in Washington gesteckt als der Software-Hersteller."

Quelle: Spiegel Online, Wirtschaft, 22.07.2011

(3) Trennung von Eigentum und Verfügungsgewalt: Neben den externen Effekten und der Machtstellung der Großunternehmung ist die Aufspaltung des Eigentumatoms ein weiteres zentrales Argument, mit dem eine zentrale Funktionsbedingung des Preissystems, nämlich

die Gültigkeit des „erwerbswirtschaftlichen Prinzips", in Frage gestellt wird. Dieses Argument rekurriert darauf, dass in der Praxis die Kapitaleigner nicht mehr – wie es die Konstruktionsidee der Wettbewerbswirtschaft fordert – die Entscheidungsträger sind, sondern dass an ihrer Stelle die angestellten Manager relativ autonom die Verfügungsgewalt über die Produktionsmittel ausüben. Für diese Trennung von Eigentum und Verfügungsgewalt werden insbesondere zwei Gründe verantwortlich gemacht: die Professionalisierung des Managements und die Inaktivität der Kleinaktionäre. Diese Feststellung verweist auf die „Entkoppelung" von Risiko, Kontrolle und Gewinn.

Die häufig vorzufindende Trennung von Eigentum und Verfügungsgewalt (Berle/Means 1932, Schreyögg 1999) eröffnet – zusammen mit dem Verweis auf die Machtpotenziale von Großunternehmen – die Möglichkeit, dass Manager von der für das Funktionieren des Preissystems notwendigen Handlungsweise abweichen und eigene diskretionäre Zielsetzungen in den Entscheidungsprozess einfließen lassen. Die aktuellen Diskussionen zu ungerechtfertigt hohen Managergehältern und zur „Selbstbedienungsmentalität" von (angestellten) Managern kann als Indikator für diese Problematik begriffen werden.

Diese Beispiele sollten exemplarisch belegen, dass in den historisch vorfindbaren Marktwirtschaften die dezentrale Preisbildung keineswegs durchgängig eine hinreichende Gewähr für eine effiziente Koordination wirtschaftlicher Handlungen und einen ausgewogenen Interessenausgleich bieten kann. Partielles Marktversagen stellt eine empirische Größe dar und verlangt für die bezeichneten „Verwerfungen" nach einer Korrektur.

Der Wunsch nach Korrektur wirft sofort die Frage nach der dafür geeigneten *Interventionsebene* auf. Sollen die Verwerfungen zentral durch eine moralisch motivierte Korrektur der generellen Rahmenordnung (vgl. etwa Homann 2007) und des Rechtssystems oder durch wettbewerbspolitische Maßnahmen vermieden werden? Oder aber ist zu fordern, dass diese Probleme dezentral auf der betrieblichen Handlungsebene abgearbeitet werden, wie dies regelmäßig Protagonisten einer Corporate Social Responsibility vertreten? Welcher dieser Wege auch immer gewählt wird, er liegt jenseits der Marktlogik, ihrer Maxime der individuellen Nutzenmaximierung und ihrer Wohlfahrtsthese. Moralisch motivierte Interventionen implizieren einen Wechsel im Modus, nämlich einen Wechsel zum Bereich verständigungsorientierten Handelns, der voraussetzungsgemäß in den Kategorien des mikroökonomischen Marktmodells nicht zu fassen ist.

13.6   Sozial verantwortliche Unternehmensführung als Antwort auf Marktversagen

Verständigungsorientierte Prozesse können auf unterschiedlichen Ebenen angesiedelt und in unterschiedlicher Form organisiert werden. Was die konkrete Form verständigungsorientierter Interventionen anbelangt, kann grundsätzlich zwischen dem (1) *Recht,* (2) *marktpolitischen Maßnahmen* oder eben einem (3) *sozial verantwortlichem Handeln* unterschieden werden.

Diese Interventionen lassen sich dann bei Bedarf weiter untergliedern in nationale, globale, divisionale, abteilungsbezogene usw.

(1) *Recht:* In Deutschland wählt man vorrangig das *Recht* als kompensierenden Koordinationsmechanismus, das entweder direkt auf das Handeln von Unternehmen (z.B. Arbeitsrecht oder Verbraucherschutz) oder die Rahmenordnung der Wirtschaft (z.B. Kartellrecht oder Immissionsschutzgesetz) abzielt. Das Recht wird in einer parlamentarischen Demokratie im Parlament beschlossen und verdankt sich insofern einer *diskursiven Verständigung*. Es ist somit eine spezielle Form verständigungsorientierten Handelns, das nicht unmittelbar auf die moralische Verantwortung der einzelnen Handlungsträger abzielt, sondern eine kollektive Regelung erstrebt.

So durchschlagend das Recht im Einzelfall sein mag, so ist es doch als Kompensationsmechanismus in seinem Wirkungsvermögen systematisch begrenzt (Stone 1975, Schuppert 1990). Die Grenzen der Steuerungsfähigkeit des Rechts gegenüber dem immer komplexer werdenden System der Wirtschaft machen sich nicht nur im nationalen, sondern auch im internationalen Rahmen mehr und mehr bemerkbar. Zentrale Argumente verweisen in diesem Zusammenhang darauf, dass nur ein kleiner Teil menschlicher Handlungen in justitiabler Weise sichtbar wird und obendrein die Exekution des Rechts in der Regel mit sehr hohen Kontrollkosten verbunden ist. Darüber hinaus ist nur das rechtlich regelbar, was schon bekannt ist, nicht aber das Handeln, das zukünftig auftritt und möglicherweise Probleme verursacht. Im Übrigen gilt es zu sehen, dass der Mechanismus Recht in dem Maße an Kraft verliert, wie der Einfluss nationalstaatlicher oder konföderativer Regelungen im Zuge der Globalisierung in ihrer Bedeutung zurücktritt (Scherer 2003). Einen Weltstaat, der die verschiedenen Verwerfungen durch Recht regeln beziehungsweise kompensieren könnte, gibt es nicht.

(2) *Marktpolitische Maßnahmen:* Populär sind auch Vorschläge, korrigierende Verständigungsprozesse zu installieren, die auf der Ebene der *rahmengebenden Wirtschaftsordnung* angesiedelt sind. Ziel ist es, marktpolitische Maßnahmen zu entwickeln, die in Form von Anreizen und Restriktionen ein Handeln hervorrufen, das die angesprochenen Verwerfungen vermeiden hilft (so etwa Homann/Lütge 2005). Ein Beispiel ist der Emissionshandel für Umwelt(verschmutzungs)rechte. Zu Ende gedacht, würde ein solches Konzept *sozial verantwortliches Handeln der Entscheidungsträger* im verständigungsorientierten Sinne überflüssig machen.

Es ist zwar richtig, dass die Ebene der Rahmenordnung nicht aus den Augen verloren werden darf, es greift jedoch zu kurz, wenn man nur diese Ebene fokussiert und die Unternehmen (erneut) in das rein instrumentell-strategische anreizbestimmte Handeln entlässt. Die oben angesprochenen Probleme, vor allem die immensen Handlungsspielräume von Großunternehmen, lassen sich nicht durch Änderungen der Rahmenordnung hinreichend begrenzen; ein solcher Rahmen-Determinismus ist nur in der idealen Modellwelt der Mikroökonomie möglich, nicht aber – wie die Empirie hinlänglich zeigt – in realen Wirtschaftsprozessen. Diese Einsicht wiegt umso schwerer, wenn man einmal bedenkt, dass heute nahezu alle mittleren und größeren Unternehmen im globalen Raum agieren und über vielfältige Möglichkeiten verfügen, sich nationalen Rahmenordnungsänderungen zu entziehen. Eine globale Rahmenordnung, die dem entgegenwirken könnte, kann es nicht geben, weil es – wie eben schon dargelegt – keine Weltregierung gibt, die weltweit *verbindliche* Rahmenregelungen schaffen könnte.

Somit ergibt sich nach dieser kurzen Diskussion, dass Rechts- und Rahmenordnungsinterventionen notwendig, aber keineswegs hinreichend sind, um die bezeichneten Verwerfungen zu korrigieren. Auf eine konkrete Verpflichtung der einzelnen Unternehmen und ihrer Entscheidungsträger kann man deshalb keinesfalls verzichten, wenn man moralische Korrekturfaktoren in das alltägliche wirtschaftliche Handeln integrieren möchte. Letzteres findet seinen Ausdruck in der Forderung nach sozial verantwortlicher Unternehmensführung. Wann, welcher Ebene und welcher Form der Vorrang einzuräumen ist, bedarf einer gesonderten Diskussion. Es spricht auch wenig dafür, dass man hier eine generelle Regel findet, weil die Sachverhalte zu unterschiedlich sind. Dies ist also fallweise zu entscheiden.

(3) *Soziale Verantwortung:* Die leitende Idee für ein sozial verantwortliches Handeln oder, wenn man so will, für eine Unternehmensethik ist es also, dass das rein instrumentell-strategische Handeln von Unternehmen in bestimmten Situationen, nämlich in all jenen, in denen das Preissystem zu keinen moralisch akzeptablen Lösungen führt, in Richtung Verständigungsorientierung erweitert wird. Eine solche normative Bestimmung des Handelns hat eine deutlich größere Reichweite als das Recht und die marktpolitischen Maßnahmen, ihr fehlt indessen die Möglichkeit der formalen Sanktionierung. Sie ist ja ausschließlich auf die innere Überzeugung und die soziale Kontrolle angewiesen. Wer der Kraft der inneren Überzeugung grundsätzlich misstraut, steht deshalb der Wirksamkeit dieser Konzepte skeptisch gegenüber.

Soziale Verantwortung von Unternehmen bedeutet also – jedenfalls in dem hier vorgestellten Verständnis – eine Doppelorientierung im Handeln von Unternehmen. Neben das etablierte instrumentell-strategische Handeln tritt in speziellen moralisch konfliktären Situationen das verständigungsorientierte Handeln mit dem Ziel, einen besseren Interessenausgleich zu schaffen. Es handelt sich um eine freiwillige Verpflichtung, die durch nichts zu erzwingen ist – allenfalls durch öffentlichen Druck und Medienberichterstattung.

Wie aber findet man Normen, die ein solches gesellschaftlich-verantwortliches Unternehmenshandeln in legitimer Weise anleiten können? Durch Intuition? Durch eine Orientierung an der Morallehre der christlichen Kirche(n)? Durch humanistische Wertkataloge? Nach all den vielen philosophischen Grundsatz-Debatten zu dieser Frage dürfte klar geworden sein, dass eine tragbare Lösung nicht monologisch, sondern nur auf der Basis kommunikativen Handelns, also im Diskurs der Betroffenen, gefunden werden kann (vgl. Habermas 1991). Es gibt eine Reihe von Vorschlägen, wie solche diskursiven Praktiken in Unternehmen etabliert werden können (vgl. Maak/Ulrich 2007), angefangen vom treuhänderischen Handeln über organisierte Stakeholder-Dialoge bis hin zur Einrichtung einer diskursiven Infrastruktur. Immer gilt dasselbe Prinzip, dass die Diskurse unvoreingenommen zu führen sind und nur das bessere Argument den Ausschlag für einen Konsens geben darf. Man sollte diese Diskursidee aber nicht zu sehr im unerreichbar Idealen ansiedeln. Erfahrungsgemäß ist häufig auf einer gesellschaftlichen

Ebene rasch Konsens zu erzielen, welche Verwerfungen im Wirtschaftsgeschehen problematisch sind und einer verständigungsorientierten Lösung bedürfen. Man denke an Fragen wie Kinderarbeit oder Lohndrückerei. Es hat sich zwischenzeitlich eingebürgert, dass viele Unternehmen ihre ethischen Grundsätze schriftlich formulieren und als eine Art Kodex zur verbindlichen Richtlinie betrieblichen Handelns erklären. Kasten 2 gibt ein Beispiel für Anstrengungen in diese Richtung.

Kasten 2: Unternehmenskodex der EnviroChemie GmbH

„EnviroChemie versteht sich als Qualitätsanbieter mit umfangreichem Service und legt Wert auf Innovation, Haltbarkeit sowie geringen Ressourcenverbrauch. Die langfristige Partnerschaft mit Kunden, ein für beide Seiten rentables Arbeiten und eine zielführende Mitarbeiterentwicklung sollen zufriedene Kunden und Mitarbeiter schaffen. Wir erwarten Ehrlichkeit, offene Kommunikation und Loyalität gegenüber Kunden, Lieferanten und Kollegen. Sozial und ethisch einwandfreies Verhalten und Achtung der lokalen Gesetze sind Grundlage der internationalen Zusammenarbeit in allen Unternehmen und Tochterunternehmen der EnviroChemie. Wir suchen stets nach dem Ausgleich zwischen Dezentralität und zentraler Steuerung, entsprechend den Bedürfnissen des Geschäftes.

Unser Unternehmenskodex setzt auf den Grundsätzen der „Global Compact" der Vereinten Nationen als Mindeststandard auf.

Menschenrechte

Wir unterstützen und respektieren die internationalen Menschenrechte im eigenen Einflussbereich.

Mitarbeiter und Geschäftspartner

EnviroChemie bietet ihren Mitarbeitern einen sicheren und attraktiven Arbeitsplatz, verbunden mit der Chance für selbständiges Arbeiten und individuelle Entwicklung. Mitarbeiter und Geschäftspartner verdienen gegenseitigen Respekt. Unsere Wertschätzung ist für alle gleich, unabhängig von Kultur, Religion, ethnischer Herkunft, Geschlecht, sexueller Orientierung und Alter. Wir stellen Arbeitsplätze bereit, die frei von Diskriminierung sind. Wir respektieren das Recht unserer Mitarbeiter auf Koalitionsbildung. Unabhängig davon kann jeder Mitarbeiter seine Belange direkt vortragen.

Wir lehnen jegliche Form von Zwangsarbeit und Kinderarbeit in unseren Unternehmen und bei unseren Geschäftspartnern ab.

Umweltschutz

Bei unserem Handeln nehmen wir unsere Verantwortung gegenüber der Umwelt und zur Schonung der Ressourcen ernst. Durch die Weiterentwicklung unserer Technologien wollen wir insbesondere im Bereich der Wasseraufbereitung und Ressourcenschonung unseren Beitrag zur Umweltfreundlichkeit leisten. Als Mindestanforderung gelten die örtlichen Umweltschutzgesetze.

Korruptionsbekämpfung

Wir messen uns beim Wettbewerb um Aufträge in Qualität, Kundennutzen, Leistungsfähigkeit unserer Produkte und Dienstleistungen und an angemessenen Preisen. Wir unterstützen die Korruptionsbekämpfung und halten uns an die entsprechenden Gesetze. Die Geschäftsleitung der EnviroChemie trägt die Verantwortung für die Durchsetzung dieser Grundsätze. Von jedem Mitarbeiter erwarten wir, dass er sich für den Unternehmenskodex verantwortlich fühlt und sich an diesen hält."

Quelle: www.envirochem.com, Zugriff am 27.07.2011

Lösungsvorschläge, auf welchem Wege auch immer entwickelt, laufen schnell Gefahr einer idealisierenden Normierung und werden deshalb nicht selten als unrealistisch angesehen. Es darf kein Zweifel darüber bestehen, eine sozial verantwortliche Unternehmensführung hat hier und heute in der Welt zu geschehen, so wie sie jetzt ist. Mit anderen Worten, eine moralische Orientierung kann nur unter Berücksichtigung der Handlungszwänge gefunden werden, denen Unternehmen heute im *globalen Wettbewerb* ausgesetzt sind. Sie ist also in dem konkreten wettbewerbswirtschaftlichen Kontext zu diskutieren, in den das Unternehmen gestellt ist und sich bewähren muss. Man kann die Problematik nur aus dem Wechselspiel von instrumentell-strategischem Handeln, wie es die Logik des Funktionssystems Wirtschaft nun einmal vorsieht, und dem verständigungsorientierten Handeln begreifen, das immer dann notwendig ist, wenn die wirtschaftsliberale Lösung zu Verwerfungen oder inakzeptablen Ergebnissen führt. Die Abwägung ist im Einzelfall schwer genug.

13.7   Muss sich sozial verantwortliche Unternehmensführung auszahlen?

Wie eingangs schon erwähnt, wird die derzeitige Debatte zum sozial-verantwortlichen Handeln beherrscht von dem Argument, dass sich soziale Verantwortung für Unternehmen „bezahlt" mache. Das Versprechen lautet: „Ethics pays" (vgl. dazu als Beispiel Kasten 3).

Kasten 3: Erfolgsfaktor CSR

„Corporate Social Responsibility (CSR) ist ein Konzept, das auf freiwilliger Basis soziale und ökologische Belange in die Unternehmenstätigkeit und in die Beziehungen mit Partnern wie Kunden, Lieferanten und Mitarbeitern integriert.

Gesellschaftliche Verantwortung – auch Corporate Social Responsibility genannt – ist ein Erfolgsfaktor für Unternehmen. Zahlreiche Beispiele aus der Praxis und Untersuchungen belegen dies."

> „Insbesondere Großunternehmen setzen CSR bereits gezielt ein, um ihre Wettbewerbs-
> fähigkeit zu stärken. Aber auch aus den Reihen der kleinen und mittelständischen Un-
> ternehmen gibt es immer mehr Vorreiter, die den strategischen Nutzen von CSR erkannt
> haben, dieses passgenau anwenden und zielgruppengerecht an ihre Kunden und Partner
> kommunizieren."
>
> *Quelle: Zukunft Mittelstand, www.csr-mittelstand.de (Zugriff am 23.08.2011).*

Ausgangsthese ist es, dass Unternehmen, die sozial verantwortlich handeln – gemeint ist eigentlich, die sich mit mildtätigen Projekten profilieren – derart an Ansehen und Akzeptanz
gewinnen, dass sie nicht nur keine Einbußen erleiden, sondern sogar ihre Wettbewerbs-
kraft stärken, ihre Umsätze erhöhen, kurzum ihre Profitabilität signifikant steigern können.
Das Gros der CSR (Corporate Social Responsibility)-Bewegung verfolgt genau dieses Argument (z.B. Grayson/Hodges 2004). Man will die Unternehmen verlocken, Gutes zu tun,
mit dem Verweis darauf, dass sie dadurch keinerlei Einbußen erleiden, sondern vielmehr
ihre Profitabilität steigern können. Die Moraldebatte wird hier ihres konfliktären und kritischen Charakters entkleidet und in ein Harmonieszenarium überführt. Das ist jedoch eine
in mehrfacher Hinsicht verdrehte Position, die Gefahr läuft, das Problem, um das es geht, zu
vernebeln – und das aus mehreren Gründen:

1. Die Vertreter dieser Position vertrauen voll und ganz den intakten Anreizmechanismen
    der Wettbewerbswirtschaft. Wenn es aber tatsächlich so ist, wie die Vertreter der „Soziale
    Verantwortung zahlt sich aus"-Position behaupten, dann gibt es keinen vernünftigen
    Grund, weshalb die Unternehmen nicht ohnehin von sich aus diejenige Handlungsalter-
    native wählen, die den höchsten Gewinn verspricht. Nach der Marktlogik würden die
    Unternehmen, die nicht in der Lage sind, diese Alternative aufzuspüren vom (Kapital-)
    Markt bestraft und müssten mittelfristig aus dem Markt ausscheiden. Es gibt also aus
    dieser Perspektive gar keinen Grund, weshalb Unternehmen es vermeiden sollten, sol-
    che Handlungen zu ergreifen.

2. Eine andere Frage ist, ob sich das Versprechen, dass sich Ethik „auszahle", auch tat-
    sächlich belegen lässt. Die zahllosen empirischen Untersuchungen, die sich zum Ziel
    gesetzt haben, dies zu prüfen, können jedenfalls auf keine schlüssige Evidenz verwei-
    sen (Margolis/Walsh 2003). Das ist auch nicht weiter verwunderlich. Warum sollten sich
    gute Taten auch immer auszahlen? Und umgekehrt, warum sollten sich Unternehmen
    eigentlich der Gefahr aussetzen, „unethischen" Verhaltens geziehen zu werden, wenn
    es sich gar nicht lohnt? Warum zum Beispiel sollte man hohe Schmiergeldzahlungen
    leisten, wenn es sich am Ende gar nicht bezahlt macht? So wird man dem Verantwor-
    tungsproblem nicht beikommen. Das hieße ja auch im Umkehrschluss, dass man alle die
    moralisch gebotenen Handlungen, die sich nicht auszahlen, unterlässt (Stormer 2003).
    Der sozialen Verantwortung wären sehr enge Grenzen gezogen, man müsste sie erst
    einmal einem Rentabilitätskalkül (einer Investitionsrechnung, wenn man so will) un-
    terwerfen. Nur im positiven Falle könnte die Gesellschaft auf eine Lösung hoffen. Und
    damit zeigt sich, was oben schon dargelegt wurde, moralisches Handeln ist eben kein
    instrumentell-strategisches Handeln. Es sind zwei verschiedene Kategorien. Das bringt
    uns zurück zum Ausgangspunkt: In bestimmten Bereichen versagt der Preismechanis-

mus und führt zu unerwünschten Verhaltensweisen. Diese kann man nicht ihrerseits wieder mit Mitteln des Marktes bekämpfen, sondern hier bedarf es der Einführung einer anderen Perspektive, die einer anderen Logik unterworfen ist, eben der Logik verständigungsorientierten Handelns.

3. Der „Soziale Verantwortung zahlt sich aus"- Konzeption liegt eine systematische Verwechslung zugrunde. Verantwortliches Handeln soll hiernach nicht aus innerer Überzeugung fließen, sondern durch monetäre Belohnung erzeugt werden. Systematisch gesehen wird hier etwas versucht, was nicht funktionieren kann. Instrumentell-strategisches Handeln ist kein moralisches Handeln (es ist – wie bereits gesagt – auch nicht unmoralisch, sondern eben nicht normativ gesteuert). Eine moralische Orientierung ist auf die Einsicht in die Richtigkeit bestimmter Normen angewiesen, nicht auf die Belohnung externer Instanzen. Die Konfliktregelung wird dem Verantwortungsbewusstsein und dem sittlich-moralischen Empfinden der wirtschaftlichen Entscheidungsträger anheimgestellt, sie sind aufgefordert, auf einem verständigungsorientierten Wege nach gerechteren Lösungen zu suchen.

Abschließend sei bemerkt, dass es viele Kritiker gibt, die die Realisierbarkeit einer Unternehmensethik im hier definierten Sinne in Abrede stellen, weil sie grundsätzlich an der Aufrichtigkeit der betreffenden Entscheidungsträger und an ihrer Fähigkeit zweifeln, solche Entscheidungen treffen zu können (vgl. etwa Jensen 2008). Man müsse befürchten, dass sie mehr Schaden anrichten als die Wohlfahrt zu fördern Für ein solches Misstrauen und solche Zweifel gibt es gewiss Gründe, nur führt dies in der Konsequenz wieder auf das Steuerungsinstrument Recht (oder auch den Markt) zurück, d.h. das erwünschte Handeln bzw. die gewünschte Verhaltenskorrektur wird per Gesetz erzwungen. Dann muss man sich allerdings mit dem Problem der begrenzten Steuerungskraft von Recht (siehe oben) auseinandersetzen und dafür eine Lösung finden. Eine solche ist – soweit erkennbar – nicht in Sicht. Insoweit bleibt die Verfolgung einer Unternehmensethik für die bezeichneten Problemlagen die zentrale Option.

Übungsaufgaben

1. Diskutieren sie den Unterschied zwischen der Unternehmenskultur und einer Unternehmensethik.

2. Worin ist der Unterschied zwischen instrumentell-strategischem und verständigungsorientiertem Handeln zu sehen?

3. Mit welchen Gründen rechtfertigt die liberale Wirtschaftstheorie ihren exklusiven Fokus auf das instrumentell-strategische Handeln?

4. Inwiefern sind externe Effekte ethikrelevant?

5. Welche Bedeutung hat die Wirtschaftsordnung für sozial-verantwortliches Handeln?

6. Inwiefern kann das Recht ein Substitut für Unternehmensethik sein?

7. Eine Managerin äußert: „Solange das alles nur bei allgemeinen Grundsätzen bleibt, ist für mich der Verdacht der Augenwischerei sehr nahe." Stimmen Sie zu?

8. Lässt sich Ihres Erachtens Korruption mit ethischen Richtlinien ausmerzen?

9. Ein Journalist äußert: „CSR ist eine reine Schönwettersache, wenn die Zeiten härter werden, ist schnell wieder alles vergessen." Stimmen Sie zu?

10. Ethik zahlt sich aus! Sollten sich Unternehmen von diesem Grundsatz leiten lassen?

Empfohlene Literatur

Maak, T./Ulrich, P.: Integre Unternehmensführung – Ethisches Orientierungswissen für die Wirtschaftspraxis, Stuttgart, 2007

Die Autoren geben eine Reihe interessanter Beispiele sozial-verantwortlicher Unternehmensführung.

Matten, D./Moon, J.: „Implicit" and „Explicit" CSR: A conceptual framework for a comparative understanding of corporate social responsibility, in: Academy of Management Review 2008, 33(2), S. 404-424

In dem Beitrag wird der je spezifische Einfluss der institutionellen Umwelt auf CSR- Aktivitäten untersucht.

Scherer, A. G./Palazzo, G.: toward a political conception of corporate responsibility – Business and society seen from a Habermasian perspective, in: Academy of Management Review 2007, 32(4), S. 1096-1120.

Die Autoren unterbreiten Vorschläge zur diskursiven Fundierung des Konzeptes sozialer Verantwortung.

Margolis, J. D./Walsh, J. P. ,Misery loves companies: rethinking social initiatives by business, in: Administrative Science Quarterly 2003, 48(2), S. 268-305.

Der Beitrag präsentiert eine normative Theorie der Firma als Basis für CSR.

Literatur

Albert, H. (1998): Marktsoziologie und Entscheidungslogik: Zur Kritik der reinen Ökonomie, Tübingen.

Backhaus-Maul, H./ Biedermann, C./Nährlich, St./Polterauer,J. (Hrsg.)(2008): Corporate Citizenship in Deutschland: Bilanz und Perspektiven, Wiesbaden.

Berle, A. A./Means, G. C. (1932): The modern corporation and private property, New York.

Dahl, R. A./Lindblom, C. E. (1953): Politics, economics, and welfare, New York.

Endres, A./Martiensen, J. (2007): Mikroökonomik – Eine integrierte Darstellung traditioneller und moderner Konzepte in Theorie und Praxis, Stuttgart.

Fritsch, M./Wein, T./Ewers, H.-J. (2005): Marktversagen und Wirtschaftspolitik. Mikroökonomische Grundlagen staatlichen Handelns, München.

Grayson, D./Hodges, A. (2004): Corporate social opportunity – Seven steps to make corporate social responsibility work for your business, London.

Habermas, J. (1981): Theorie des kommunikativen Handelns, Bd. I, Frankfurt a. M.

Habermas, J. (1991): Erläuterungen zur Diskursethik, Frankfurt a. M.

Hansen, U./Schrader, U. (2005): Corporate Social Responsibility als aktuelles Thema der Betriebswirtschaftslehre, in: Die Betriebswirtschaft 65 (4), S. 373-395.

Homann, K. (2007): Ethik in der Marktwirtschaft, Köln/München.

Homann, K./Lütge, C. (2005): Einführung in die Wirtschaftsethik, Münster.

Jensen, M. C. (2008): Non-rational behavior, value conflicts, stakeholder theory, and firm behavior., in: Business Ethics Quarterly 18 (2), S. 167–171.

Kade, G. (1962): Die Grundannahmen der Preistheorie, Berlin, Frankfurt a. M.

Leif, T./Speth, R. (2006) (Hrsg.): Die fünfte Gewalt. Lobbyismus in Deutschland, Wiesbaden.

Luhmann, N. (1997): Die Gesellschaft der Gesellschaft, Frankfurt a. M.

Maak, T./Ulrich, P. (2007): Integre Unternehmensführung. Ethisches Orientierungswissen für die Wirtschaftspraxis, Stuttgart.

Margolis, J. D./Walsh, J. P. (2003): Misery loves companies: rethinking social initiatives by business, in: Administrative Science Quarterly 48(2), S. 268-305.

Scherer, A. G. (2003): Multinationale Unternehmen und Globalisierung: Zur Neuorientierung der Theorie der Multinationalen Unternehmung, Heidelberg.

Schreyögg, G. (1999): Noch einmal: Zur Trennung von Eigentum und Verfügungsgewalt, in: Kumar, N. B./Osterloh, M./Schreyögg, G. (Hrsg.): Unternehmensethik und die Transformation des Wettbewerbs, Stuttgart, S. 159-182.

Schuppert, G. F. (1990): Recht als Steuerungsinstrument: Grenzen und Alternativen rechtlicher Steuerung, in Ellwein, T./Hesse, J. J. (Hrsg.): Staatswissenschaften: Vergessene Disziplin oder neue Herausforderung?, Baden-Baden, S. 73-83.

Smith, A. (1999): Der Wohlstand der Nationen. Eine Untersuchung seiner Natur und seiner Ursachen, München, (zuerst 1776).

Steinmann, H. (1969): Das Großunternehmen im Interessenkonflikt, Stuttgart.

Stone, C. D. (1975): Where the law ends, New York et al.

Stormer, F. (2003): Making the shift: moving from 'ethics pays' to an inter-systems model of business, in: Journal of Business Ethics 44(4), S. 279-89.

Stichwortverzeichnis

Rico Baldegger / Pierre-André Julien

Regionales Unternehmertum

Ein interdisziplinärer Ansatz
2011. 350 S., Br. EUR 39,95
ISBN 978-3-8349-2630-2

Jörg Fischer / Florian Pfeffel

**Systematische Problemlösung
in Unternehmen**

Ein Ansatz zur strukturierten Analyse
und Lösungsentwicklung
2010. 341 S., Br. EUR 34,95
ISBN 978-3-8349-0776-9

Swetlana Franken

Verhaltensorientierte Führung

Handeln, Lernen und Diversity
in Unternehmen
3. überarb. u. erw. Aufl. 2010. XII, 355 S.,
Br. EUR 32,95 ISBN 978-3-8349-2232-8

Jörg Freiling / Martin Reckenfelderbäumer

Markt und Unternehmung

Eine marktorientierte Einführung
in die Betriebswirtschaftslehre
3., überarb. u. erw. Aufl. 2010. XXVIII, 492 S.,
Br. EUR 36,90 ISBN 978-3-8349-1710-2

Urs Fueglistaller / Christoph Müller /
Thierry Volery

Entrepreneurship

Modelle - Umsetzung - Perspektiven
Mit Fallbeispielen aus Deutschland,
Österreich und der Schweiz
2. überarb. u. erw. Aufl. 2008. XXVI, 512 S.,
Br. EUR 39,90 ISBN 978-3-8349-0729-5

Asmus J. Hintz

**Erfolgreiche Mitarbeiterführung
durch soziale Kompetenz**

Eine praxisbezogene Anleitung
2011. 373 S., Br. EUR 39,95
ISBN 978-3-8349-2441-4

Harald Hungenberg

Strategisches Management in Unternehmen

Ziele - Prozesse - Verfahren
6., überarb. u. erw. Aufl. 2010. XXVI, 605 S.,
Br. EUR 46,95 ISBN 978-3-8349-2546-6

Hartmut Kreikebaum / Dirk Ulrich Gilbert /
Glenn O. Reinhardt

**Organisationsmanagement
internationaler Unternehmen**

Grundlagen und moderne Netzwerkstrukturen
2., vollst. überarb. u. erw. Aufl. 2002. XVI, 243 S.,
Br. EUR 34,95 ISBN 978-3-409-23147-3

Klaus Macharzina / Joachim Wolf

Unternehmensführung

Das internationale Managementwissen
Konzepte – Methoden – Praxis
7., vollst. überarb. u. erw. Aufl. 2010.
XXXIX, 1.181 S., Geb. EUR 59,95
ISBN 978-3-8349-2214-4

Klaus North

Wissensorientierte Unternehmensführung

Wertschöpfung durch Wissen
5., akt. u. erw. Aufl. 2010. XII, 378 S.,
Br. EUR 49,95 ISBN 978-3-8349-2538-1

Götz Schmidt

Einführung in die Organisation

Modelle – Verfahren – Techniken
2., akt. Aufl. 2002. X, 179 S., Br. EUR 39,95
ISBN 978-3-409-21504-6

Stand: Juli 2011. Änderungen vorbehalten.
Erhältlich im Buchhandel oder beim Verlag.

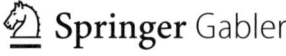 **Springer** Gabler

Abraham-Lincoln-Straße 46 . D-65189 Wiesbaden
Tel. +49 (0)6221 / 3 45 - 4301 . springer-gabler.de

Georg Schreyögg

Organisation

Grundlagen moderner
Organisationsgestaltung
Mit Fallstudien
5., vollst. überarb. u. erw. Aufl. 2008.
XII, 516 S., Br. EUR 36,90
ISBN 978-3-8349-0703-5

Georg Schreyögg / Jochen Koch

Grundlagen des Managements

Basiswissen für Studium und Praxis
2., überarb. u. erw. Aufl. 2010. XIV, 496 S.,
Br. EUR 26,95
ISBN 978-3-8349-1589-4

Albrecht Söllner

**Einführung in das Internationale
Management**

Eine institutionenökonomische Perspektive
2008. XXII, 487 S., Br. EUR 42,95
ISBN 978-3-8349-0404-1

Claus Steinle

Ganzheitliches Management

Eine mehrdimensionale Sichtweise
integrierter Unternehmungsführung
2005. XL, 910 S., Geb. EUR 54,95
ISBN 978-3-8349-0059-3

Horst Steinmann / Georg Schreyögg

Management

Grundlagen der Unternehmensführung
Konzepte – Funktionen – Fallstudien
6., vollst. überarb. Aufl. 2005.
XX, 952 S., Geb. EUR 44,90
ISBN 978-3-409-63312-3

Christine K. Volkmann / Kim Oliver Tokarski /
Marc Grünhagen

Entrepreneurship in a European Perspective

Concepts for the Creation and Growth
of New Ventures
2010. XXII, 499 S., Br. EUR 42,95
ISBN 978-3-8349-2067-6

Martin K. Welge / Andreas Al-Laham

Strategisches Management

Grundlagen – Prozess –
Implementierung
5., vollst. überarb. Aufl. 2008.
XXVIII, 1025 S., Geb. EUR 57,95
ISBN 978-3-8349-0313-6

Axel v. Werder

Führungsorganisation

Grundlagen der Corporate Governance,
Spitzen- und Leitungsorganisation
2., akt. u. erw. Aufl. 2008. XXVIII, 445 S.,
Br. EUR 47,95
ISBN 978-3-8349-0678-6

Joachim Wolf

**Organisation, Management,
Unternehmensführung**

Theorien, Praxisbeispiele und Kritik
4., vollst. überarb. u. erw. Aufl. 2010.
XXVIII, 712 S., Br. EUR 46,95
ISBN 978-3-8349-2628-9

Kerstin Wüstner

Arbeitswelt und Organisation

Ein interdisziplinärer Ansatz
2006. X, 280 S., Br. EUR 34,95
ISBN 978-3-8349-0144-6

Stand: Juli 2011. Änderungen vorbehalten.
Erhältlich im Buchhandel oder beim Verlag.

Abraham-Lincoln-Straße 46 . D-65189 Wiesbaden
Tel. +49 (0)6221 / 3 45 - 4301 . springer-gabler.de

Springer Gabler

Kompakte Einführung in die Managementlehre
↗

Maßgeschneiderte Grundlage für einen kompletten Semesterzyklus

Die erfahrenen Lehrbuchautoren, Georg Schreyögg und Jochen Koch, geben eine kompakte Einführung in die wichtigsten Inhalte des Managements. Themenauswahl und -aufbereitung sind speziell auf die aktuellen Anforderungen von Management- und Unternehmensführungsmodulen zugeschnitten. Die 13 Einzelmodule stellen eine in sich geschlossene Lehreinheit dar und bieten eine maßgeschneiderte Grundlage für einen kompletten Semesterzyklus.

Alle 13 Kapitel folgen einem einheitlichen didaktischen Konzept:
- Lernziele
- Lehrtext mit integrierten Informationskästen und Marginalien
- Lernkontrollfragen zum Selbststudium
- Diskussionsfragen für den Unterricht und
- Fallstudie mit Übungsfragen zur praxisnahen Umsetzung der Lehrinhalte.

Alle Leserinnen und Leser können Lösungshinweise zu den Lernkontrollfragen auf der Verlags-Homepage unter www.gabler.de herunterladen.

Für Dozentinnen und Dozenten sind dort außerdem umfangreiche Zusatzmaterialien zur Unterrichtsvorbereitung und -durchführung hinterlegt.

Georg Schreyögg, Jochen Koch
Grundlagen des Managements
Basiswissen für Studium und Praxis
2., überarb. u. erw. Aufl. 2010.
XIV, 496 S. mit 75 Abb. Br.
EUR 26,95
ISBN 978-3-8349-1589-4

Stand: Februar 2012. Änderungen vorbehalten.
Erhältlich im Buchhandel oder beim Verlag.

Abraham-Lincoln-Straße 46. D-65189 Wiesbaden
Tel. +49 (0)6221 / 345 - 4301 . springer-gabler.de

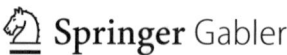 Springer Gabler